凝煉知識品味閱讀

▲ 奧地利 Kunsthaus Graz（作者拍攝）

▲ 柯比意　瑞士韋柏博物館（Heidi Weber Museum）（作者拍攝）

▲ 維也納藝術史博物館與自然史博物館（作者拍攝）

▲ 維也納國家歌劇院（作者拍攝）

▲維也納、巴賽爾、聖多明哥、紐約（作者拍攝）

▲ 維也納七十年代社會住宅（作者拍攝）

▲維也納建築師 Friedensreich Hunderwasser（百水）設計的焚化爐與社會住宅（作者拍攝）

▲ 維也納經濟大學圖書館（作者拍攝）

▲ 維也納美泉宮（作者拍攝）

Varadhan
Robin Wright

▲紐約 911 紀念廣場（作者拍攝）

▲ 德國慕尼黑的安聯球場（Allianz Arena）（作者拍攝）

TO A BRAND
2018

OUR TAMPINES HUB
ourtampineshub

SPORTS
COMMUNITY

▲ 新加坡 Tampines Hub（作者拍攝）

HEARTBEAT @ BEDOK
ActiveSG
Public Library
Kampong Chai Chee
Community Club
Polyclinics
SingHealth
Silvercircle

HOÄGIES café & grill
爭鮮
SUSHI EXPRESS

▲ 新加坡 Heart Beat @ Bedok（作者拍攝）

Architectural Programming A process of design thinking from beginning.

建築計畫

一個從無到有的設計思考過程與可行之道

李峻霖・莊亦婷 著 第三版

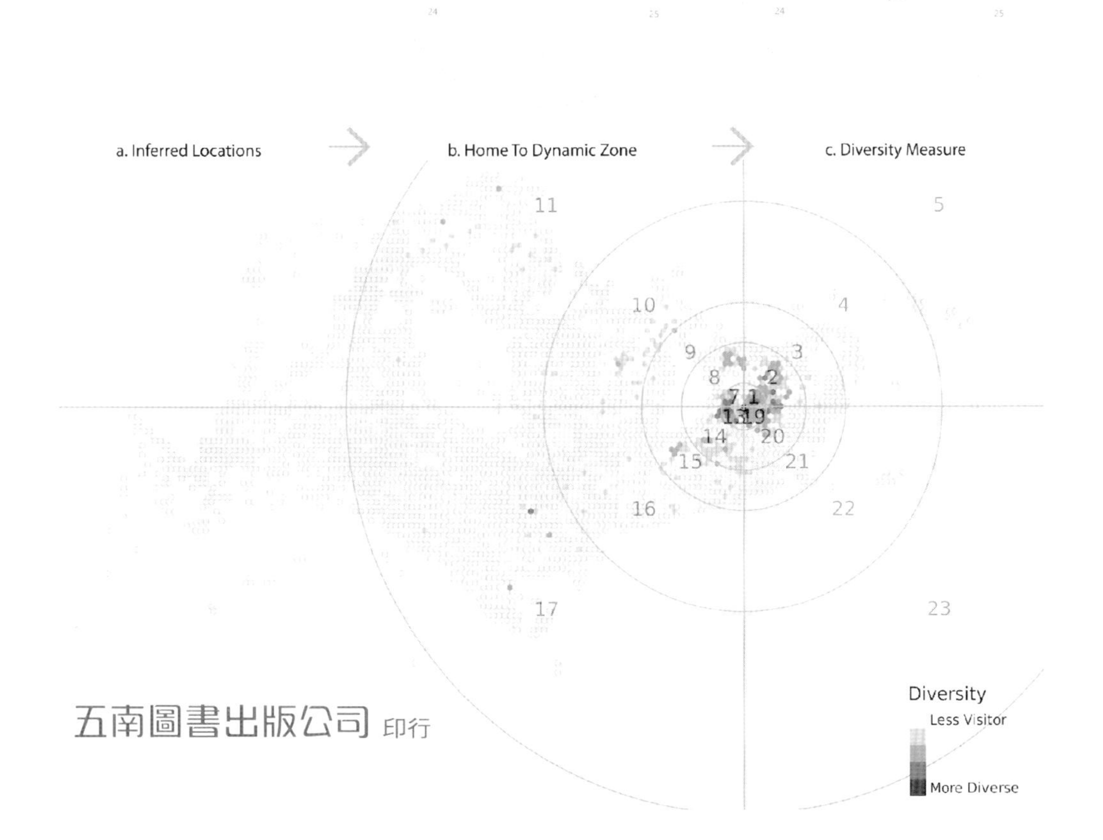

五南圖書出版公司 印行

前言

關於什麼是建築計畫的基礎意涵？誠如民國 95 年專門職業及技術人員高等考試建築師考試試題中鏗鏘有力的論述，同時這也作爲本書的核心觀點：

建築計畫書的撰寫（Programming）是一個界定設計工作範圍與性質的專業作業過程，它是好的設計的重要基礎。撰寫計畫書的過程中，需要蒐集與分析現況的資料，以提出設計的限制與可能性，包括設計目標、基地、使用者、法規、社會文化等資料，以及，要能在過程中回應周邊社區，或是未來基地與建物的使用者的眞實需要。一個典型的計畫書可能包含以下的層級結構，從任務與目標（Goals and Objectives）、展現的效能要求（Performance Requirements）到空間設計構想（Design Ideas）。而撰寫計畫書需要以下的能力：空間與社會研究的能力、人與環境研究或是心理學的理論知識，以及將理論概念轉換成爲空間的初步構想的能力。

在這過程中，無可避免地將面臨若干主要的課題諸如何時要擬定建築計畫？何種專業背景可以擬訂建築計畫？建築計畫的定位與正當性？建築計畫的預期成果爲何等無疑地這些目前都是尚待釐清及界定的課題。目前建築計畫在臺灣建築實務界呈現妾身未明的狀態，在公部門的公共工程案中似乎多被隱藏在所謂的「先期規劃報告」中，而在民間的各類地產項目中也似乎由投資方委託的銷售、代銷、市調公司所取代。無論是先期規劃報告抑或是銷售、代銷、市調公司，其著眼點大都是土地價値與基地容積的最大化利用及配合市場銷售趨勢，其中明顯缺乏立基於城鄉社經發展、人口成長與移動、國土計畫與社會住宅政策等的探討，當這些無法回歸真實生活的需求面與住居空間正義的平衡，其結果容易導致蚊子館現象、住居空間供需失衡與擴大社會貧富差距的狀態。

在學院教育部分，建築計畫的課程定位長期以來也是位於邊緣位置並且是可有可無的狀態，普遍缺乏結合國土發展趨勢、所在地（Locus）的空間涵構探討、社會脈動與環境演化下的需求（如後疫時期的空間結構轉變）等與時俱進與適應未來生活空間型態的企圖。在前述的考試試題中亦提到：

目前臺灣建築實務界所撰寫的建築計畫書內容，其重點經常在於房間幾間等空間需求，然後再加上一些如「既能展現西方科學之先進，又能兼顧東方文化之豐厚」等有關建築風格的空洞要求。然而未來空間使用與表現的基本特性爲何？它如何在社區與使用者之互動中完成？這些議題卻缺乏反省與討論。結果，建築設計成爲「既有的」空間分類在一特定基地中的組合而已，失去了建築設計早期階段所應發揮的作用，也限制了下階段建築設計構想發揮的潛能。建築計畫是建築設計做爲成功的解決方案的堅實基礎，不能等閒視之。

而上述的命題無疑且非常清楚地給臺灣建築界定訂了一個關於建築計畫的架構與方向。筆者們在因緣際會下有幸能進入學校擔任教職，在此感謝五南圖書提供的機會，我們得以著手將這幾年擔任建築計畫授課（2010～2015）、指導研究生建築設計課程（2011～2017）與大學部畢業設計課程（2010～2017），同時結合些許設計實務的心得予以彙整。本書作爲相關建築系所學生在進入建築設計訓練前的基礎入門讀物，著眼點在於一個建築計畫的成功與否取決於設計分析、設計思考與設計決策這三者的完整度與深度，也就是說建築設計構想與執行方向的重要性大於整個計畫擬定的規模與內容完整度。

因此，本書預期提供建築相關科系低年級同學，在進入建築設計課程的操作前，關於建築設計的基本認知與前置作業的架構說明，諸如第貳部分的 (1) 建築與日常生活、(2) 空間的概念、(3) 建築設計的意涵、(4) 空間語言與建築語彙、(5) 空間尺度、比例與模矩、(6) 人體工學與單元空間、(7) 建築繪圖基本原則、(8) 永續——節能減碳的設計觀、(9) 結構系統、(10) 建築構造與材料、(11) 通用設計與無障礙環境、(12) 營建法規架構及 (13) 數位建築與設計軟體等的介紹，希望能夠藉由此一基礎入門之介紹能夠給予同學建構一個與設計老師溝通的平台，也就是建立一個共同的建築空間語言基礎。

本書同時希望提供一個幫助同學在建築設計程序或方法上的觀點，例如第參部分的 (1) 設計思考的意涵、(2) 業務類型與設計專案背景、(3) 分析與結論：界定設計的課題、(4) 建築案例與類型分析、(5) 設計思考意涵與操作、(6) 對策擬定與決策——解決問題的可行之道、(7) 擬定規劃設計需求項目及原則等初步的學理說明介紹，讓讀者能夠逐漸地在學習建築設計的過程中建構一個屬於自己的設計方法論。

另一個在書中不斷強調的是建築計畫的內涵是建構在以設計分析、設計思考與設計決策爲基礎並據以擬定將其付諸實踐的各項作業計畫；一般而言，這個計畫廣義上包含了如第肆部分的 (1) 緒論、(2) 空間計畫：空間需求說明與定性定量、(3) 基地環境分析、(4) 都市計畫與營建法規分析、(5) 規劃設計課題、(6) 相關案例分析、(7) 規劃設計構想、(8) 規劃設計指導原則、(9) 景觀與植栽計畫、(10) 綠建築計畫、(11) 通用設計與無障礙環境設施計畫、(12) 性別平等空間計畫、(13) 公共藝術設置計畫、(14) 建築物夜間照明計畫、(15) 智慧建築計劃、(16) 結構系統計劃、(17) 機電與特殊設備計畫、(18) 綠營建計畫、(19) 成本計畫、(20) 作業進度與管理計畫、(21) 工程發包策略、(22) 管理維護計畫、(23) 節能減碳計畫、(24) 建成環境使用後評估與 (25) 永續與整合：B.I.M 整合。這部分我們希望提供一個初步的建築計畫架構，主要在說明一個好的建築設計除了創意及美學的呈現外，更是需要其他建築專業的支持才得以成就。

本書的最後，記錄了這幾年我們在海外曾參與的設計業務（緬甸、柬埔寨、中國與多明尼加）與在國際學術交流機會（新加坡、奧地利、紐西蘭、日本、韓國與中國）的些許經驗與心得，分別是 (1) 趨勢——跨領域的多元整合、(2) 臺灣建築教育的進化與 (3) 臺灣建築環境的在地觀點。臺灣建築環境與空間專業表現實在需要急起直追，這需要公部門、教育單位與家長等在心態與觀念在本質上的改革，尤其是在強調百年大計的教育體制的改革。以色列本古里大學科學教育教授伊夏克（Haim Eshack）曾言到：我們希望學校老師能鼓勵小孩子問問題，但不直接告訴答案，讓他們自己思考。問問題本身比回答問題更重要！無疑地，目前臺灣各級學生普遍呈現的問題之一就是膽怯開口提問與表達自己的觀點，其原因可能是口語表達的訓練不足或是缺乏獨立思考的能力，這現象的改善是非常必要且急迫的。

本書之諸多內容因多來自筆者多年前準備建築師考試的學習資料與課堂筆記、執業心得、學術交流與旅行紀錄，以及在教學過程中的回饋等集結而成；因筆者才疏學淺，在能力及時間有限的情形下，未察書中有疏漏不及備註出處及錯誤，還請不吝指教，並給予更正之機會。

建築計畫的擬定作爲建築設計操作的指導（Guideline），同時也作爲落實建築項目的總體策略，它集結且整合了建築學裡大多數的專業及工程技術，以一種文件（Document）及圖像（Diagram）的方式予以記錄與規範；因此，一個具有一定效能的建築計畫實有賴更多相關領域的專業投入及支持，而非來自建築師的觀點。

當前建築等空間規劃設計專業在學術界與業界需要的是一種面對地域文化及生存環境種種課題的深刻反省與回歸生活本質在空間專業的積極論述，並採取一種具有永續經營與容受度高的規劃策略與空間的社會實踐。最後，我們由衷的期盼仍在建築這條路上奮進與堅持的準建築人們，請先學會走，走穩了再跑，會跑了之後再飛，只有你／妳相信自己能飛，你／妳才有機會展翅高飛！很多事情不是因爲看到希望了才去堅持，而是因爲堅持了，才看得到希望。

生活才是設計要面對的，設計的構想應該源自於對解決生活課題認知的可行之道與具體實踐，任何脫離這個範疇的設計行爲，不過就是設計專業的傲慢與對設計專業的誤解。“Architecture is a way of thinking about life.” (Peter Cook, Archigram & Crab Studio/ Venice, 2014)

無疑地，回歸生活本質的探討才是建築等空間專業必須要面對的基本課題，所有的專業構想應該源自於對解決這個層面的課題認知與建構其可行之道的具體實踐，無論是未來科技的、數位的、太空材料、超高層的、地下城、太空城、月球城市、虛擬空間、風土技術、零碳的……，一旦脫離了這個範疇，不過就是建築專業的傲慢與對建築專業的誤解。近年來我們與其他物種身處在這多災多難（極端氣候與 Covid-19 疫情）的地球環境中，身爲建築人的我們是否學會了謙遜以對了呢？

李峻霖 & 莊亦婷

2022 年 9 月再版

目錄

第1章 建築計畫
——一個從無到有的建築設計思考過程

一、在開始建築之前

Architecture has its own realm. It has a special physical relationship with life. I do not think of it primarily as either a message or a symbol, but as an envelope and background for life which goes on in and around it, a sensitive container for the rhythm of footsteps on the floor, for the concentration of work, for the silence of sleep. [1]

我們亦認爲建築是生活場域中人類每日生活物件彼此間「關係」的一種總和再現（Representation），而這也隱喻了多重的關係組合，諸如：人／物種、行爲／活動／需求、物件／空間／環境、時代性／科技等。無疑地，從個別空間到建築乃至於地方（Place）的形塑可作爲某時段與某場域內人們集體生活之價值、文化、經濟、空間美學、區域政治與時代趨勢等因素互相影響作用下的巨觀再現與社會縮影。誠如英國首相邱吉爾（W. S. Churchill）曾說：建築及結構會影響人類的品格和行爲，這點無庸置疑；人類先建造建築，然後建築再形塑人類，爲人類定出生命開展的軌跡。前述觀點指涉了主、客體之間的關係、建築與時間的關係、人與建築以及人與環境的關係。

建築代表眞實，而在這個虛擬時代中，眞實也愈來愈珍貴。每件建築

---

1 Zumthor, Peter. *Thinking Architecture*. Basel: Birkhauser, 1998: 9-27.

都是得到眞實體驗的機會。[2]既然建築是處理眞實世界的事物，那麼我們就必須眞實的面對，也就是說在我們開始建築之前，必須釐清什麼是我們必須面對、必須深入了解的課題與空間專業介入的解決之道。以下列舉說明若干關於「建築」的定義：

1. 中華民國建築法第四條：本法所稱建築物，爲定著於土地上或地面下具有頂蓋、樑柱或牆壁，供個人或公眾使用之構造物或雜項工作物。

2. 牛津英文字典將“Architecture”解釋爲：建築物的藝術與科學（the art and science of building），包括建築學、建築術、建築的設計或式樣。在建築學和土木工程的範疇裡，「建築」是指興建建築物或發展基建的過程。一般來說，每個建築項目都會由甲方之專案經理（project manager）、建築師（architect）負責統籌各項專業事務（結構、機電、環保、大地、水土保持等），並由各級的承包商（contractor）、分包商（Sub-contractor）、工程顧問（consultants）等專業人員負責監督。

3. 建築，通常指的是對那些爲人類活動提供空間的、或者說擁有內部空間的構造物進行規劃、設計、施工而後使用的行爲過程的全體或一部分。「建築」除了可指具體的構造物外，也著重在指創造建造物的行爲（過程、技術）等。通常在表示具體建造物時，稱之爲「建築物」，但在漢語中兩者常被混同使用。建築經常被人們認爲是一種文化的符號，也被當成是一種藝術作品。歷史上許多重要的文明都有其獨特的代表性建築成就，例如眾所皆知的埃及文明與金字塔。建築除了包含規劃、設計並建造出能反應功能的型式、空間和環境，也需要將技術、社會、自然環境和美學納入考量。

建築一向都得面對各種限制，實體限制、財務限制或功能需求。若是

---

[2] 保羅．高柏登著／林俊宏譯（2012）。建築爲何重要。頁 275，臺北：大家出版。

認爲建築只是藝術或只追求實用，就不能眞正掌握建築的本質。[3]要討論建築有多重要，就必須了解建築以何種方式展現影響力。建築除了明顯具有「遮風擋雨」的功能之外，其重要之處就和任何藝術一樣，都是讓生命更美好。[4]這也應證了建築作爲一個應用藝術的另一個身分與觀點。

建築的開展，如同前述是一個藝術的且科學的觀點，建築既是藝術的展演，也是科技的結晶；既保存了城市發展的文明資產、記載了人類歷史的演進，同時更承載了人類生活場域中每日生活的點滴內涵。我們可以藉由了解建築，體驗建築，以驗證不同族群生活中的各種文化積累現象。然而，也如同《邏輯哲學論》的作者維根斯坦（Ludwig Wittgenstein）在一私人信札中所言：也許你會覺得哲學非常難搞，我跟你說，比起來，想要成爲一個好建築師所面對的挑戰，那才眞正叫做高難度。當我在維也納爲我的姐姐蓋她的房子時，我眞是每天都筋疲力竭到只能有力氣在晚上把自己泡在戲院裡。

[3] 保羅．高柏登著／林俊宏譯（2012）。建築爲何重要。頁 1，臺北：大家出版。

[4] 保羅．高柏登著／林俊宏譯（2012）。建築爲何重要。頁 22，臺北：大家出版。

SCHLOSSBERG

▲ 奧地利 Kunsthaus Graz（作者拍攝）

建築設計之所以複雜與矛盾便在於它同時具有理性與感性、美學與工程、單一領域與跨領域、縱向的深入與橫向的整合、傳承與創新、準確與浪漫、法規與使用性、實用與藝術等的狀態。因此，當我們開始要進入建築設計的操作前，我們也必須同時具備面對這些狀態的專業學養與態度。而這所謂的專業學養係指在建築設計的實踐過程中考量且融入了環境科學未來願景、城市空間美學、都市設計、營建法規、敷地計畫、景觀綠化、水土保持、結構系統、物理環境、建築設備、防災計畫等眾多跨領域學科的專業涵構，而建築師的角色與職責便是在於整合這些學科，協調並整合出最大公約數（環境、甲方與使用者），釐清與權衡相關的課題並提出具創意的可行之道，這便是一個關於水平廣度的分析與垂直深度整合的一個專業態度，及作爲建築師的專業價值。

二、企劃與計畫：建築計畫的內涵

設計是解決問題，更準確地說應該是提供解決問題的創意與其空間化的模擬實踐；計畫是找出問題，釐清問題，並擬定可行之道的準則或規範；當我們欲執行某些繁複且跨領域的企劃案時，我們通常會接著擬定一個可行度高的執行計畫作爲後續工作落實的依據。同樣地，建築亦然；例如政府部門欲興建某公共工程，在設計監造建築師的評選階段，一般會在招標文件中提供一個該工程的興建計畫書（有時也稱作設計準則及空間需求說明書）以作爲參與投標評選建築提案的規劃設計依據（服務建議書）。在評選後，由得標建築師依照評選意見修正該規劃設計提案，並根據該提案進行建築設計與後續營建施工階段之任務。

（一）「企劃」的定義

郭泰（2002），指出「企劃」的定義，即激發創意，有效地運用手中有限的資源，選定可行的方案，達成預定之目標或解決某一難題，就是「企劃」。他也指出，企劃三要素包括：一、有嶄新的創意；二、有方向的創意；三、有實現的可能。[5]

---

5 郭泰（2000）。新企劃力、郭泰（2002）。企劃案：撰寫企劃案必備工具書。臺北：遠流出版。

戴國良（2002），指出，「企（規）劃」的劃有刀旁，代表是一種活動的過程，特別是思考與共同討論的過程，或是成爲共同腦力激盪，發現問題與解決問題的共同過程。[6]

企劃，是一個由個人、眾人、組織／法人團體亦或是企業爲了完成某個策略性目標而必經的首要程序。包括從構思目標、分析現況、歸納方向、評估可行性，直到擬訂策略、實施方案、追蹤成效與評估成果的過程；抑或是以 W-H 的內涵表達，即 Why（動機、目的）、What（需求）、Who（設計者）、Whom（對象／使用者）、When（作業時程）、How（工法／構法）、How much（預算）。簡言之「企劃」就是爲了實現某個目標或是解決某一問題，所產生的構想；企劃之結果一旦確定形諸於書面，則可稱之爲「計畫」。

（二）「計畫」的內涵

建築計畫爲以人之生活、行動、意識與空間之對應關係爲基礎，探討並決定建築設計與規劃內容落實之手法。亦即針對某特定之建築類型（單一功能或複合功能），於進行實質設計作業前，藉由一連串科學手段的分析、預測模擬空間使用型式、使用者之生活行爲、業主使用需求探討、規劃設計課題探討與因應之道、空間及設施之定性定量等的一種設計思考行爲與設計前導作業。簡言之，我們可以將建築計畫視爲是一份闡明價值觀念、目的、事實和需求的文件，同時也作爲某一建築專案執行與設計操作的前導作業及依據。以一般建築物類型的新建案例而言，其廣義且完整的建築計畫內涵包含下列主要項目：(1) 計畫內容概述、(2) 基地現況與分析、(3) 設計需求與課題、(4) 願景與定位、(5) 設計思考與對策、(6) 空

6　戴國良（2002）。企劃案管理實務。臺北：商周出版。

間使用計畫、(7) 節能減碳計畫、(8) 空間設計準則、(9) 綠營建計畫、(10) 結構計畫、(11) 機電與特殊設備計畫、(12) 照明與燈光計畫、(13) 綠建築（標章）計畫、(14) 通用設計（無障礙環境）與性別空間計畫、(15) 營建成本計畫與作業期程規劃、(16) 整合與永續：B.I.M 導入、(17) 發包策略與作業品管計畫、(18) 建築物營運維護管理計畫、(19) 更新擴張與再利用計畫、(20) 拆除與廢棄物處置計畫、(21) 建成環境使用後評估等。

三、建築計畫的定位：承先啓後的基礎

尋求由設計來解決問題之定義的那一段過程，就是建築計畫。[7]這精簡的文字不僅道出建築設計與建築計畫的關係，同時也清楚指涉出任何成就建築設計的專業項目都必須在建築計畫的脈絡與程序中被討論與規劃。

要討論建築有多重要，就必須了解建築以何種方式展現影響力。建築除了明顯具有「遮風擋雨」的功能之外，其重要之處就和任何藝術一樣，都是讓生命更美好。[8]這也應證了建築作爲一個應用藝術的另一個身分與觀點，如同羅馬時代的建築家維特魯威（Vitruvius）所著的現存最早的建築理論書《建築十書》的記載，建築包含的要素應兼備用（utilitas，實用）、強（firmitas，堅固）、美（venustas，美觀）的特點，爲了實現這些特點，應確立藝術的且科學的觀點。

---

[7] Cherry, Edith 著。呂以寧譯（2005）。建築設計計畫：從理論到實務。頁 42，臺北：六和出版。

[8] 保羅・高柏登著／林俊宏譯（2012）。建築爲何重要。頁 22，臺北：大家出版。

▲ 柯比意　瑞士韋柏博物館（Heidi Weber Museum）（作者拍攝）

建築一向都得面對各種限制，實體限制、財務限制或功能需求。若是認為建築只是藝術或只追求實用，就不能真正掌握建築的本質。[9]毫無疑問地，如果沒有回歸真實生活的本質探討與面對回應真實世界的課題，建築不過就只是一個徒具某種權力形式的空間產物，而建築的重要性在人類文明開展與城市發展的過程中均留下無法抹滅及互為因果關係的空間印記。

▲ 維也納藝術史博物館與自然史博物館（作者拍攝）

▲ 維也納國家歌劇院（作者拍攝）

9　保羅・高柏登著／林俊宏譯（2012）。建築為何重要。頁18，臺北：大家出版。

建築代表眞實，而在這個虛擬時代中，眞實也愈來愈珍貴。每件建築都是得到眞實體驗的機會。[10]既然建築是處理眞實世界的事物，那麼我們就必須眞實的面對，也就是說在我們開始建築之前，就必須了解我們每日日常生活與建築的關係，同時發覺其中的空間課題。

我們深刻地認爲，建築計畫的擬定正好扮演了眞實世界的需求課題與設計思維與實踐之間的媒介，它的存在提供了從建築師在設計階段可依循的有效設計文件，及避免設計、施工、營運管理三者間界面銜接上的誤解，同時也降低了因人爲誤判與政策錯誤所造成浪費環境資源的情形。建築計畫作爲一門應用學科而言，它的主要目的在透過其計畫架構的方法以作爲一個符合各方期待之高性能建築物營建及營運管理之引導，是三者間來回實證與檢討修正的最佳機會，也作爲設計建築師、營建施工團隊與業主之間的溝通平台與討論基礎。

A well-documented and detailed architectural program is imperative to project success. As clients have become more involved, buildings have become increasingly complex, and regulations have become more stringent, the decisions architects make during programming are more critical than ever before.[11]

從以上論述可以看出西方建築界看待建築計劃的態度，我們亦可從民國九十五年專門職業及技術人員高等考試建築師考試的「建築計畫與設計」試題中對「建築計畫」的論述清楚知道其重要性：

建築計畫書的撰寫（programming）是一個界定設計工作範圍與性質的專業作業過程，它是好的設計的重要基礎。撰寫計畫書的過程中，需要蒐集與分析現況的資料，以提出設計的限制與可能性，包括設計目標、基

---

[10] 保羅．高柏登著／林俊宏譯（2012）。建築爲何重要。頁 275，臺北：大家出版。

[11] 出處：www.simplexitydesign.com。

地、使用者、法規、社會文化等資料，以及，要能在過程中回應周邊社區，或是未來基地與建物的使用者的眞實需要。一個典型的計畫書可能包含以下的層級結構，從任務與目標（goals and objectives）、展現的效能要求（performance requirements）到空間設計構想（design ideas）。而撰寫計畫書需要以下的能力：空間與社會研究的能力、人與環境研究或是心理學的理論知識，以及，將理論概念轉換成爲空間的初步構想的能力。

目前臺灣建築實務界所撰寫的建築計畫書內容，其重點經常在於房間幾間等空間需求，然後再加上一些如「既能展現西方科學之先進，又能兼顧東方文化之豐厚」等有關建築風格的空洞要求。然而未來空間使用與表現的基本特性爲何？它如何在社區與使用者之互動中完成？這些議題卻缺乏反省與討論。結果，建築設計成爲「既有的」空間分類在一特定基地中的組合而已，失去了建築設計早期階段所應發揮的作用，也限制了下階段建築設計構想發揮的潛能。建築計畫是建築設計作爲成功的解決方案的堅實基礎，不能等閒視之。[12]

不同性質與目的的需求前提下，則會產生不同內容與項目的建築計畫；本書是將建築計畫設定爲以設計爲基礎，在進行實質建築設計作業前的一種設計思考與空間實踐之前導，同時亦作爲後續營建施工階段、營運管理階段與業主之間溝通的平台與依據。設計思維的空間實踐在於回歸眞實生活的本質探討與面對回應眞實世界的課題，本書主要目的在提供一個以設計操作與執行爲前提的參考架構。在前述的命題架構之下，以建築物的新建工程而言，巨觀且完整的建築計畫包含了建築物生命週期中各個階段的整體構思與策略擬定，也清楚地彰顯了建築計畫在若干不同面向或領域的價值觀呈現。

---

[12] 出處：http://wwwc.moex.gov.tw/ExamQuesFiles/Question/095/025801600.pdf。

投資、行銷企劃
及管理團隊
規劃設計團隊
（BIM+IFC+ 效能模擬）
公部門審查
（B.I.M 導入）
營造施工團隊
（B.I.M 導入）
物業管理團隊
（B.I.M 導入）
土地取得
前期規劃與評估
1
土地取得
前期規劃與評估
2
規劃設計與
執照審查
3
營造施工、
室內裝修與試車
4
營運管理、
維護與變更使用
5
空間再利用
與拆除重建
區域市場分析
基地區位評估
財務與行銷策略
產品定位
招商計畫
專案管理
建築師
都市計畫技師
環工技師
大地 / 土木 / 結構技師
電機技師、空調技師
消防技師、水保技師
都市更新審查
都市設計審議
結構外審
建築執照審查
綠 / 智慧建築審查
其他單位平行會審
土建 / 裝修工程
設備 / 景觀工程
工程數量檢討
設備管路碰撞衝突
工期管理與掌握
試水 / 試車
不動產與物件資訊化
物業管理自動化
使用管理與維護
消防安全檢查
後續變更使用評估

▲ 建築物生命週期圖（作者繪製）

（一）人性面向的被需要與滿足

馬斯洛的需求金字塔（生理上的需要、安全上的需要、感情上的需要、尊重的需要、自我實現的需要），其中包含了客戶與使用者，甚至是計畫者 / 設計者本身。

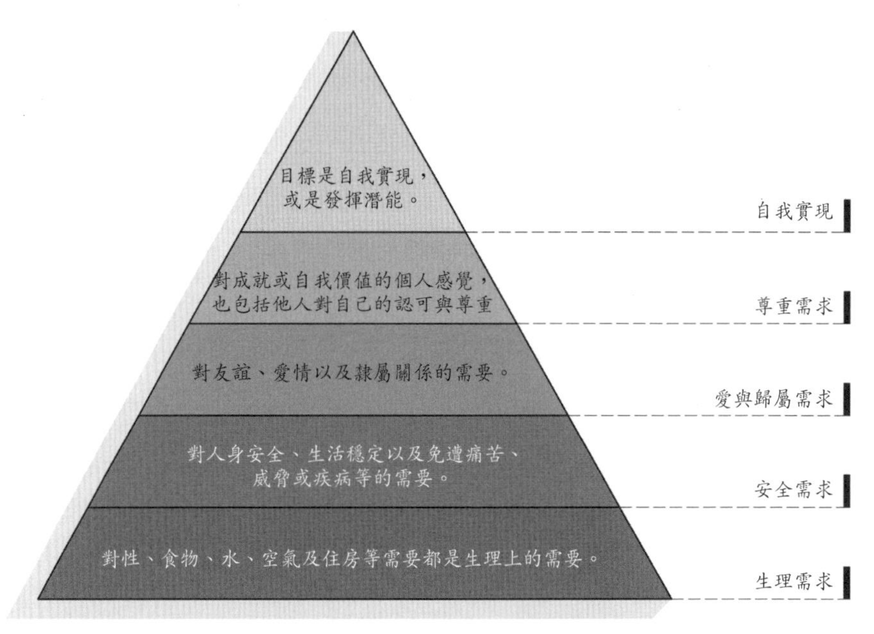

▲ 馬斯洛需求金字塔（作者繪製）

（二）環境面向的尊重

1. 自然環境

氣候條件、日照條件、季風情形、雨量統計、溫濕度、地形與地貌、地質條件、動植物分布、地表水、地震、颱風、海嘯、土石流、天然資源分布與其他。

2. 建成環境

交通流量與動線、區域使用分區與建築物使用類別、基地四周構造物形式、大眾交通系統、基地四周物業種類與分布等。

3. 人文環境

城市發展脈絡、地方事件、歷史脈絡、人文地理景觀等。

（三）營建科技的應用

營建技術、營建材料、材料科學、模矩與系統、機電、空調、防災、消防等。

（四）環境空間美學的規範

公民集體意識、城市發展、都市計畫、場所精神、地方感等。

（五）社會政經發展的火車頭

社會風俗民情、經濟發展條件、國土計畫與營建法規限制、政治情勢等。

（六）永續發展的指導

變更與擴充使用、節能減碳、再生能源、廢棄與再生等。

普遍而言，有多少相關建築需求的類型項目，就有多少種建築計畫的形式在使用中，雖然臺灣的營建環境直至今日仍欠缺對建築計畫之重視與人才養成。這種建築計畫格式多樣性的情況，可比擬於十七世紀當培根（Bacon）提出使用科學方法檢視當時的科學實驗情況。最大的不同在於，科學家所處理的是可以量測的事物；而建築上的決策則是價值的判斷。因為建築本質的緣故，在不久的將來（或永遠）可能不會出現所謂的「標準化格式」[13]。也就是說，「建築計畫」撰寫的團隊成員（專業分工）理當依據計畫需求的項目類型而有所不同之任務編組，當建築計畫尚未被重視與成為一個專業領域前，這是一個理想狀態下的未來願景。理想狀態下常態專案的團隊成員至少但不限於滿足以下幾種專業訓練的背景：土地開發、都市設計、建築（設計、監造、預算、管理……）、景觀與植栽、財務金融、市場行銷與公關等。作為一個以設計實踐為基礎的建築計畫，我們提供了以下五大建築計畫的程序：

1. 釐清：客戶／社會的需求、目標、企圖與設計專案的背景資料等。
2. 界定：界定出人為的、事物的或環境的課題（問題）等。
3. 可行之道：以設計思考的程序找尋解決問題的可行之道（創意）。
4. 評估與價值：案例分析與評估決策。
5. 行動依據：規劃設計準則與附屬計畫原則。

「建築計畫的專業」在西方學術領域已逐漸成為一含跨多元領域的獨立學科，同時在臺灣近年來建築師執照專技考試中也特別著重建築計畫的提案整合與建築設計的落實。本書希望在著手擬訂建築計畫的同時便能知悉進入到實質建築設計行為的關鍵、起始點或切入點，一個好的建築計畫並非僅關乎內容本身實務層面的精闢觀點、哲學辯證的論述能力與數字證

---

[13] Cherry, Edith。呂以寧譯（2005）。建築設計計畫：從理論到實務。頁40，臺北：六和出版。

明的文字遊戲等，而是在於能夠真正發現關於建築實踐的關鍵課題，藉由設計思考尋找解決問題的創意，並於後續實質設計作業前，採取一連串科學手段的分析、預測模擬空間使用型式、使用者之生活行為、業主使用需求探討、規劃設計課題探討與因應之道、空間及設施之定性定量分析等，擬定一系列可供執行的準則／規範。對於設計者而言，我們更希望能透過一個從無到有的設計思考的過程中，進而釐清設計之於環境的優先選項（設計開展的起始）與展現設計者面對環境等相關課題的專業態度。本書亦考量到臺灣建築相關科系的建築計畫課程多開設在低年級（有些甚至未開課），因此於其中增列對建築設計基本認識的章節說明，主要目的在提供相關科系或非本科系學生一個基礎性的建築設計總體觀點與建立一個對話的語言系統。

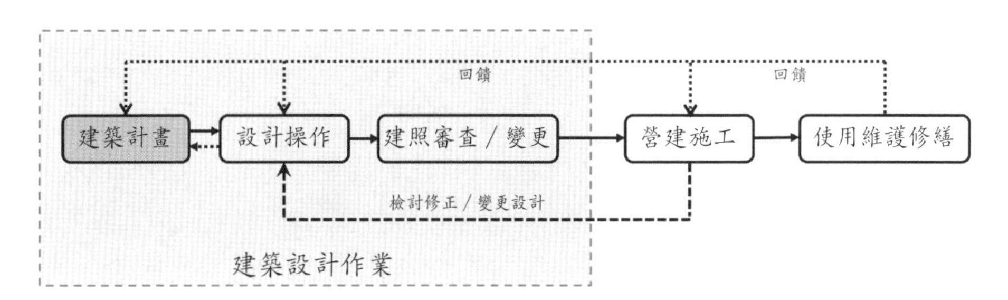

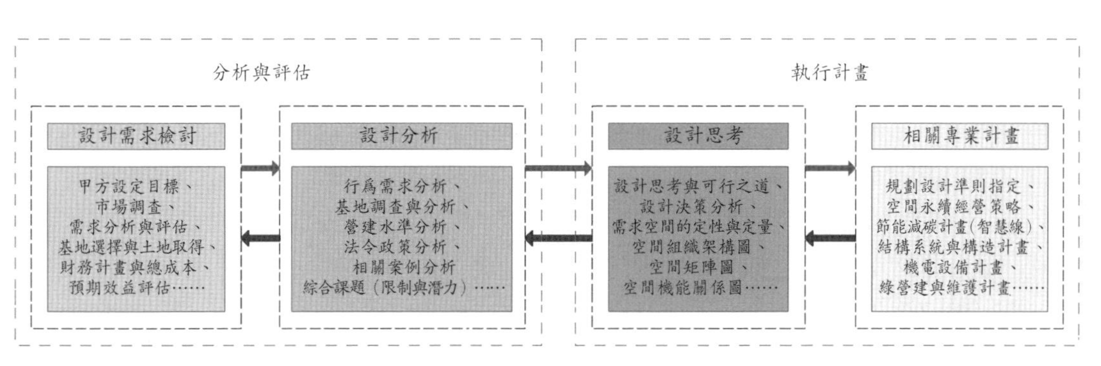

▲ 建築計畫的內涵

無疑地，建築計畫過程是一個設計前聚焦於發掘問題與問題本質的階段，而具有高效率的建築計畫是可以提升並強化設計的品質，反之則會抑制了設計的品質與多元可能性。一個以設計爲前提的建築計畫的總和觀點，我們認爲應建立在 (1) 設計需求檢討、(2) 設計分析、(3) 設計思考、(4) 相關專業計畫的擬定等四大項目的往復辯證及檢討的過程。核心觀念是以設計目標導向去擬定成就其所需可行之計畫，同時強調建築計畫作爲後續設計實踐的價值與目標的行動準則。

第2章　建築設計的基本認知及內涵

一、在日常生活的本質中發現建築

建築與日常生活的關係，並非指涉一種烏托邦式的美好生活，而是反映社會生活的眞實感與生活事件的本質敘述。建築並非只是一個單純的構造物，建築的生命週期反映了時代的文化背景與社會趨勢，它忠實地記錄了一個所屬時代的興衰過程，這也是我們在觀察一個場域的文化輪替過程，最直接的物質證明。因此，若我們想要透過建築來觀察與理解一個地方，建築的意義將不會僅侷限在歷史價值或美感價值的角度作為價值判別，而是從日常生活當中，從一個完整的建築生命史角度，來觀看日常生活周遭的建築，這也就說明了作為一個建築師在日常生活中對於許多生活現象與課題在本質上的探討其專業素養上的重要性。建築之於探討「本質」的論述可以從以下說明看出端倪：

胡塞爾（Husserl）認為「現象即本質」，強調追求事物的眞實性，眞實應回歸事物的本質中尋找，使事物呈現最原始的意義，沒有任何先驗及預設的立場，屬先天的意義（inherent meaning），讓事物裸露的呈現，即「回到自身」還原的手法，這是探求物體存有價值的哲學方法。黑林（Häring）以這種回歸的方法來思考建築本質的問題。建築師應主動的「能思」與建築物被動的「所思」緊密結合。所思的本體是建築，建築師只是輔助的角色，必須依照自然的邏輯的原則下，思考建築本質的問題。

……建築的本質在於建築的目的，即是生活原理的呈現，反映於機能的組織，而生活型態的層出不窮的變化，顯現於外部形式的豐富性。黑林重視的是生活的內涵，表明「住宅是生活的器官」，指稱建築本質是滿足居住者的需求，生活的需求更包含了不同的心靈生活及精神思想。建築爲表現生活的型態，本質是有機的，但因人、時、地而有所不同[1]。

大體而言，歐美建築師在學院的養成教育過程中普遍有著較爲紮實的基本哲學觀的辯證能力，而且隨著時代演進與建築實踐的經驗積累與自身對環境的態度而有所省思與不斷追求成長；而臺灣建築師在哲學辯證方面的素養訓練，從學校教育開始便呈現結構性的不足，出社會後在業界更是深陷在莫衷一是的行銷口號與容積數字遊戲的氛圍裡，一個先天不良後天又失調的狀態。總而言之，建築的機能、數字與法規的基本檢討是甲方與公部門的基本要求，而建築師的空間美學與社會性卻是主導整個建築性格的實體展現，建築是時代文明的總體表現，而建築師應該在實踐的過程中提出符合當代生活觀的思維與提案。

世界知名日本建築師安藤忠雄曾經說：「建築是生活的容器」，此觀點直接道出當代空間環境的本質與每日日常生活的連接關係。

[1] 孫全文、邱珮君著（2008）。李承寬與德國有機建築。頁 40，臺北：田園城市。

▲維也納、巴賽爾、聖多明哥、紐約（作者拍攝）

以一般大宗的民間住宅開發案而言，建築師接受委託進行規劃設計與監造，努力地完成建案並為開發商創造最大的商業利益；然而，最終呈現的作品與設計之初心及使用者使用心得，總有存在著一定程度的落差或失落。無可否認地，時下臺灣的地產開發商、建築師和使用者這三者間的關係總是缺乏有意義的鏈接，往往開發商的行銷廣告（願景、故事或口號）與建築設計如同鄰近的兩條平行線，很接近卻沒有任何交集。從臺灣早期房地產興起開始，大部分的開發建設案中，建築師總是受制於甲方／資本家，而臣服於資本與權威之下的建築師，漸漸地忽略了建築的目的應該要回歸至最基本的對人性的關懷並建構人、土地與世界的永續關係，使其維持一個平衡且和諧的狀態，這就是建築的永恆價值所在。好的建築設計所創造的價值體現在 (1) 環境永續的循環、(2) 生活的空間美學呈現、(3) 效益與健康與 (4) 區域經濟的產業火車頭等四個層面上，而這些都是跟我們的日常生活息息相關，看似沒有明顯之關聯，實際上卻是環環相扣的鏈結關係。

▲維也納七十年代社會住宅（作者拍攝）

二、空間的概念

在臺灣，對於多數剛入門建築設計的學生甚至是初入業界工作的建築新鮮人，對「空間」與「建築」在概念或意義或狀態上的認知普遍呈現不足與缺乏宏觀的視野；不是骨肉分離式的切片式設計（首先是解法規、作平面、衝容積，然後是做立面造型，再將兩者拼裝在一起），就是停留在過去傳統的柱、樑、牆、板等實質物件所構成傳統建築學的空間觀，抑或是陶醉在數位軟體那迷人的形式操作快感的烏托邦世界裡等，一個普遍缺乏與真實生活世界的有效連結與對生活願景的態度表達。

建築是解決空間與之一連串課題的一門整合型專業，這些課題是複雜且相互交織影響的，很多時候還會衍生出許多未知的課題；因此，我們無法用單一且線性的思維去看待他們，我們的思維應該保持彈性、開放與多元。愛因斯坦曾說：我們無法用現在的思維解決未來的問題；這樣子的關係正說明了「視野」的重要性在於多元宏觀與前瞻性的觀點呈現，在充滿不確定性與跳躍的年代，這正是當前建築人所必須培養或重建的專業核心之一。

不同的領域對空間有著不同的定義與解釋，每一個領域均有他們獨特的理論論述觀點與目的。我們認爲釐清空間的概念將有助於我們更加理解這個生活世界的普遍現象，如同美國地理學者大衛哈維曾言道：

Concepts of space are founded in experience; in its most elementary form this experience is entirely visual and tactile. But there is a transition from such primary experience of space to the development of intuitive spatial concepts and ultimately to the full formalisation of such spatial concepts in terms of some geometric language. In the process of this transition, primary sensory experience, myth and image, culture form, and scientific concepts, interact. As a result it is extraordinarily difficult to determine how concepts of space arise and how such concepts become sufficiently explicit for full formal representation to be possible."[2]

上述的 Experience「經驗」二字指涉並統整了主體意識與客體氛圍，作爲一種相互影響作用的結果。在這個過程當中，人類的感知會在孩童時期中家庭的社交與實質環境中開展，隨著年齡增長，也會擴大他們物質世界的領域，也因此他們透過語言系統表達了自身對環境演繹的發展，過程中的許多因子都會影響他們的理解能力，這即是「經驗」的形塑過程，一旦這個理解的過程牽涉與其他物件或客體間的結合，空間的概念於是形成。因此我們認爲空間的概念即是一種物件間彼此關係呈現的構成，意即主客體之間在交互作用下的一種產出的結果，此會形塑出一個人獨特的方式在檢視或認知這個物質世界。總而言之，空間是客體的一部分且指涉了一組（或複數組）實質存在的關係，當這個客體展現自身且指涉和其他客體間的存在關係的同時，空間於是存在，這是一種心理的空間圖像而非物

[2] Harvey, David. *Social Justice and the City*. Oxford: Basil Blackwell, 1973.

質的或三向度的空間意象，意即主體、客體與環境三者（或者是人、物件／事件與四周環境）之間的互動關係的感知呈現[3]。

以下摘錄物理學與地理學的基本空間觀，以期讀者對「空間」概念能有更廣泛的初步接觸。

（一）物理學的空間觀

絕對空間是由牛頓創立的穩衡體系——動者衡動，靜者衡靜。牛頓在《原理》一書中這樣的表述到：「絕對的、眞正的和數學的時間自身在流逝著，而且由於其本性而在均勻地、與任何其他外界事物無關的流逝著，相對的、表觀的和通常的時間是……通過運動來進行的量度，我們通常就用諸如小時、月、年等這種量度以代替眞正的時間。絕對的空間，就其本性而言，是與外界任何事物無關永遠是相同的和不動的。相對空間是絕對空間的可動部分或者量度。

空間物體處在空間中，物體處在空間的一點上，物體運動時，對於不同的參考系，物體經過的空間不同，通常所說的『相對空間』指的是物體經過的空間。物體經過的空間是空間的一部分，即『相對空間』是空間一部分。物體靜止時，物體存在空間中；物體運動時，物體存在空間中。由此知空間的存在與物體的靜止或運動無關[4]。」

另外，大約在一個世紀前，一位偉人愛因斯坦開創了「相對時空」

---

3 翻譯自 Lee, Jiun-Lin. “Rethinking of Place-A Statement of the Cognition of place in the Current Age.” Master Dissertation. Edinburgh College of Art, UK. (Lee 2000-2002): 2-4.

4 出處：http://www.twwiki.com/wiki/%E7%B5%95%E5%B0%8D%E7%A9%BA%E9%96%93。

領域，相對論認爲時間和空間都不是絕對的，愛因斯坦發現對時空的描述與描述者間的相對運動狀況有關，絕對時空觀念已不再適用。歷經數年時間，他對相對時空做了精心的設計，把其描述成彎曲的、多維的，並向外凸起的正曲率空間。

在任何情形下，沒有絕對的時間與空間作爲客觀自然的比較基礎，時間與空間就失去了作爲時間與空間的原有意義與價值了，時間與空間就成了「居心不良」的觀測者任意玩弄的魔術。相對論的相對時空的價值，就是在其發現時間與空間在觀測上具有相對性，同時確認固有時和固有尺度不因相對運動而變，而固有時和固有尺度即是絕對時間與空間。所以說，相對時空包含絕對時空，絕對時空是本，相對時空是像。那種以爲相對論拋棄了絕對時空的想法是從根本上對相對論的誤解和曲解[5]。

若問物理學家時空的本質是什麼？物理學家更有興趣的問題是光速爲何是不變的呢？物理學家以時間與空間是用來安置或排序一切的萬事萬物。時間與空間都是相對的，沒有一個絕對的時間也沒有一個絕對的空間。時間與空間彼此不是獨立的，而是相關的，所以就稱爲時空。時空是相對的不是絕對的，就表示時空有無限多，每個物體都有其各自的時空。此外時空與物質是緊密相關的，離開物質而談時空是沒有意義的[6]。

（二）地理學的空間觀

人文主義地理學空間觀點的核心是「人的存有（man's existence）」，認爲人類關係所呈現的空間性現象，係由人在世界中的涉入或關切的存在

[5] 出處：http://www.twwiki.com/wiki/%E7%9B%B8%E5%B0%8D%E6%99%82%E7%A9%BA。

[6] 出處：http://www.dharma-academy.org/forum/forum10.htm。

活動而來，因此，空間與空間的關係，乃意謂著人相互間的關係，而非屬於現象間現成的、客觀的幾何關係（池永歆，2000：4；Buttimer，1976；Relph，1976；Tuan，1976）。因此，人文主義地理學是一種觀點，是經由人的經驗、自我意識與知識，探究人所具有的「思想與行爲」以及「人類及其狀態（people and their condition）」，其焦點含括「人類與自然的關係，以及在空間與地方中，他們的地理行爲與感情、理念」，亦即是，藉由地理現象去了解人類意識的特性，並且顯露出人類與地方關係的複雜性與多樣性的一種觀點（池永歆，2000：4；Tuan，1976：266-267）。人文主義地理學所欲彰明的就是：人與自然環境，在恆久的交互作用中，對地方的構成，所賦予的精神或特質（池永歆，2000：9）。因之，人文主義地理學強調「環境」不僅僅是一種「東西」，而是被人類感知賦予了形狀、聚合性與含意的整體；也就是說，大地表面的地景是一折射文化風俗與個人想像的塑造品，「人」都是藝術家和景觀設計者，按照「人」的感知和愛好來創造秩序、組織空間、時間和因果關聯（Johnston，1990：219；Wright，1947：260）。

以空間的實質概念而言，「空間」是物質存在的一種客觀形式，由長度、寬度和高度表現出來。被形態／形式所包圍、限定的空間爲實空間，其他部分稱爲虛空間，虛空間是依賴於實空間而存在的。所以，談空間不能脫離形體，正如談形體要聯繫空間一樣，它們互爲穿插、透露，形體依存於空間之中，空間也要藉形體作限定，離開實空間的虛空間是沒有意義的；反之，沒有虛空間，實空間也就無處存在。

一般而言，空間的概念會隨著不同的生活背景、人的感知能力、科技上的目的、歷史情境、社會民情等而有所差異；因此，隨著社會文化的演進與轉變會造成空間概念的轉變，不同的空間概念的論述與應用將會有著不同的社會價值。

三、建築設計的基本認知

對於剛接觸到建築設計課程的臺灣建築系學生而言，建議先釐清以下若干相關課題：

1. 建築設計的基礎意涵（目的與重要性）？
2. 建築設計要怎麼操作？要考慮什麼？作設計需要天分嗎？
3. 什麼是設計概念？一定要先有設計概念或構想才能作設計嗎？
4. 有沒有建築設計的方法或可以依循的設計操作程序？
5. 從概念／構想或想法跟建築設計的關係是什麼？
6. 如何判別概念／構想或想法是可以操作執行的？
7. 建築設計的第一筆要如何決定？量體配置？
8. 建築設計要或可以解決什麼樣的問題？

（一）設計與建築設計

所謂設計，普遍來說「設想、計畫與實踐；設想是目的，計畫是過程安排，設計則是實踐的行爲過程」，上述解釋可作爲本書對於建築計畫角色的設定，原意是「設置擺放其元素，並計量評估其效用」，目前通常指預先描繪出計畫結果的品質、結構及狀態，並繪製各類型圖說於以表達。設計當前在服飾、建築、工程項目、產品開發以及藝術等領域起著重要的作用。[7]

設計是一種有一個意圖進而採取相對的創作實踐，它是解決問題的方法與心智歷程，其行爲本身指涉的是一系列關於心智上的價值辯證運作與概念轉換與操作實踐的動態進程，一個從確立目標與需求→收集資料／資訊→分析資料／資訊→分析的結論與課題→針對課題的設計思考→設計概

---

[7] 維基百科修改。

念／構想→擬定設計策略→策略實踐／執行等的序列。每一個階段都是互相依存連接的關係，任何一個步驟的失連，將造成整個設計行爲的失焦與資源浪費，進而影響設計成果的品質[8]。

當代思潮甚至認爲商業行爲需要以設計思考的角度切入去探討企業經營與策略擬定的基本方法，設計思考甚至是許多當前企業管理必修的新興課程。「設計思考」被史丹佛設計學院奉爲圭臬，也成爲風靡全球的潮流。在這裡，從空間設計、教學方法到產學合作，都跳脫框架、大膽創新。在國際上，例如柏克萊的哈斯商學院以及多倫多大學羅特曼管理學院的畢業生被找來解決設計師提出的問題，甚至有些還得直接處理設計專案。崔京元教授目前爲韓國「玄設計研究所」的負責人、韓國建國大學產業設計系兼任教授，並於首爾大學等名校設計相關系所進行教學工作，是韓國深具影響力的設計學者，他在《有競爭力的設計，才能看見未來！》一書中也有類似「好設計就是好生意」與「設計力就是競爭力」的觀點。

在此所提及的建築設計係指爲滿足特定建築物的建造目的（包括人們對它的環境角色的要求、使用功能的要求，以及視覺感受的要求）而進行的設計，它使具體的物質材料依其在所建位置的歷史、文化脈絡與景觀環境，在技術、經濟等方面可行的條件下形成能夠成爲審美對象或具有象徵意義的產物。它包括了建築行爲中，一切具有功能及意義之設計，也是建築由發想到建築完成之間設計者的心智活動及表現的總結。建築物要的是最後的使用功能，它有一定的要求；而建築設計就是針對這些要求（或需求）而創造出來的解決辦法。解決的辦法千變萬化，而能夠超乎原先設定的要求者，就是好的建築設計。

---

8 實務上常會發生因設計判斷失誤而造成設計作業往覆來回的情形，一方面是人力資源的耗費，另一方面則是因爲時程的損耗造成設計不周全之情事。

建築設計與其他設計專業的核心精神其實是相同的，也是從確立目標與建造需求開始→相關資料、資訊收集與基地環境調查→分析（資料、資訊與基地環境）→分析的結論與課題→針對課題的設計思考→回應課題的可行之道（設計概念／構想）→擬定設計策略→建築計畫擬定→設計操作與空間實踐→圖面繪製與申請建築許可及相關審查→細部設計與工程經費估算→發包文件製作→工程發包與施工→試車與性能驗收→交付客戶。

建築設計的完整行爲應該包含且持續至施工完成與驗收的階段，我們知道，建築領域裡的各項專業，諸如結構學、結構系統、建築物理環境、建築設備、敷地計畫、建築構造、營建法規、景觀植栽、營建材料等，這些均是支撐整個建築設計在空間實踐的必要元素與基石，因此必須確認最後空間呈現的性能與美學呈現是符合建築師設計之初衷，這是身爲一個建築師對工作品質要求與職業道德展現的必要作爲。簡言之，建築設計是一個從分析與釐清、設計思考、可行之道、價值判斷、設計概念或構想、操作與實踐、回顧檢視的行爲序列與價值辯證，在過程中對於生活世界中每日生活本質的探討與對環境容受力的體悟越是深入，連帶會影響整個計畫或建築設計的實踐越是呼應環境的脈絡、貼近生活需求與形式呈現的謙卑，同時這也是建築設計之於環境與人類的最主要價值之一的展現。

（二）設計方法與設計思考

「方法」是人們對某一對象（問題）處理的經驗的累積。開始並未有明確的形式，乃是經過各種方式的反覆嘗試而確定的。對某一問題的處理並不一定只靠一種方法，可以藉幾種不同的方法來達成。設計方法今天所涉及的問題，均以設計程序問題爲主，即設計應採取何種步驟才能使設計結果達到合理之境地。其次所著重的設計程序中需要的情報的處理問題即空間的統合問題。設計程序乃一創造過程，也可以說是課題的解決過程，乃在進行中，解決有關設計之條件、方法中對特定的問題加以選擇、判斷與決定。換言之，設計過程乃是行爲的反覆操作作業。爲了使設計方法能按照系統來進行，必須對各程序所具有之性質，即其屬性及性能加以闡明[9]。普遍而言的設計程序是指涉從設計目標、設計需求、基地分析、設計課題、設計構向／概念、空間定性定量、空間矩陣與組織圖、設計模型與操作、建築圖說繪製等之線性往返檢視的操作程序，同時透過程序來判斷諸如建築物量體配置方位與人車出入位置選擇等的設計決策。

Methods should not be seen as magic buttons. What they can do is help a designer understand where and when decisions need to be made, how to arrange scales of thinking, and how to set up criteria to judge proposal success at the scale of the parts-to-whole and the parts-to-parts relationships.[10]

同時，臺灣的建築設計教育普遍呈現「類」師徒制的教學模式，鮮少有系所對建築設計的教學方法、內容或風格上有所著墨，同時也較少在建築設計課程之前開設類似「建築設計方法論」的前導課程。就「類師徒制」中的「師」而言，當前建築設計教育的師資[11]少有對設計方法學的論述建構與設計教學系統之建立，而間接或直接導致這個身爲「徒」的學生，在進入建築設計課程的操作執行過程中，在缺少對建築設計程序與方法論在整體性架構的基礎認知與引導下，對於建築設計的操作有如瞎子摸象般的

9 王錦堂著（1984）。建築設計方法論。頁 6-7，臺北：臺隆書店。

10 Philip D. Plowright (2014), Revealing Architectural Design-Methods, Frameworks and Tools, p8, Routledge:Taylor & Francis Croup.

11 目前臺灣建築系所之設計課程教師組成多是以專任教師爲召集老師，輔以校外業界兼任師資，然而前述之專任老師多爲研究型之學術背景，而後者又多爲執業建築師。

莫衷一是。另一種則是在其進入業界受到房地產建案操作模式的塑形，而侷限住其建築設計發展多元可能性的機會。

目前臺灣關於設計方法的論述與研究多爲平面設計或工業設計等非空間設計專業，且多針對於設計操作之程序邏輯性或合理性討論，對於建築設計方法的著作論述篇幅非常有限，除了王錦堂教授於 1984 年所著《建築設計方法論》一書以建築設計爲出發點兼具理論與實務觀點之著作外，少有聚焦在建築設計實務操作應用的方法論述，多數是偏向歸納的研究型論述。

誠如上述之普遍情形，我們認爲「設計方法」的目的僅在提供明確的步驟（或程序）及方針，即使在設計創新的目的上有所侷限或限制，卻可提供設計者／建築師在設計作業階段（亦或是完整的空間實踐過程）的一個可依循的執行方針。因此，我們認爲發展一套清楚可供設計操作的方法、系統或程序對當前臺灣建築設計教育之於建築設計實務上具有更重要的意義；其核心價値是培養學生在獨立思考的廣度與深度，與建構自身的設計認識論的價値體系，思想的訓練必須於學院教育階段給予紮根，爾後才有機會在不同階段的實務磨合後，發展出完整且成熟的自身建築觀點與論述，這是一個需要時間積累與不斷成長精進下的可能性。

總的來說，無論何種建築設計方法及設計程序（例如文字般的線性思考或是圖像式的跳躍方式），任何能尋求最佳解決方式的設計行爲歷程與空間實踐的操作論述，都應該朝著建立一個機制或一個系統爲目標，以作爲設計教學的依循與提供同學作爲設計方法認識的基礎藍圖。在這樣的架構下，均質或水準以上的建築設計作品將是可以被引導與預期的；至於「做設計」需要「天分」的迷思將不攻自破。無疑地，近年來由於電腦技術與設計思考領域的廣泛應用於參與設計活動，設計者的思維與觀念模式將重新檢驗過去以來所著重的設計程序的方法，甚至更趨近於大數據之數位運算的程序邏輯，「設計」不再是成果，而是過程中的價值取捨。

設計思考（Design Thinking）是一個以使用者爲核心，尋求解決問題的方法論，透過對各方需求的探討，爲各種議題尋求創新解決方案，並創造更多的可能性。IDEO 設計公司總裁提姆．布朗曾在《哈佛商業評論》定義：「設計思考是以人爲本的設計精神與方法，考慮人的需求、行爲，也考量科技或商業的可行性。」

Kundendienstzentrum Spitte

ENERGI

▲維也納建築師 Friedensreich Hunderwasser（百水）設計的焚化爐與社會住宅（作者拍攝）

設計思考的簡單流程一般可分成以下數個單元：

1. Empathy（同理心）
2. Define（需求定義）
3. Ideate（創意動腦）
4. Prototype（製作原型）
5. Test（實際測試）

從上述 1～5 點中，我們可以清楚地了解到，設計思考所指涉的並非僅單純的再發想構思階段的心智行爲，而更是含括了構想在執行層面的具體計畫擬定與測試。設計思考要能成功扮演承先啓後的關鍵在於：

1. 從需求出發：找對問題是解決問題的第一步。
2. 兼顧社會價值與營利：創新不能只是空想，還需具有實踐的機會。

雖然所謂的設計思考多被應用在工業、平面設計領域以及目前流行的企業管理與創新等領域或行業，對於在建築設計之應用則較少有論述。在此，我們所要強調的是建築設計的思維模式是可以有一個可以依循的方法或架構進行，它不再是空泛的形而上的「概念」或不切實際的「構想」，設計操作應該是立基在一個有所本的狀態下被執行／操作，否則就容易淪落為一個「設計需要天分」的一個偽議題當中，同時也容易影響在學同學在面對建築設計時缺乏信心與開創力的激發。

傳統的建築設計教育，一般是從「認識建築」或「建築概論」的課程到「基本設計」的天馬行空的創意探索，再進入「建築設計」的實質操作，目前還搭配了許多人文性質的通識教育課程，但相關人文通識課程與建築設計思維彼此間缺乏有意義及有效的鏈接與應用，而在這過程中卻揭示了以下三大潛在的課題。

1. 缺乏在哲學層次上的辯證及批判省思能力？

檢視西方社會的發展，隨著社會局勢轉變或者社會運動的崛起，或多或少會影響著建築界的思潮、風格抑或是建築運動的萌芽，前面曾提及：建築忠實地紀錄了一個所屬時代的興衰過程，這也是我們在觀察一個場域的文化輪替過程，最直接的物質證明；從這個角度來看，我們不難看出建築在哲學層次上的辯證與批判省思能力：

例如，在歐陸哲學與文學批評中，解構主義（Deconstruction）是一個由法國後結構主義哲學家德希達（Jacque Derrida）所創立的批評學派。德希達提出了一種他稱之為解構閱讀西方哲學的方法。大體來說，解構閱讀是一種揭露文本結構與其西方形上本質（Western metaphysical essence）之間差異的文本分析方法。解構閱讀呈現出文本不能只是被解讀成單一作者在傳達一個明顯的訊息，而應該被解讀為在某個文化或世界觀中各種衝突的體現。一個被解構的文本會顯示出許多同時存在的各種觀點，而這些觀點通常會彼此衝突。將一個文本的解構閱讀與其傳統閱讀來相比較的話，也會顯示出這當中的許多觀點是被壓抑與忽視的。

解構主義流派反對結構主義，解構主義認爲結構沒有中心，結構也不是固定不變的，結構由一系列的差別組成。由於差別在變化，結構也跟隨著變化，所以結構是不穩定和開放的。因此解構主義又被稱爲後結構主義。德希達認爲文本沒有固定的意義，作品終極不變的意義是不存在的。

解構主義最大的特點是反中心，反權威，反二元對抗，反非黑即白的理論。德希達本人對建築非常感興趣，他視建築的目的是控制社會的溝通與交流，從廣義來看，建築的目的是要控制經濟；因此，他認爲新的建築，後現代的建築應該是要反對現代主義的壟斷控制，反對現代主義的權威地位，反對把現代建築和傳統建築對立起來的二元對抗方式。

建築理論家伯納德．楚米（Bernard Tschumi）的看法與德希達非常相似，他也反對二元對抗論，楚米把德里達的解構主義理論引入建築理論，他認爲應該把許多存在的現代和傳統的建築因素重新構建利用更加寬容的、自由的、多元的方式來建構新的建築理論構架。他是建築理論上解構主義理論最重要的人物，起到把德希達，巴休斯的語言學理論，哲學理論引申到後現代時期的建築理論中的作用[12]。

其他當代風格鮮明的建築師尚有札哈．哈蒂（Zaha Hadid）：紛亂、脫序、破碎的尖銳色塊與流暢曲線的自由形體，挑戰著講求方正、工整、井然有序的建築盒子；丹尼爾．李伯斯金（Daniel Libeskind）：建築不是凝滯的，它們不是物件，而是有生命的實體，像人一樣，它們擁有意外，

---

[12] 維基百科修改。

▲ 維也納經濟大學圖書館（作者拍攝）

甚至豐繁的未來；Miralles Tagliabue EMBT：強調建築物與周邊環境的互動，以吸引人們在建築停駐。他們希望將每個項目背後的歷史、文化、肌

▲ Denver Art Museum（摘錄自ArchDaily網站）

理，透過建築設計呈現；BIG（Bjarke Ingels Group）：渴望創造的是能夠兼顧社會、經濟和生態要求的空間，這種建築哲學使其獲得「務實的烏托

▲ The Scottish Parliament（摘錄自 ArchDaily 網站）

邦建築家」稱號。這些國外的建築師均發展出屬於自身辨識性高的建築哲學觀點與清晰的設計論述能力，我們並非強調這些建築師在國際舞台上的明星光環，而是聚焦在形塑自身獨有的哲學觀點與空間論述的能力與自覺，一種生活態度的展現。反觀我們的建築設計教育，似乎就缺乏了針對

▲ House（摘錄自 ArchDaily 網站）

某些議題背後所牽涉的倫理學或哲學層次的思辨能力的培養與訓練。

2.「創意」的意涵不足

臺灣建築界有個普遍有趣的現象或觀點，就是當我們講到一個設計案是具有創意的時候，通常這意味著較高的工程費用、施工難度的提升、空間機能使用的效益不彰、營建法規檢討上的衝突等先入爲主的刻板印象。當然，從若干年前公共工程興起的國際建築師採購標案的後續發展可見一斑，從早期的臺中古根漢美術館（Zaha Hadid）、嘉義故宮南院（Antoine Predock）、臺中臺灣塔（藤本壯介 Sou Fujimoto）、臺北國際表演藝術中心（OMA, Rem Koolhaas）再到近期的金門港水頭客運中心（石上純也 Junya Ishigami、臺灣九典聯合建築師事務所）等，這些案子僅少數不是因故中止或停工，多數則是追加工程預算，其原因不外乎基地土地取得困難、工程複雜度、營建材料採購等級、都市設計審議／建築法規檢討後需

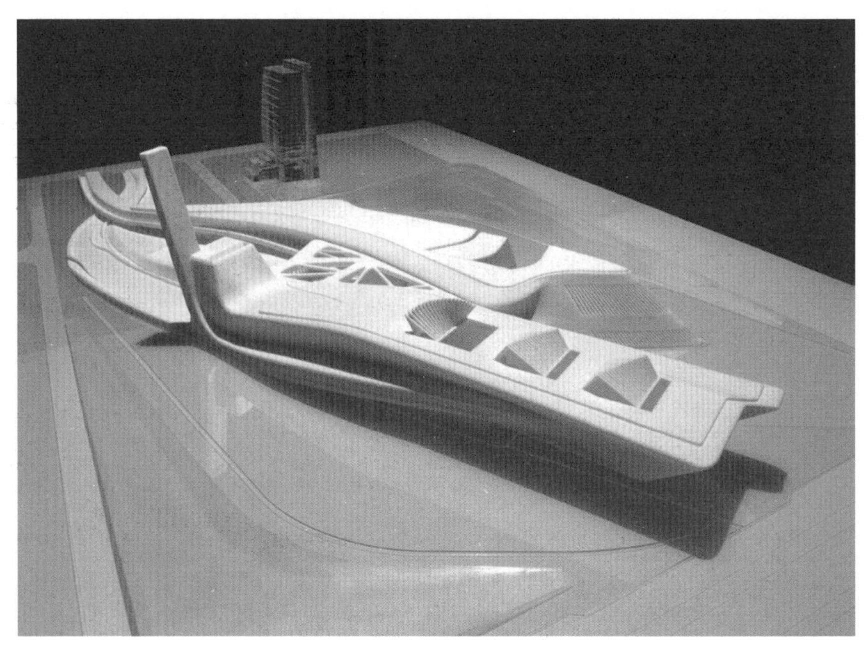

▲ Guggenheim ZAHA（準建築人手札網站摘錄）

▲ Antoine Predock 故宮南院（準建築人手札網站摘錄）

▲ Sou Fujimoto 臺灣塔（摘錄自 ArchDaily 網站）

▲ OMA 臺北藝術中心（摘錄自 ArchDaily 網站）

▲國圖南部分館及國家聯合典藏中心競圖首獎——九典聯合建築師事務所（摘錄自競圖官網）

變更設計、綠建築標準不符合臺灣標準、使用單位需求改變要求變更設計等理由。這其中的問題彰顯了全球性非在地建築師在執行設計業務時遭遇的兩個主要課題：

(1)在地的風土民情與建築思維相衝突或矛盾

居民的風土民情與生活水平、公部門的行政風格與建築程序、營建法規的規定與限制、建築許可的審查流程及時程、營建產業與下游產業鏈之完整性與發展、營建工程的機具類型與施工水平、營建材料之普及性等。以我們在東南亞緬甸與柬埔寨的經歷，西方（美國／歐洲）之於臺灣，如同臺灣之於柬埔寨與緬甸，雖然不能直接比擬，但我們不得不承認其所代表的在軟、硬體間的品質差距與社會與文化認知的不同。

(2)建築計畫的內容無法眞實反映出社會需求

「硬體的建設可以提升環境品質或社會水平」，這是多數建築人的一種「一廂情願」及「想當然爾」的想法（其實，這也是過去以來臺灣公部門的僵化思維），姑且不論公部門大興土木建設的背後所隱藏的政商關係與對土地倫理的破壞，似乎只要將工程完成就意味著國家整體水平的提升，臺灣從南到北執行若干國際規格的大型建設，例如：高雄衛武營國家藝術文化中心、高雄大東文化藝術中心、臺中國家歌劇院、臺北國際表演藝術中心與臺灣戲曲中心，我們都知道其初衷是良善的，是爲了提升臺灣整體文化及表演藝術的內涵與深度。然而，我們換個角度來思考，有多少比例的市民大眾能夠在一定週期習慣性地去買票欣賞／消費這些多爲中高價格的藝文表演？而這些有能力且能長期固定欣賞／消費的民眾似乎大多是人口金字塔的中上階層。假設這些空間的使用效率無法達到預期，偌大的空間無法安排定期固定的活動演出，該空間與設備的維護及管理成本是主管機關的一大負擔，久而久之，在公部門預算無法支撐下，便會造成所謂的蚊子館現象，這不僅造成資源的浪費，更是所謂社會正義失衡的狀

▲ 麥肯諾建築師事務所（MECANOO）設計的高雄衛武營國家藝術文化中心（摘錄自 ArchDaily 網站）

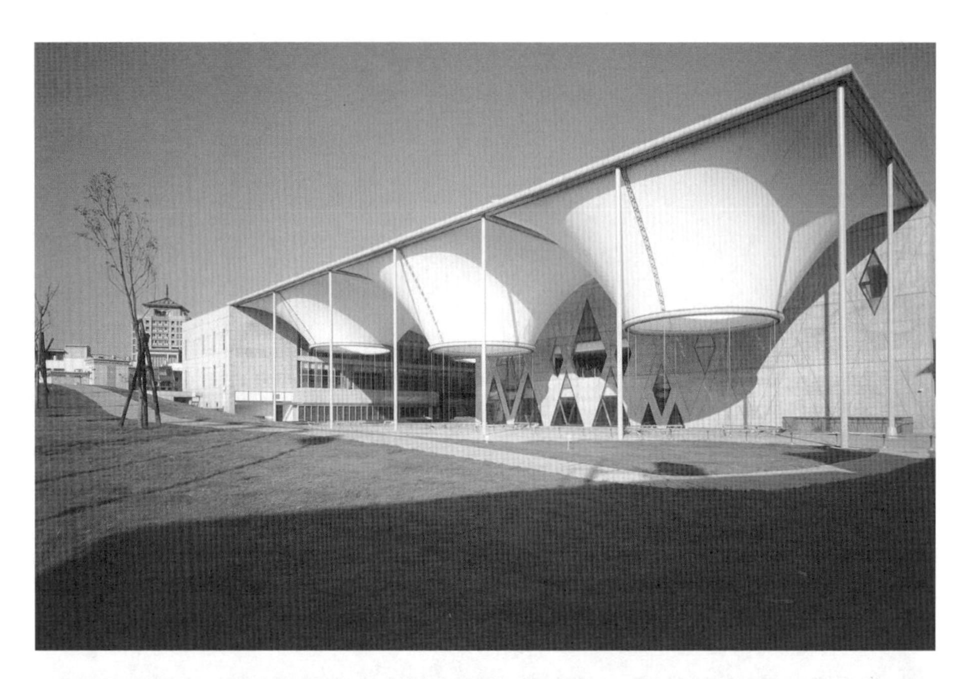

▲ 高雄大東文化藝術中心（摘錄自 ArchDaily 網站）

▲ 臺中國家歌劇院（摘錄自 ArchDaily 網站）

▲ 臺灣戲曲中心（作者拍攝）

態。這於是乎造成了由直銷商及國外品牌車商申請租用臺中國家歌劇院辦理商業活動的本末倒置樣態。（2017 年年初新聞）

這現象可說是菁英思維下所產生的菁英式空間，抑或是頭痛醫頭腳痛醫腳的政策急就章（建設文化中心＝提升國人文藝氣息；廣設大學＝提升國人公民水平），這些空間的硬體建設本身沒有問題，我們要檢視的則是做出如此建築計畫背後的思維邏輯與動機是否符合公平正義原則與貼近社會眞實需求的脈動。這裡牽涉到的問題有二，一是解決問題的創意（可能性）與價值判斷，二是空間介入的方式可以如何解決問題。

創意背後的基本原則，不外乎舊元素的重新組合，即如作文重組或化繁爲簡、化簡爲繁的組織能力；不同事物間的關連性，聽、看出不同事物的理性、感性及邏輯相關，即是創意生成的要因。所謂技術看四方，創意聽八方，秀才靠文章，就是這個道理；認知創意的基本要求、基本價值就是要建構一個新型態，新花樣的世界，而且創意是要有市場價值的[13]。

爲什麼我們需要創意呢？這裡所謂的創意已經不單指涉建築設計上的創意，而更是解決問題的空間創意，在此之前，我們必須先要體認建築的局限與可能。所謂建築的局限指的便是前述的菁英式思維是無法直接或間接地解決問題，而建築的可能指的是如前英國首相邱吉爾所言：我們形成環境，而環境亦形塑我們。

以馬斯洛的需求層次理論金字塔的關係圖來類比解釋創意之於建築的意義，當一個社會逐漸發展成熟並且晉升爲已發展的狀態，建築的需求亦是從最基本的生理／生存需求（遮風、擋雨、保暖、禦寒等），逐漸提升至堅固耐用的要求（安全、堅固、耐用等），隨著文明的演進再提升至場所的歸屬感與情感聯繫（一種鄉愁與地方感的辨識），再到城市美學，有時候甚至到國家象徵。

---

[13] 出處：http://www.npf.org.tw/1/7339。

▲ 維也納美泉宮（作者拍攝）

每一個文明體的演進過程，我們幾乎都可以看到創意的痕跡，例如埃及金字塔在歷史上已經超過了 4500 年，甚至直到 1889 年建造艾菲爾鐵塔之前，它一直都是地表上最大的建築物。金字塔由好幾噸重的岩石堆疊而成，不管是以當時埃及人口、搬運技術、建造知識等都是難以蓋成的宏偉建築。4500 年前的古人沒什麼交通工具，用來蓋金字塔內部的花崗岩採石場附近有溝渠，因此最有可能的方法就是水運，在河流與通往古夫金字塔的路線上建造運河，能夠藉由水的浮力來運送石頭。

古埃及人沒有什麼橡膠之類的漂浮工具，他們所能依靠的便是解決問題、達成目標的創意，因此，他們利用皮筏和繩索固定石塊，讓石頭浮起來。而皮筏的原料就來自於飼養的羊群，鼓撐的羊皮加上充沛的水量，就能夠提供足夠的浮力。而當時的尼羅河流域旁生長了許多的紙莎草，最有名的用途就是做爲莎草紙，在建造金字塔時據信也用了紙莎草來編織粗硬的繩索。採石場的古埃及人利用水中不同高的平面，將石頭卡在上頭，在同樣的水平下就能確保每塊石頭都一樣大小，而且光滑平整，才能讓金字塔穩穩地向上堆疊。

把這些石頭一層一層的運上去，在往上的渠道中間，古埃及人設置了許多道閘門，當第一道閘門開啓的時候，石頭就會浮到第二道閘門處，再關閉第一道，打開第二道，如此類推。因爲大氣壓水會積聚在渠道的內部，只要有充足的浮力就可以讓石頭持續往上升。在這樣的運送方式下，石頭就可以被運送到準備施工的高度，再這樣一層一層地往上砌築。古埃及人利用簡單的原理，發揮最大的創意，成就了世界著名七大奇蹟之一。

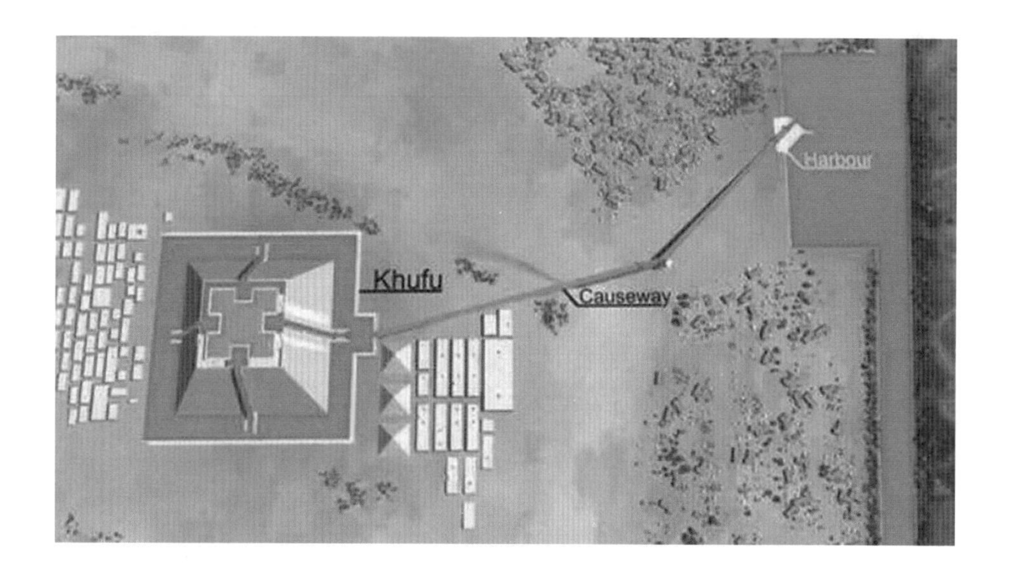

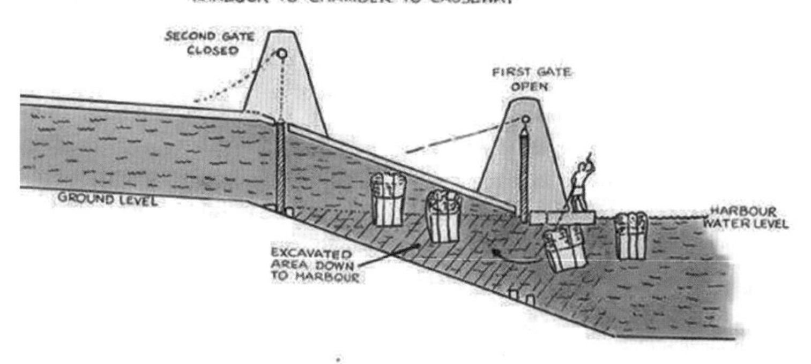
HARBOUR TO CHAMBER TO CAUSEWAY
SECOND GATE CLOSED
FIRST GATE OPEN
GROUND LEVEL
HARBOUR WATER LEVEL
EXCAVATED AREA DOWN TO HARBOUR

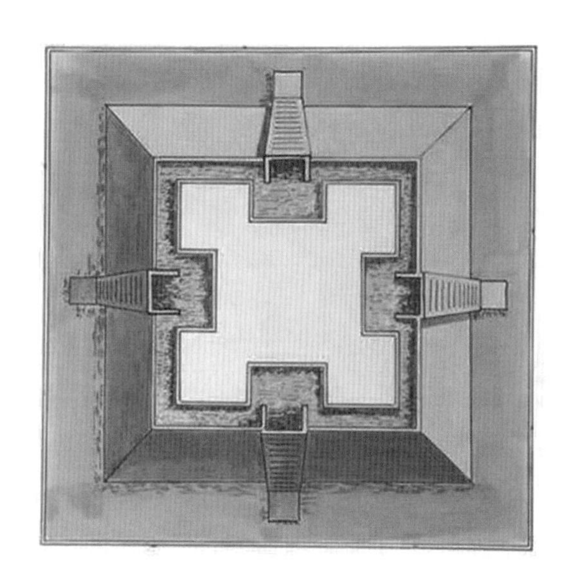

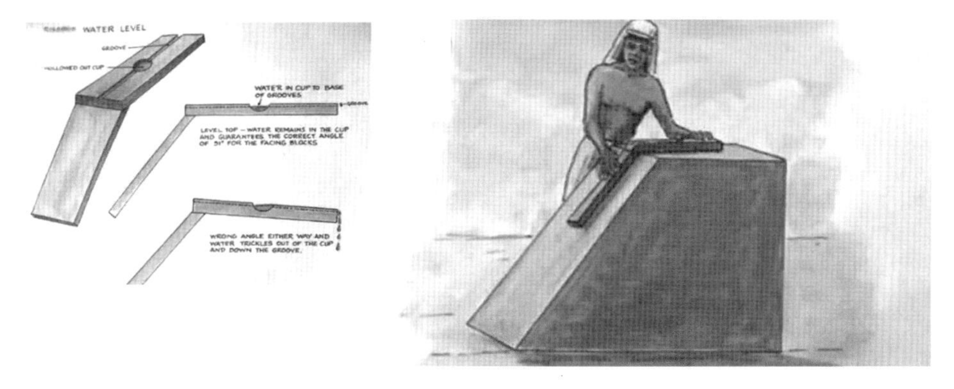

▲ 金字塔建造過程示意圖（節錄自 http://www.ifuun.com/）

因此，「創意」不再是奢侈品，也不再是可有可無的，它是一個「文明演化」的象徵，也就是說，社會不斷地前進展演，以現今的角度來看，當地球暖化造成溫室效應嚴重、極端氣候的侵襲、天然能源消耗殆盡、海平面不斷上升、恐怖主義與攻擊、始於 2019 年的 Covid-19 全球蔓延、種族歧視與攻擊等層出不窮等的重大事件，這些都不再是單一且單純的問題，極需要跨領域的創意發想與溝通協調能力才得以處置，越是發展成熟的社會，創意的蝴蝶效應與痕跡則越是明顯。

3. 概念或構想是如何被空間化的（思維空間化的轉譯過程）？

建築學領域裡的相關空間與設計理論的觀點，許多都是從其他領域逐漸演化或轉變而來的，關於空間概念主要的定義與論述就有下列幾項：

(1)物理學上的空間

慣性參考系與空間是靜止的，對一切運動的描述都是相對於某個參考系的，無論參考系如何運動，包括變速，都不會改變慣性參考係與空間的靜止狀態，或說慣性參考係與空間是一起運動。

(2)數學上的空間

空間是指一種具有特殊性質及一些額外結構的集合，但不存在單稱爲「空間」的數學對象。在初等數學或中學數學中，空間通常指三維空間。數學中常見的空間類型：仿射空間、拓撲空間、一致空間、豪斯道夫空間、巴拿赫空間、向量空間（或稱線性空間）、賦範向量空間（或稱線性賦範空間）。

(3)宇宙空間

亦稱外太空、外層空間，簡稱空間、外空或太空，指的是相對於地球大氣層之外的虛空區域，外太空通常用來和領空（領土）劃分區別。太空和地球大氣層並沒有明確的邊界，因爲大氣隨著海拔增加而逐漸變薄。假設大氣層溫度固定，大氣壓會由海平面的 1,000 毫巴，隨著高度增加而呈指數化減少至零爲止。

(4)哲學定義

空間是抽象概念，其內涵是無界永在，其外延是一切物件佔位大小和相對位置的度量。「無界」指空間中的任何一點都是任意方位的出發點；「永在」指空間永遠出現在當前時刻。

(5)文學定義

空間有「情的空間」和「知的空間」之分。肩並肩的、坐在身邊的橫向空間就是「情的空間」；而面對面而坐的縱向空間就是「知的空間」。前者使人感到有合作、進行情感交流的需要；後者使人覺得有競爭、壓迫之感覺，沒有可容情意進入的餘地。

(6)網絡空間（Cyberspace）

在大數據當道的資訊社會，網路空間指全球範圍的因網路系統、通訊基礎設施、在線會議體系、數據資料庫等一般稱作網絡的訊息系統。該術語最多是指因特網，但也可用來指具體的有範圍的電子訊息環境，如一個公司、某武裝部隊、某政府和其他機構組織等的訊息系統。[14]

當我們欲將不同領域的思維架構或理論應用在建築設計時，首先則是需要將其轉換爲建築的語言基礎，當我們有共同的語言基礎與溝通平臺，我們設計思維的邏輯正當性才得以被建構，同時也才得以進行有效的溝通與對話；這一點在業界或學界卻是被忽略的，大多是缺少／忽略轉換的過程，常常是天外一筆抓來的設計概念，下一步就直接切換畫面爲配置圖或3D效果圖的設計做完了的狀態。近十年來建築相關空間專業系所的畢業設計操作方向已呈現諸如人道／弱勢／在地關懷、自我意識主張、環境永

[14] 出處：https://translate.google.com.tw/translate?hl=zh-TW&sl=zh-CN&u=http://www.baike.com/wiki/%25E7%25A9%25BA%25E9%2597%25B4&prev=search。

續議題、參數式設計等的百花齊放現象。無疑地，這是一種時代的社會總和表徵，在這樣的狀態下，除了傳統的建築專業學科支撐外，我們更需要積極地涉獵建築以外的基本人文素養給予思維上的養分，以強化我們空間實踐的內涵與深度。以下列舉曾經風靡一時的解構建築的發展，從中可以約略了解其哲學的思潮與建築設計實踐的歷程：

1. 解構理論的背景

1966 年 10 月，美國約翰霍普金斯大學人文研究中心主持一次學術會議，會議的原意是在迎接美國結構主義時代的到來。出人意料的是當時 36 歲的雅克・德希達在演講中把矛頭指向結構主義的一代大師，在他所演講的內容「人文科學話語中的結構、符號和遊戲」中所強調，其以語言爲突破口，一但語言本身不可靠，那們用語言表達的那套思想體系也成了問題。

先前的哲學家大多認爲語言系統中的能指與所指具有確定的關係，能夠有效的利用來解釋世界表達思想，但在雅克・德希達看來，語言決非傳統思想形容的那樣，語言也不能呈現人的思想感情或描寫現實，語言只不過是從能指到所指的遊戲，沒有任何東西充分存在符號之內，這意味著任何交流都是不充分的，都不是完全成功的。而建立在交流而得以保存和發展的知識，也就變得行跡可疑了。於是，確定性、眞理、意義、明晰性、理解、現實等觀念已變得空洞無物。通過對語言的顚覆，德希達將矛頭指向柏拉圖以來整個歐洲理性主義思想傳統。

2. 結構理論的思維

結構主義的哲學家們對於結構的定義並未做明確的釐清。主要是在如何去使用結構一詞。一般的共識有下列數項：

(1) 結構係指決定歷史、社會與文化中的諸具體事件行爲基本的規則整體。

(2) 結構是指深層結構。如與言語行爲相對的語法結構、與社會行爲相對的經濟基礎的結構，以及與意識活動相對的無意識機制等。

(3) 結構的本身是自足的，對外在是可以自我調整，而不假外求的。而這種自我調整，造成了結構本身的守恆性與封閉性。

(4) 深層結構可由表面結構反映出來，但非由直接歸納中所獲得，而是從理智模式間接歸納出來的規則。

(5) 結構產生非由單元決定而來，因此李維史陀認爲分析結構必須先找出對立的概念來加以分析。阿圖色則強調多元結構。

結構主義探索世界最主要的工具是由索緒爾（Saussure）與杭士基（Chomsky）的結構語言學以及隨之而發展的符號學。研究者甚至認爲只要任何學科的任何部分只要能堅持能指（signifier）、所指（signified）型的語言學系統，並能從此一系統中取得其結構，它就是結構主義研究。可見兩者的密切關係。索緒爾認爲語言是一個系統，其中的元素完全是由它們在系統中的相互關係所確定，不僅如此，語言在結構上有不同的層次，每個層次的元素不但互相形成對比（即聚合關係 paradigmatic relations）而且與其他元素結合形成更高層次的單位（即組合關係 syntagmatic relations）。但從根本上來說在各個層次上結構的原理是相同的。在符號學當中認爲：符號是可任意取得的，是受時間與歷史所影響的。某個能指（指對象的語言標誌）與所指（被標誌的內容）在具體時間內的結合是自由發展的結果，是暫時的、任意的。因此我們無法找到邏輯上的關連，一旦符號在語言集體中被確認，個人就無力改變它，而因爲語言的武斷隨意才會使詞語保持不變，這就是所謂的符號的任意性原則[15]。

3. 解構理論的思維

(1) 解構理論由於抗拒理論，抗拒系統化，因此，其首要特徵就是沒

---

[15] 出處：http://www.csjh.kh.edu.tw/adm3/jiang/%E6%96%B0%E6%AA%94%E6%A1%8819.htm。

有特徵，因為他要讓一切都破碎，而自己也處於破碎過程之中。解構理論具有哲學上及文學上的地位，其對人文科學及自然科學的影響正在蔓延，現階段所看到具體的成果為其和人文科學的共同話語（discourse）的影響，尤其在歷史、政治、建築、雕塑、繪畫、音樂等領域。其內容是一種操作或表演（performance），解構理論不是一種抽象的理論，而是具體的批評和實踐。

(2) 解構理論主要與某種閱讀（操作、思考等）方式聯繫在一起，針對本文閱讀過程中體現整個內蘊、步驟、方法和獨特性。在傳統的閱讀方式中，一種採取主觀的方式，在閱讀的過程中加入自我主觀性的東西，另一種為客觀的方式，而不投入任何自己的東西。德希達要求超越兩者，但同時不否認其合理性，在解構的過程中是一種「增殖」、「增添」，是本文自身解構所造成的意義撥撒（dissemination of meaning）。

(3) 解構理論是對傳統的「非此及彼」（either/or）的二值邏輯的超越，其主要是把傳統的二值對立之間的筆直的界線（bounding line）加以鬆動，按照一種新的邏輯組織，讓他各方面的因素都活躍起來，而不是偏向一方。其不認為存在著靜態的兩極對立，相反存在的是裡及之間的運動。

(4) 解構理論是一種閱讀方式，一種「本文理論」，正因如此，解構的對象間就沒有本質的不同，傳統哲學家所強調哲學和文學之間的界線也消失。閱讀並不針對內容，而是針對語言特點。哲學說明文學，反之文學說明哲學。

(5) 解構批評家們從傳統中繼承下來的概念主要有「符號」、「痕跡」、「撥撒」（dissemination）、「嫁接」（graft）、「處女膜」（hymen）、「盲點」（blindpoint）、「寄生現象」（parasitism）、「補充」（supplement）、「藥」（pharmakon）

等概念，具有許多的共通性，甚至是可以通用的，在不同的本文中運用不同的詞更具有遊戲性，或者說這些詞的側重點有所不同。

(6)解構理論沒有頭尾，沒有本質和體論，而是一種參與，一種和本文接觸的過程。[16]

4. 解構主義的建築表現

一些解構主義的建築師受到法國哲學家雅克·德希達的文字和他解構想法的影響。雖然這個影響的程度仍然受到懷疑，而其他人則被重申的俄國構成主義運動中的幾何學不平衡想法所影響。在解構主義中，也有參考其他 20 世紀的運動，譬如現代主義／後現代主義互相作用，表現主義、立體派、簡約主義及當代藝術。解構主義的全面嘗試，就是讓建築學遠離那些實習者所看見的現代主義的束緊規範，譬如「形式跟隨功能」、「形式的純度」、「材料的眞我」和「結構的表達」。

對於建築理論，解構主義哲學的主要渠道是通過哲學家雅克·德希達與彼得·艾森曼（Peter Eisenman）的影響力。艾森曼從解構文藝運動和根據 Chora L Works 記載的在拉維列特公園競選項目與德希達的合作中悟出了一套哲學。德希達、艾森曼和丹尼爾·李伯斯金都關心在場形上學。這也成了建築理論解構主義哲學的主要課題。「此在」與「不此在」的辯證或者「實在」與「空虛」都常見於艾森曼的建築項目。雅克·德希達和艾森曼都相信所在地就是建築，而「此在」與「不此在」的辯證則存在於建構與解構之中。

根據雅克·德希達的說法，當處理經典敘述結構時，最好進行文本解讀。任何建築的解構（deconstruction）都需要某類原型建構（construction）的存在。這是對靈活變奏而強烈地建立的一種恆常期望。法蘭克·蓋瑞

[16] 出處：http://www.ad.ntust.edu.tw/grad/think/2paper/subject/DeconStudy.htm。

（Frank Gary）自己的聖塔莫尼卡居所的設計被譽爲標準主題的原型變化。最初只是普通居所，後來蓋瑞改動了重量、空間的運用及借用一些惡搞的元素。這就成了解構主義建築的例子。

再者，關於雅克・德希達對在場形上學和解構的概念，他的蹤影和抹除的概念暗藏在他哲學的文章中。李伯斯金曾構想了許多他早期的項目作爲文字或演講的形式，並且經常與具體詩歌的形式打交道。他從書本構思建築雕塑，常常把文字布滿模型的表面，讓他的建築成了他的寫作。李伯斯金在文章中及柏林猶太博物館的項目中採用了蹤影和抹除的概念。這間博物館被設想爲浩劫的痕跡和淡出，意欲讓它的主題容易理解和充滿傷感。譬如：林瓔的越南退伍軍人紀念碑、艾森曼的歐洲被害猶太人紀念碑也反映了蹤影和抹除的主題。[17]

解構建築的思潮在 1980 年代後期開始發展，由於建築形式的多變、不穩定與極具視覺張力等戲劇效果，因此當時在臺灣學院內蔚爲風潮，同學們幾乎人手一本 Thom Mayne & Morphosis[18]、Frank Gary[19] 等被歸類爲解

---

[17] 出處：https://zh.wikipedia.org/wiki/%E8%A7%A3%E6%A7%8B%E4%B8%BB%E7%BE%A9%E5%BB%BA%E7%AF%89。

[18] 奠基在美國加州的事務所，1972 年由湯姆 · 梅恩（Thom Mayne）與麥可 · 羅東尼（Michael Rotondi，1991 年離開）所共同成立。湯姆・梅恩是一位世界知名的美國建築師，也是 2005 年的普利茲克建築獎得主，與 Eric Owen Moss（美國當代建築大師），2011 年 11 月，榮獲英國皇家建築師協會的「詹克斯獎」。作爲解構主義理論的奠基人，其建築特徵曾被歸納爲「邊建邊拆」的形式策略、矛盾修辭法的創造技巧，以及因此而導致的無限繁殖的複雜性和混雜美學的趣味性。其絕大部分作品展現了其對當前世界的社會性、政治性的評論，使建築設計成爲對社會、政治問題的隱喻。

[19] 獲得普利茲克獎的美國知名後現代主義及解構主義建築師，生於加拿大多倫多的一個猶太家庭，後來移民至美國加州，現今長住於洛杉

構主義建築師的作品集（我們稱作聖經），當時的學生心態上大多是被其炫目的形式呈現、材料與色彩變化與混沌難懂的建築語言所吸引，然而卻少有對其設計哲學與發展的來龍去脈有所了解。這其中彰顯的問題一個是語言能力的培養與落實，另一個則是臺灣建築的學院教育課程架構中，普遍缺乏在基礎哲學或理則學上的紮根，這或許是臺灣建築師長期以來一直被詬病缺乏有力「設計論述」的可能原因之一！

四、空間語言與建築語彙

（一）空間語言

正如同演員藉由肢體語言與五官表情作爲傳達的媒介，本書中的空間語言意指形構建築整體表現的各種元素，諸如形式、顏色、材料、光影、比例、聲響等元素或手法的非語言方式的空間實踐，來表達對存有世界的某種觀點與態度的空間專業。人類對實質空間的基本要求包括充足的陽光、新鮮的空氣、潔淨的水、基本的安全需求等，更高層次的需求則是空間的舒適度或品質（例如：要光線不要熱能、要通風、隔音要好、冬暖夏涼）；而這些建築學的基礎在始於 2019 年底的 Covid-19 疫情全球蔓延的當下來檢視，更顯其重要性。

從感知空間、生存空間到賦予空間意義，我們從空間中能夠看到人類需求的普遍特性，這些特性決定了我們如何看待和理解空間、人類的

磯。蓋瑞著名的作品包括鈦金屬打造的西班牙畢爾包古根漢美術館、美國麻省理工學院 Ray and Maria Stata 中心、洛杉磯市區的迪士尼音樂廳、西雅圖的體驗音樂館、明尼亞波利斯的魏斯曼藝術博物館、捷克共和國的跳舞的房子、德國黑爾福德的 MARTa 博物館、多倫多的安大略藝術畫廊、巴黎的 the Cinémathèque française，以及紐約市的 Spruce 街第 8 號。

空間行爲和需求、空間的感知機制和感知方式等。從當前大數據（Big Data）、機器學習（Machine Learning）與 AI 人工智慧應用的顯學到醞釀中的 Inform City（https://informed.city/#evolution）的概念形成，這些都是數位時代下的現象，「面對面」（Face to Face）的交流反而變得珍貴與不易，卻又帶著點不知所云的尷尬。這種「面對面」人際交往模式具有其他交流方式不具備的特點——空間關係的呈現，語言方式是一種直接的溝通方式，但是很多時候人們會先透過非語言的方式相互感知和觀察彼此的表情、肢體語言、服裝儀容，甚至氣味等表達自身情緒、傳遞資訊與表明身分等的一種主體與客體間的關係呈現，這種關係呈現可以是有意識且直接地，也可以是無意識及間接地。這是一種全球性的語言，會因爲地域差異和風俗民情而造成天壤之別的涵義，例如以下的差異性：

1. 點頭與搖頭

在大部分國家，點頭代表「是」，搖頭代表「不是」。但在希臘和保加利亞則相反，點頭代表「不是」，搖頭代表「是」。

2. OK 手勢

在希臘、西班牙和巴西，OK 手勢可能會冒犯人，因爲在這些地方 OK 代表身體的孔洞，向某人比 OK 手勢也就是罵人混蛋的意思。在土耳其，OK 手勢對同性戀大不敬。而在某些中東國家，像是科威特，OK 手勢象徵邪惡之眼。

3. 豎起大拇指

在大部分的美洲與歐洲文化中，豎起大拇指代表做得好或是讚。但小心不要在澳洲、希臘或中東比，在這些地方豎起大拇指代表「去你的」。[20]

空間的感知要素包括距離、大小、尺度、前景、後景、對稱、顏色、

---

[20] 出處：https://dq.yam.com/post.php?id=3613。

數字、意義、比例、高低、鬆緊、前後等，這些要素是我們感知系統的基礎，基本上是透過人體的五官來感知，並透過腦部相關的連接。事實上，人是通過認知機制來實現這個感知空間的過程。人類的認知系統描述事件、儲存記憶主要通過三種方式：記憶搜索、形式編碼和符號表達。人們對空間的認知是建立在人的體驗基礎上的。但空間語言不局限於對實際空間的描述，而更多的是涉及想像的空間。正是人的想像，才使得空間語言虛實兼有。虛擬空間包括兩種類型：一是想像的物理空間，如人們想像中的天堂、地獄、宇宙等；一是空間隱喻。當空間概念被投射到抽象概念或非空間概念，就產生了隱喻性空間語言[21]。這清楚地說明了所謂空間語言隱射了兩種狀態，除前述的透過空間元素的重組表達對某些事物或事件的態度或觀點外，另一種則是心理層面空間感知的語言傳達。

空間的變化可以傳達出各種信息，尤其和人際關係的遠近與特點密切相關，所以我們要充分認識和利用空間語言，使其與自己的有聲語言和體態語言相配合、相協調。這不僅是交際禮儀的需要，也是取得良好的交際效應的需要。空間語言作爲建築與空間專業的溝通方式其可能運用形式或手法有：形狀（方、圓、三角、長方、橢圓、不規則、自由形……）、圍塑、變形、扭轉、拉伸、平衡、對稱、不對稱、封閉、傾斜、開放、虛實、混和、退縮、堆疊、摺（折）、挑空、挖空、懸挑、符號、矩陣、黃金比例、對比（粗細、大小、遠近、黑白……）、加減、錯置、顏色、材料（玻璃、金屬、鋁、木頭、塑膠……）、色澤質感（亮、暗、細緻、粗獷、平順……）、對比、曲面、流線形、自由體等。這些大多屬於能夠被感知的各種形式與元素，在進行實質設計作業時，可依照規劃設計構想所欲表達的空間氛圍或情境將其予以重組搭配，以尋求最佳表現之組合。

---

[21] 邵軍航。〈空間語言的要素及其對詩詞風格的作用〉。《外語研究》第6期（2009）。

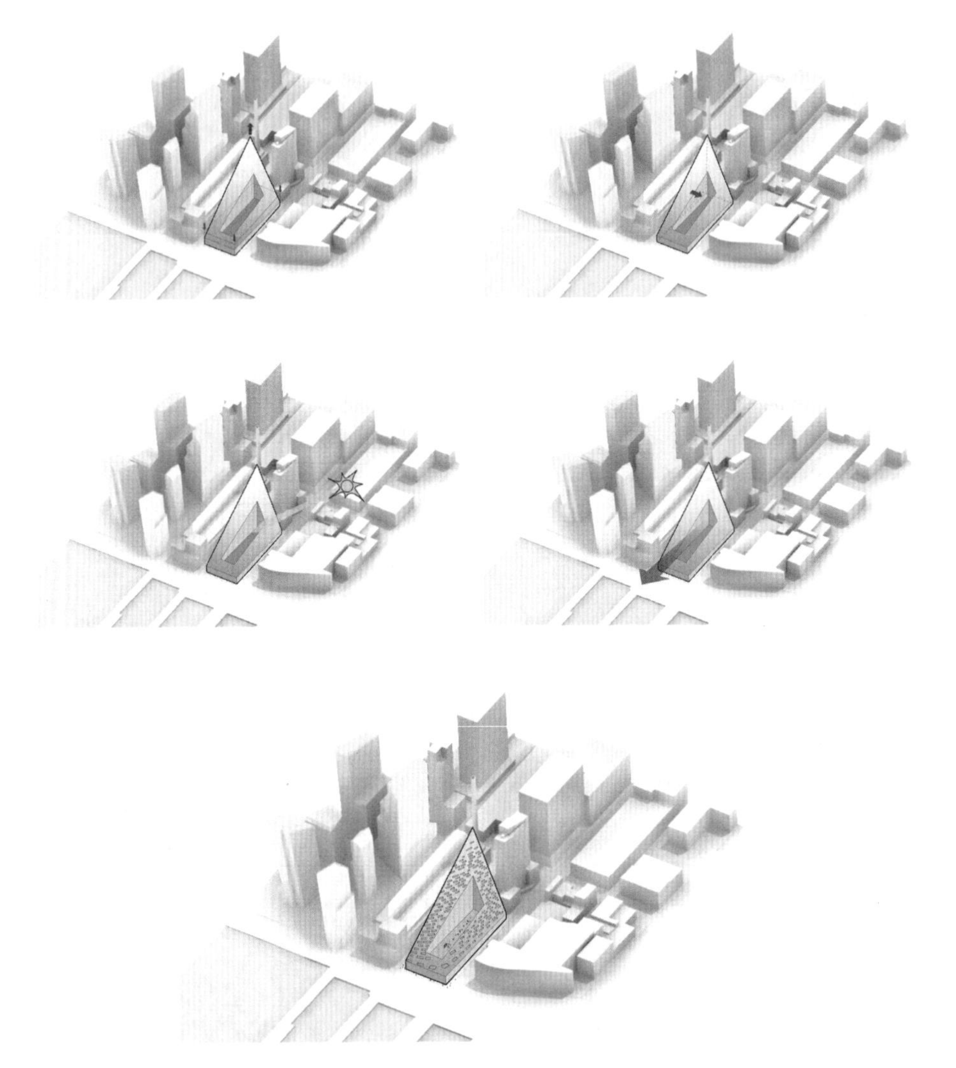

▲ BIG New York Debut West 57th（摘錄自 ArchDaily 網站）

例如美國 911 事件的紐約世貿紀念館以建築師麥可．艾拉德（Michael Arad）的「映照故人」（Reflecting Absence）為紐約世貿大樓紀念館建築的設計圖，兩個能映照反射的大水池是他設計的精髓。艾拉德的設計圖規劃水從雙塔遺蹟牆流入能映照反射的水池，其中心則是一片空無，引發空虛與失落感。水池周圍斜坡緩升，刻有 2,982 名罹難者名字的女兒牆後有水牆流瀑。艾拉德發表聲明指出：「我感到非常榮幸且喜不自勝，我希望能不負對所有罹難者的記憶，並創造出我們都能哀悼與尋思意義的地方。」艾拉德在以色列、美國與墨西哥成長，他自 1991 年服完以色列兵役後即定居美國。評審團主席葛瑞哥里恩表示：「『映照故人』強烈而簡潔地詮釋雙塔遺蹟，使得雙塔被毀留下的缺口空無成爲失落的主要象徵。其結果是設計出同時能表達死亡與重生無法逆料的紀念館。」[22]

22 出處：http://forgemind.net/phpbb/viewtopic.php?t=1969。

▲紐約 911 紀念廣場（作者拍攝）

（二）建築語彙

建築物座落在土地上，它無法如人類一般進行溝通交談或動態的肢體語言，但是建築物確確實實透過自身的形式、材料、色彩、材質等等的方式傳達自身的文化意涵、歷史涵構與環境脈絡，就像告訴我們在它生命週期中的點點滴滴；總的來說，這就是建築語彙。不同的時空人文背景，造成不同的建築語彙，眾多類似的語彙大量的一起發生的時候，就會形成某種所謂的風格；例如常聽到的現代主義、後現代主義、解構主義等。建築語彙也像人的語言一樣，會隨著時代，不同的世代，不斷的推陳出新，而且沒有對與不對的問題，是隨著時代、文化、歷史而不斷的變化。

1. 現代建築

現代主義建築是在對長期以來壟斷建築的權貴精英主義的一個重大的反動。長期以來建築設計是爲極少數權貴服務的，我們回顧一下西方建築發展史，就可以看到，設計不是爲王公服務，就是爲教會服務，或者爲國家服務，美國評論家羅伯特，休斯（Robert Hughes）說：窮人沒有設計，所指的就是這個現象。而現代主義建築和設計則強烈反對爲精英服務的設計。現代主義設計的先驅當中，有不少人是期望能夠改變設計的服務對象，爲廣大的勞苦大眾提供基本的設計服務。

現代主義建築是一種簡約、沒有裝飾的建築風格。強調建築師要研究和解決建築的實用功能需求和經濟問題。主張採用新材料、新結構，促進建築技術革新，在建築設計中運用和發揮新材料、新結構的特性。現代主義較具體的風格呈現有：

(1) 採用最少材料最大功能性導向。

(2) 採用幾何外形達成美感。

(3) 沒有裝飾。

(4) 簡單連續複製的結構。

(5)符合結構力學。

(6)自由平面、地面層挑空、水平窗帶、屋頂花園。

▲ Le Corbusier 薩伏伊別墅（Villa Savoye）（摘錄自 ArchDaily 網站）

2. 後現代主義建築

後現代建築實際醞釀於 1960 年代的建築新潮中，基於對現代都市環境的千篇一律，且缺乏地域文化特色，而反省現代建築偏失的建築運動。

其思想理論結合了歷史傳統，地域性文化和環境結構的要素，將人在現代建築中所喪失旳尊嚴，考慮人性的基本需求，重新尋回並置入環境和建築的架構中。

最早提出後現代主義看法的是美國建築家羅伯特·范裘利（Robert Venturi）。他在大學時代就挑戰密斯·凡德羅（Ludwig Mies van der Rohe）的「少就是多」（less is more）的原則，提出「少則厭煩」（less is a bore）的看法，主張用歷史建築因素和美國的通俗文化來賦予現代建築審美性和娛樂性。他在早期的著作《建築的複雜性和矛盾性》中提出後現代主義的理論原則。而在《向拉斯維加斯學習》（*Learning from Las Vegas*）進一步強調了後現代主義戲謔的成分，和對美國通俗文化的新態度。美國作家和建築家查爾斯·詹克斯（Charles Jencks）繼續斯特恩的理論總結工作，在短短幾年中出版了一系列著作，其中包括《現代建築運動》、《今日建築》、《後現代主義》等等，逐步總結了後現代主義建築思潮和理論系統，促進了後現代主義建築的發展[23]。以下列舉若干後現代主義建築在形式表現的明顯特徵：(1) 複雜性、(2) 矛盾、(3) 多元性、(4) 不確定性、(5) 反諷、(6) 表演性（參與性）等。後現代主義具有強烈的想像性和非現實主義色彩，並以此虛構的本質來建構現實。其主張世界應從一個獨特固定的眞理，邁向百花齊放、百家爭鳴、不斷形塑的多元世界。

---

23 維基百科修改。

▲紐約 The Sony Building（formerly AT&T building）Michael Graves 作品（摘錄自 ArchDaily 網站）

3. 解構主義建築

解構主義建築是一個從 1980 年代晚期開始的後現代建築思潮。它的特點是把整體破碎化（解構）。主要想法是對外觀的處理，通過非線性或非歐幾里得幾何的設計，來形成建築元素之間關係的變形與移位，譬如樓層和牆壁，或者結構和外廓。建築物完成後的視覺外觀產生的各種解構「樣式」以刺激性的不可預測性和可控的混亂爲特徵。

關於空間語言與建築語彙的另一個案例是由丹尼爾．里伯斯金（Daniel Libeskind）設計的柏林猶太博物館，相關設計說明如下簡述：

柏林猶太博物館（德語：Jüdisches Museum Berlin）是一家位於德國柏林的博物館，以德國猶太人兩千年來的歷史文物與生活紀錄爲主要展出。1933 年，該館在柏林奧蘭尼安貝格街的一個猶太教教堂創辦，5 年後，由於納粹政權興起，而被迫關閉。1971 年才第一次有人提出恢復柏林猶太博物館的計畫。1975 年，猶太博物館協會成立。1978 年，此館開幕，當時它僅僅是柏林博物館中的一個分部。到了 1999 年，猶太博物館正式獨立成爲單一的機構，並尋找館址成立獨立的建築物。2001 年，柏林猶太博物館落成，建築師是知名的里伯斯金。目前博物館館長是出生於柏林的麥可．布魯蒙賽爾（W. Michael Blumenthal）教授。他曾在美國卡特總統時期，擔任過美國的財務部長[24]。

面對猶太民族的歷史傷痕，建築師要尋找的不只是在建築設計的意象，更需要一種語言的處理。這樣一種語言必須能夠訴說故事，記住過去的時光，卻不停留在過去。里伯斯金是一個說故事的大師，他在 2009 年 TED 演講「建築的十七種語彙」正演繹了這樣的精神。這十七種語彙分別是：政治、民主、冒險、不經意的、原生、極端、回憶、複雜、情感、溝通、無法解釋的、手作、眞實、空間、尖銳、敘述、樂觀。

要處理猶太歷史博物館這樣的建築並不容易，里伯斯金面對的是一個歷史敘述的問題，必須找到一個支點藉以平衡。他選了軸（axis）、空（void）這兩個語彙當作支點，空代表整個世代的失落與迫害，軸代表著

---

24 維基百科修改。

交錯。整個建築用斷裂的線條連結而成，如果從高空俯視像是兩三道閃電的連結。軸一共有三個交錯點：猶太民族在德國，從德國逃亡，大屠殺。每個軸線延伸歷史命運的轉折，其中一條延伸到建築物外的「放逐花園」（Garden of Exile），由四十九根柱子排列而成，柱子上面種滿了橄欖，象徵救贖。

另一條軸線是空。空的意象亦是一種語彙，長廊的盡頭是一個密閉房間，高聳的圍牆夾縫透出一點光線，寂靜有時佔據你的心，令人窒息。外觀是用灰色系鐵皮建構而成，牆是封死的，穿插著不規則線條的開窗讓陽光滲入，由內望外只能透過這些開窗。猶太民族被迫面對的不連續（discontinuity）在里伯斯金的語彙中是無盡（no end），在三層向上延伸的樓梯盡頭是一面死牆，沒有出口。回憶是不堪的，即使想要忘記，它像夜半的鐘聲一樣不斷縈繞在旁，在這個語彙上里伯斯金設計一個房間，地上放置數千個用鐵鑄造成的臉，這些臉充滿了各種表情，踩在上面發出隆隆聲響像是歷史的哀嚎，也是揮之不去的夢魘[25]。

五、空間尺度、比例與模矩

（一）尺度的概念

尺度是指準繩、分寸、衡量長度的定制，可引申爲看待事物的一種標準。尺度是許多學科專業常用的一個概念，在定義尺度時應該包括三方面的含意：客體（被考察對象）、主體（考察者，通常指人）及時空；有些時候尺度並不單純是一個空間概念，還是一個時間的概念。就建築的觀點，一般指涉人的尺度與空間的尺度兩項基本元素，我們常藉由「尺度」

---

[25] 出處：http://tedxtaipei.com/articles/building_is_language/。

概念表達空間中主體、客體與物件周圍的關係。

（二）比例與比例尺

比例（Proportion），數量之間的對比關係，一般是衡量物體造型「大小」（Scale），與「尺寸」（Size）有關的名詞，或指一種事物在整體中所占的分量。在人類的歷史中，比例一直是被運用在建築、家具、工藝以及繪畫上，尤其是希臘、羅馬的建築中，比例被當作一種美的表徵。在數學中，比例是一個總體中各個部分的數量占總體數量的比重，用於反映總體的構成或者結構。

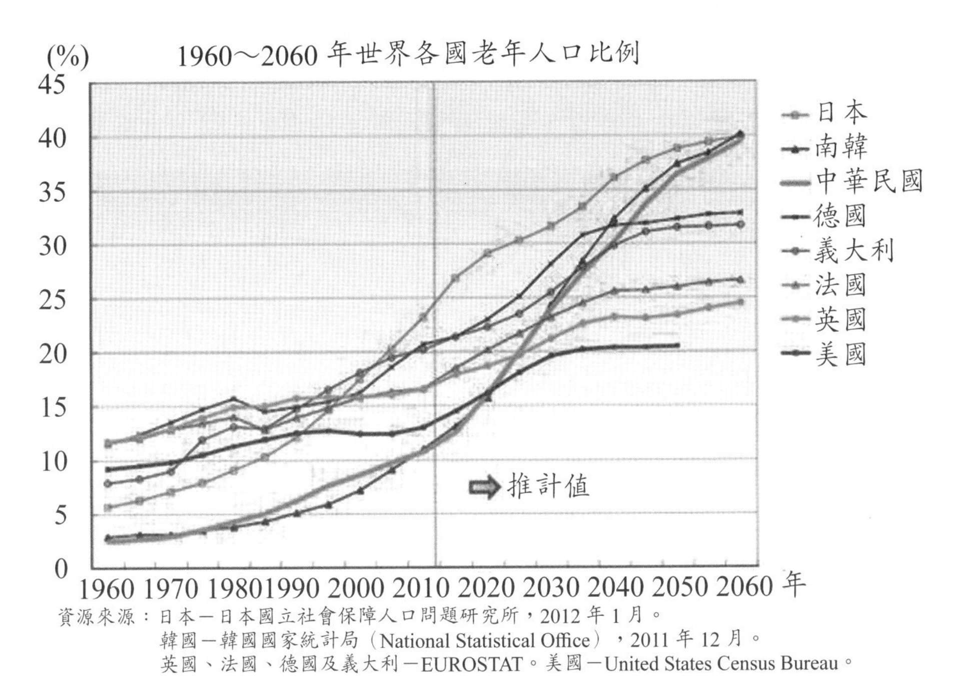

▲1960～2060年世界各國老年人口比例（專利知識庫／臺灣人口紅利消失經濟發展將長期陷入衰退）

比例尺（Scale），是建築、都市設計、土木與結構工程、景觀、室內設計和其他相關行業繪製專業圖說或量度距離與關係的工具，主要是表達縮圖（或放大圖）上的長度和實際物件的長的比或比值，縮圖、放大圖及比例尺完全是比和比值的應用。比例尺的主要功能是方便繪製人員在不藉助計算器等工具的情況下，精確地在面積有限的圖紙上繪製大尺寸物體（如房屋、地籍、道路等）按比例縮小的圖形，或測量圖上形狀對應現實中物件的大小。

（三）黃金比例

黃金比例的發現者是畢達哥拉斯，又稱黃金比，是一種數學上的比例關係（1：1.618）。德國心理學家蔡興（Adolf Zeising, 1810～1876）於 1854 年從人體的比例提出「黃金分割」的原理。巴特農神殿的設計師菲迪亞斯（Phidias，Φ）將黃金比例實現在神殿的建築上。黃金分割具有嚴格的比例性、藝術性、和諧性，蘊藏著豐富的美學價值。黃金分割早存在於大自然中，呈現於不少動物和植物外觀。現今很多工業產品、電子產品、建築物或藝術品均普遍應用黃金分割，呈現其功能性與美觀性。

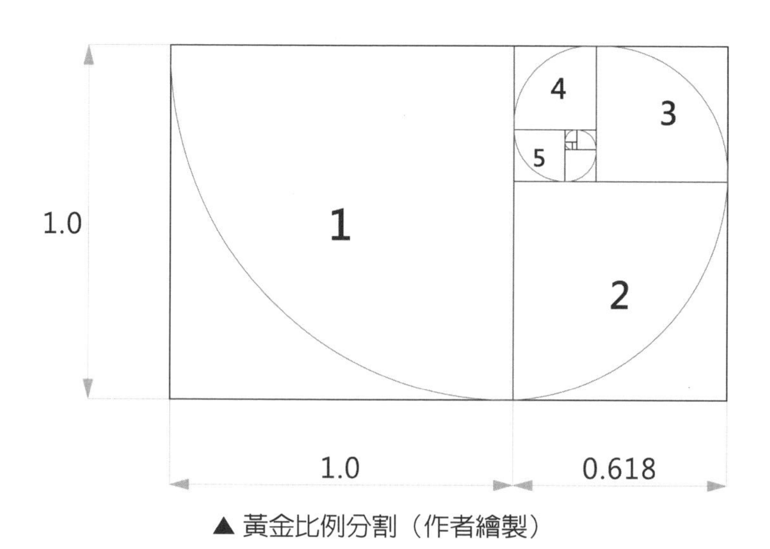

▲ 黃金比例分割（作者繪製）

德國心理學家費希納（Gustav Fechner，1801～1887）在 19 世紀晚期開始研究人類對於黃金分割矩形的特殊反應，結果他觀察到，不同文化的建築對於黃金分割矩形，竟有著相同的美感偏好。費希納將實驗範圍限制在人工環境，他著手丈量數以千計的矩形物件，例如：書本、箱子、建築物、火柴、報紙等。他發現所有矩形的平均值接近 1：1.618，也就是眾所皆知的黃金分割，而且多數人偏好的矩形比例都接近黃金分割。費希納的這項非正式的實驗，由拉羅（Edouard Lalo）在 1908 年以較爲科學的的方法重新實驗，其結果仍是令人驚訝地相似[26]。

比例：寬/長	最喜歡的矩形		最不喜歡的矩形		備註
	%費希納實驗	%拉羅實驗	%費希納實驗	%拉羅實驗	
1：1	3.0	11.7	27.8	22.5	正方形
5：6	0.2	1.0	19.7	16.6	
4：5	2.0	1.3	9.4	9.1	
3：4	2.5	9.5	2.5	9.1	
7：10	7.7	5.6	1.2	2.5	
2：3	20.6	11.0	0.4	0.6	
5：8	35.0	30.3	0.0	0.0	黃金比例分割
13：23	20.0	6.3	0.8	0.6	
1：2	7.5	8.0	2.5	12.5	正方形的一倍
2：5	1.5	15.3	35.7	26.6	
Totals:	100.0	100.0	100.0	100.1	

▲ 矩形偏好表（重新繪製於設計幾何學一書）

[26] 金柏麗・伊蘭姆著／吳國慶譯（2008）。設計幾何學。頁 6-7，臺北：積木文化。

（四）模矩的概念

法國建築師柯比意（Le Corbusier）發展出模矩（Modular）一套人體比例的標準尺度和測定系統，從人出發的各個尺度衍生至個體空間、住宅、巷弄、街道、廣場、學校、圖書館、活動中心、機場、足球場、游泳館、奧林匹克競技場、世界建築博覽會甚至城市的整體設計，這些都在柯比意的建築藍圖中被具體的勾勒出來，而這一切的出發原點便是以人性尺度爲中心而構思的。

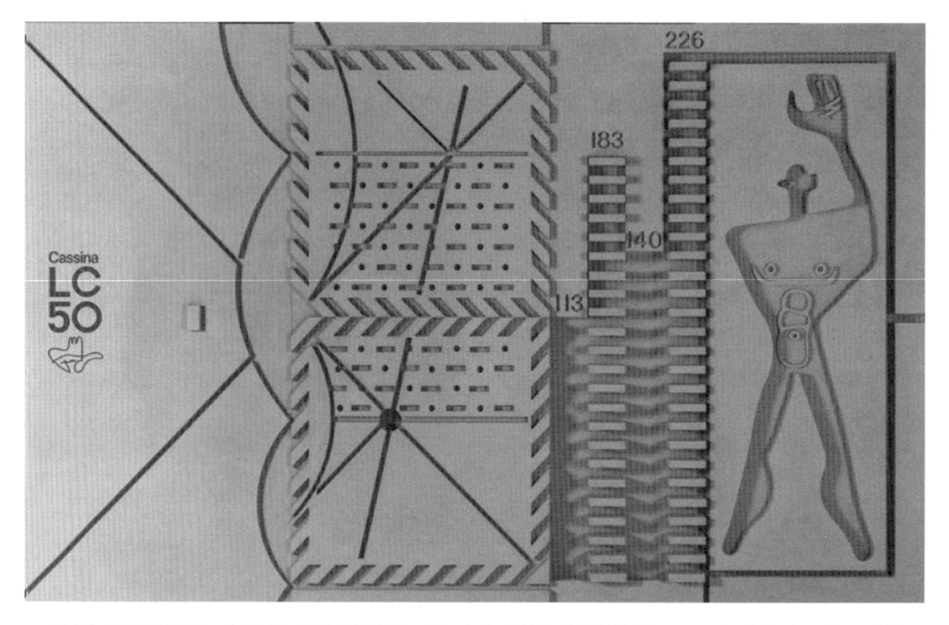

▲黃金比模矩圖（摘錄自欣傳媒官網／卡希納空間美學——向大師經典致敬柯比意五十週年展覽）

舉例來說從人體尺度中大姆指約 5 公分、大拇指至小拇指所張開的長度約 20 公分、手肘至手腕長約 30 公分，用這些單位尺寸作爲家具以及建築空間的模矩，再由住宅單元（6 公尺 ×18 公尺、12 公尺 ×24 公尺的平面）形成集合住宅、巷弄、聚落、廣場等空間，最後更以這些尺度爲單位形成城市、國家；而東西方人種尺度的不同造就東西方建築體有明顯的落差，此更表明了人體尺度的複雜性[27]。

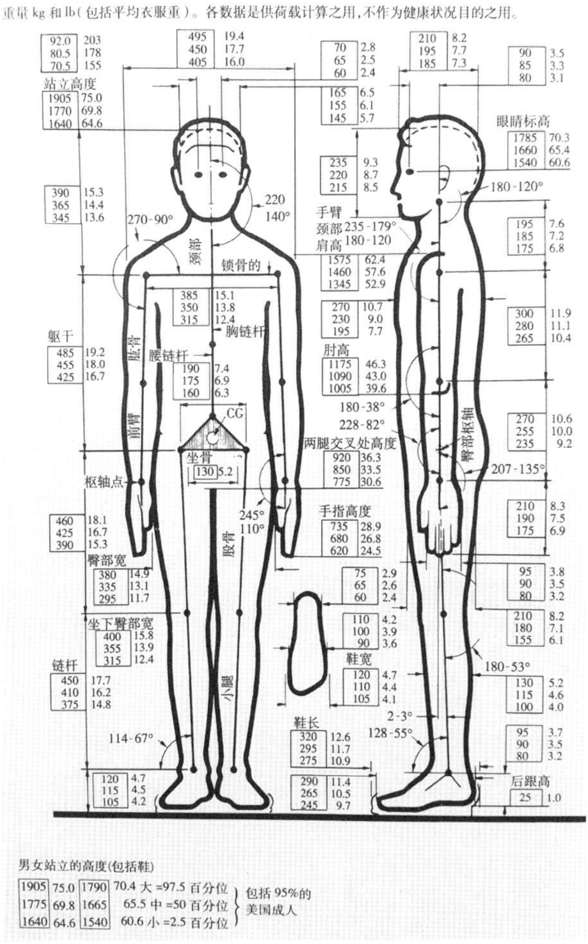

▲ 人體尺寸（男）（節錄自 AIA 建築標準圖集）

27 出處：http://www.mottimes.com/cht/article_detail.php?type=2&serial=122 。

模矩是生產體系中一個重要的觀念，它利用標準元件或獨立單元，以有機的秩序及系統思維為其概念，目的在於給混亂的環境以秩序，將物體置於相互影響以及相互制約的關係中。利用這些標準單元做反覆的發展及排列，可形成一完整的形體，並且可發展出完整的系統模矩體系，若利用模矩化單元經過系統設計，可產生多樣化的型態，並且使得雜亂無章的環境變得較具關聯性及系統性[28]。「形隨機能而生」這是建築師蘇利文（Louis

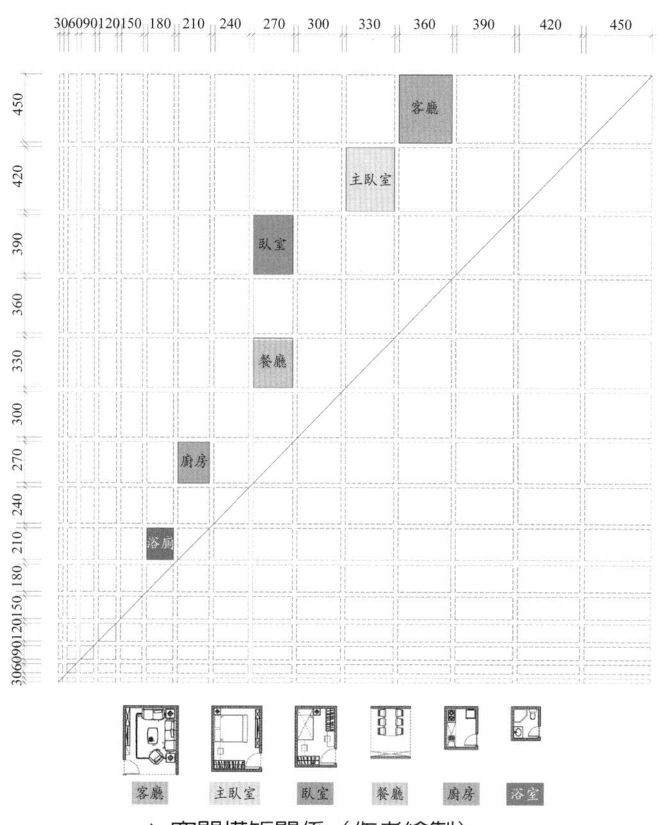

▲ 空間模矩關係（作者繪製）

[28] 出處：http://mail.tut.edu.tw/~t40097/first3/book3/mp4/book3-mp4.htm。

Sullivan）對空間設計所下的精準定義，其中隱含了一套人性尺度的設計方法，從人體的尺度發展至模矩，擁有模矩秩序的空間不僅滿足各式關於人體動作所對應的任何虛空間的要求，更因此創造出無限多種空間的組合方式，同時更是工業革命以降的對應觀念與營建工業的大躍進。

黃金模矩的運用範例首推柯比意的馬賽公寓，馬賽公寓正因爲使用黃金模矩而印證了此一度量系統本身內在的協調性，馬賽公寓設計運用了15 組黃金模矩尺寸，雖然它本身是龐然大物，但從內到外，從上到下的使用的尺度卻親切而怡人，也因爲黃金模矩的應用，在事務所的設計階段變得簡單而容易執行，如同愛因斯坦說的：「錯誤與醜陋是複雜且困難，美好卻如此容易與自然。」若黃金模矩應用得當，可讓純粹理性的數值具有感性的情愫在裡面，1952 年 10 月 14 日，馬賽公寓落成當天，在入口的對牆刻劃著黃金模矩的度量人形，並樹立度量之碑，高聳冰冷的建築物因爲這些數理與感性協調的物件，進而提升成精神層次的偉大建築。

▲ 馬賽公寓（La Cité Radieuse ）/ 柯比意（Le Corbusier）（摘錄自 ArchDaily 網站）

六、人體工學與單元空間

人體工學，又稱人機工程學或人因學，是一門重要的工程技術學科。人體工學是研究人體在我們的日常生活中各種行為動作、使用器具和設備時的便利性、安全性與健康；它主要在建立及維持設備、工具、人員行為及環境因子等彼此間的協調一致性。

人們對人體尺度開始感興趣並發現人體各部分相互之間的關係，可追溯到公元前一世紀，由身兼古羅馬作家、建築師和工程師身分的馬爾庫斯．維特魯威．波利奧（Marcus Vitruvius Pollio）就已從建築學的角度對人體尺度作了較完整的論述，為了建築美觀，先後發明了多立克柱式、愛奧尼柱式和科林斯柱式，其中的比例要依照最美的比例——人體比例，後來達文西（Leonardo da Vinci）依照他的描述創作繪製出了著名的《建築人體比例圖》（維特魯威人）代表宇宙秩序的方和圓中，放入了一個人體，一個男人挺直了身體，雙手側向平伸的長度恰好就是其高度，雙足趾和雙手指尖恰好在以肚臍爲中心的圓周上，堪稱動靜平衡分析的典範。

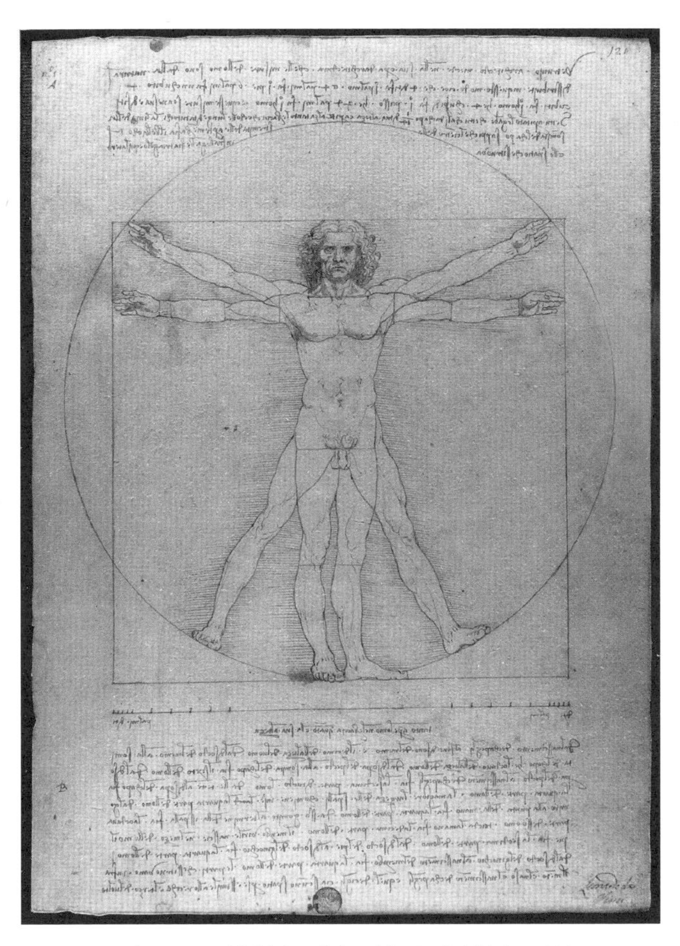

▲ 達文西，維特魯威人（擷取自維基百科）

「比例」被看作是實現「秩序」、「整齊」和「均衡」的先決條件。

對維特魯威來說「比例」並不是一種美學的概念，而是一種數學關係，也是對人體關係分析中衍生出來的人體測量學比例。達文西在這張「人體比例圖」裡說：「完美的人，是衡量宇宙的尺度」。

達文西在圓形和方形中試圖找到「人」的定位，他在「人體比例圖」裡用人體上的許多線尋找比例關係，雙肩的寬度，鎖骨到乳線的距離，肩至肘的長度，肘至腕的長度，會陰至膝關節，膝關節至腳掌；在人體中自然的中心是肚臍，因爲如果把手腳張開，作仰臥姿勢，把圓規尖端放在他的肚臍上作圓時，兩方的手指、腳趾就會與圓接觸。不僅可以在人體中這樣畫出圓形，而且還可以在人體中畫出方形。即如果由腳底量到頭頂，並把這一計量移到張開的兩手，那麼就會高寬相等，恰似地面依靠直尺確定成方形一樣，人體的每一部分都在「規」與「矩」的比例中。

建築的比例在《建築十書》中被定義爲：由各個部分彼此之間的關係確定，對於所有的部分都有一個一般性的量度（模量）與其發生關係。基於對人體比例的分析，在維特魯威的敘述中僅僅證明了人體與幾何形體之間的關係，而爲了進一步證明人體與數字之間的關係，維特魯威認爲所有度量衡單位〔英寸（指節）、手掌、英尺（腳）和腕尺（前臂）〕都是從人體比例中間衍生出來的。這些由人體推演出的比例具有一種經驗主義的價值，也正是因爲具有經驗主義的價值，比例並不具有絕對的價值。

一個單元空間尺寸的決定要素大致包含以下的組成：人體基本尺寸＋行爲對應尺寸＋知覺尺寸。

1. 人體基本尺寸

一般指靜態尺寸，頭、軀幹、四肢等都是在標準狀態下測量的。不同的性別、人種、生活環境等的因素以及文化水平的高低都會影響人體尺寸。例如上課（坐著）、更衣（坐或站）、如廁（站立或蹲坐）、書寫、看電視、聽音樂；人體動作尺寸係指人體行爲在功能上的特定狀態或運動中肢體伸展所需的空間尺寸範圍。這部分的理解是基礎且重要的，雖然在大多數的情況下，以平均值做爲量度範圍是合理且符合效益的，但要注意的是採用平均值的時機與個案類型，我們可以發現在相關的手冊（Handbook）中所提供的數據資料，它會是一個範圍的建議值，而不會是一個固定的數值；換個角度而言，也就是在合理與合乎效益的前提下最爲採用數據資料的依據[29]。

2. 行爲對應（相對）尺寸

一般指兩個行爲主體間在靜態與靜態、靜態與動態或動態與動態等三組狀態下的對應的物理尺寸，且包含人在動作／移動過程中與另一個主體間接觸的關係尺寸，與該空間中複合行爲的關係尺寸，其中複合行爲包含人體行爲附隨攜帶的物品尺寸。

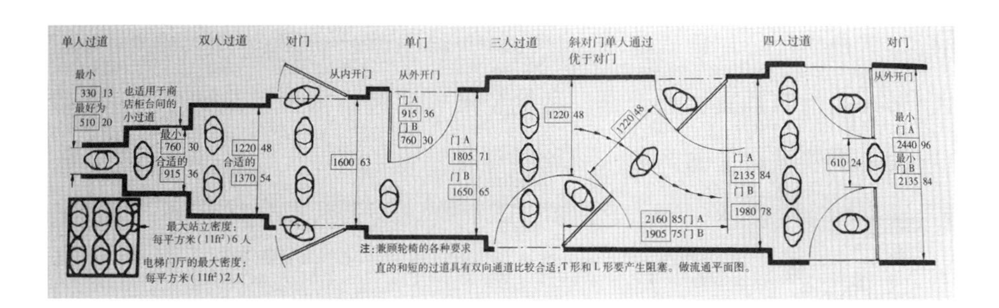

---

29 臺灣建築設計實務中，部分的空間尺寸在「建築技術規則」或相關法規中有所規範，例如：走道寬度、開口、樓梯寬度、通道寬度、樓層高度等，然而其中的規定僅是「最低標準」且缺乏對人體工學的對應關係說明，然而建築從業人員卻也長期忽略其數字背後的空泛含意，導致產生許多彆扭、不合理或不實用的空間樣態。

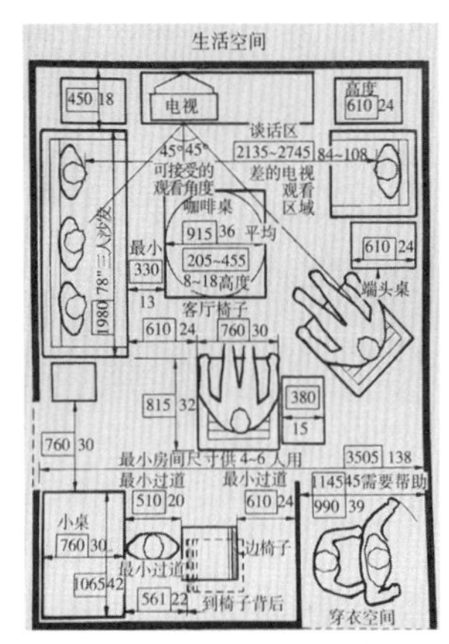

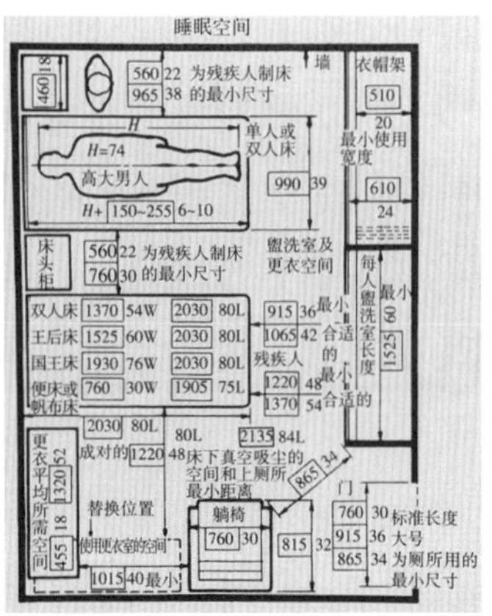

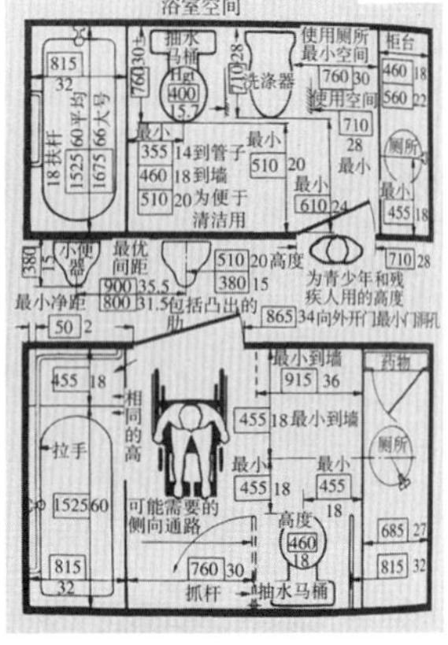

▲ 人類住居行為對應關係（結錄自 AIA 建築標準圖集）

3. 知覺尺寸

是客觀事物直接作用於人的感覺器官，人腦對客觀事物整體的反映。知覺和感覺一樣，都是當前的客觀事物直接作用於我們的感覺器官，在頭腦中形成的對客觀事物的直觀形象的反映。客觀事物一旦離開我們感覺器官所及的範圍，對這個客觀事物的感覺和知覺也就停止了。在這裡的「知覺尺度」指涉對應於人與人之間的心理尺寸，以及人體之於空間行爲外的感知需求，例如：空間尺度、建築物通風條件、室內採光與人工照明流明數、室內空間的溫濕度控制等。

建築所形成的空間爲人所用，器物爲人所用，因而人體各部的尺寸及其各類行爲活動所需的空間尺寸，是決定建築開間、進深、層高、器物大小的最基本的尺度。因此，由於廣義上所指涉的建築尺度小至人體感知空間，大至都市乃至國土規劃，在這些不同規模的需求尺度下，我們通常採用一個公約數的基本人體尺度作爲度量衡，例如坊間使用率較高的詹氏書局《建築設計資料集成》中文版與簡體中文版美國 AIA《建築標準圖集》（Architectural Graphic Standard），作爲設計者在操作空間的重要作業手冊之一。

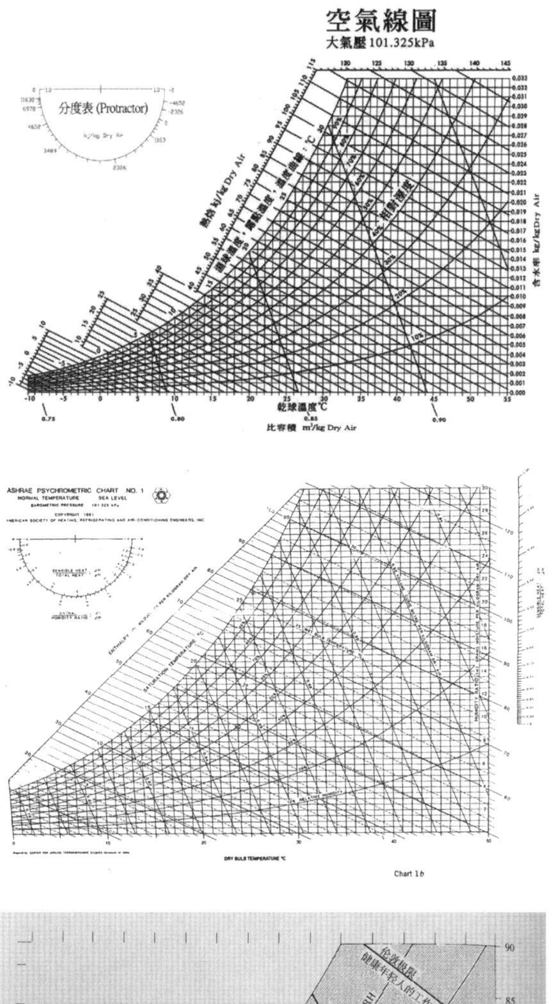

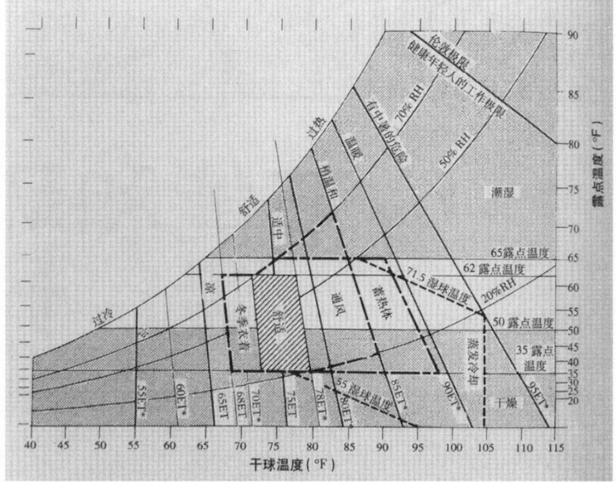

▲ 空氣線圖（節錄自 AIA 建築標準圖集）

▲ 建築設計資料集成

▲ AIA 建築標準圖集（簡體中文版）

日本建築學會編纂的《建築設計資料集成》（最新版），定位爲設計手冊，內容中的基本人體尺度較接近東方人體的需求，基本資料含括各類型建築、敷地環境的建築計畫、設計資料；同時因應時代建築需求，同時也收錄了高齡化無障礙設施、古蹟保存、綠建築、環境共生、社區營造、建築再利用等重要趨勢。而由美國建築師學會（American Institute of Architects, AIA）編著的《建築標準圖集》（Architectural Graphic Standard）定位爲設計繪圖手冊，提供各種構法、建築類型的設計和繪圖案例、標準圖；對於建築設計、構造設計、建築設備的原理，不僅提供了資料，也提供一個清晰有條理的思路架構。此兩套書籍是目前業界中普遍認爲較爲收錄完整且與時俱進的建築實務寶典，同時均自小尺度衍生到尺度空間的所有知識及資料，精心整理成圖表、數據、圖面，包括豐富的案例，是建築完整生命週期中的每一個階段均適用的重要參考工作書。

（一）人體測量的數據應用

舉例言之，我們可從統計表的數據得知 95% 的男人都高於 1,628 mm（162.8 公分），當該數據應用於設計問題時，通常都會發現僅在一個方向上有一限制因素，意即假若該問題是關係到頭頂高度的阻礙物，則矮小的人的高度就毫無意義，在應用統計表的數據時，建築師應該察知那個方向的尺寸具有關鍵性，這並不是說不論何時第 95 百分比研究所得的數值便能適合 95% 的人；假若關鍵尺寸是在相反的方向上，則僅有 5% 的人能適合，而正確的途徑則是應用第 5 百分比序以代之。[30]

[30] 摘錄至朝陽科技大學建築計畫授課講義（陳信安教授）。

（二）建築內部動線計畫[31]

1. 防火及緊急狀況下之規範準則

在設計任何建築物內部的循環時，切題的防火及避難之規則是很重要的。其所要求條件，正如政府部門所發布之萬一發生火災或地震等意外時的逃避方法執行法規，這些數字給設計通道的容量與不同寬度的樓梯是否適合於逃避時提供一個有用的參考，在一個通道或樓梯是用作防火避難的地方，最好在早期階段即與當地的消防管轄機構研討。

2. 門廊與樓梯的流動容量

循環區內平均每人的許可空間可以下列爲依據：

(1) 一般設計目標：$0.8m^2$ / 人，當人的移動速度超過 1.3 M/Sec（良好的行走速度）時，加上 $0.37m^2$ / 人；當人的移動速度在 0.4 M/Sec 到 0.9 M/Sec（曳足而行）時，加上 $0.27m^2$ / 人到 $0.37m^2$ / 人；由於阻礙物而駐足站立的人，約占 $0.3m^2$ / 人。

(2) 行動不便者與年老的人的階梯尺寸，應詳加考量。就最正常的樓梯而言，梯級間的豎板與行走情況的一個適當關係公式爲：$2R + G = 600$ 到 630mm，式中 R = 豎板（級高，Riser）；G = 行走情況（級深，Going）。R 最大應該爲 190mm；G 最大應該爲 250mm。

3. 電梯門廊尺寸的計算

電梯最具關鍵性的空間是位於主要入口或出口的地版面（梯廳），而計算必須以尖峰使用時間爲基礎，這通常是在建築物的使有者上下班抵達的時候，爲求得在主要入口的電梯門廊裡等候的人所需的空間必須：

---

[31] 黃定國編著（1989）。建築計畫 / 第一冊。頁 1-10，臺北：大中國圖書公司。

(1) 計算電梯的等候時間間距（WI）——以分計之。WI＝來回一趟所需的時間 ÷ 電梯數

(2) 估計裝載時間（FP）——以分計之。這是輸送該建築物全部人數所需的時間；通常的許可值是 30 分鐘。

(3) 求出在門廊裡的人數爲：總使用者 ×WI ÷FP

(4) 設 X 表示在門廊裡每個人所容許的 m^2 數

(5) 設定一個不均勻抵達（Uneven Arrivals）的因數（比方說 2），假若所希望的是很不均勻的流動，則必須使用較高的因數，例如車站、公車站牌等的接近（此因數的選擇也受到諸如建築的型式與可利用的循環空間等特殊設計之細節問題的影響）。

(6) 則門廊的尺寸爲：總使用者 ×WI ×X ×2 ÷FP

【實例】

假設某樓層有 800 人欲使用電梯，FP 爲 30 分鐘，0.5 分鐘的 WI，而每人的空間許可值爲 $0.65m^2$。則門廊面爲：$800\times0.5\times0.65\times2\div30=17.3m^2$。

（三）空間量化原則[32]

1. 規模與數量分析

(1) 規模

各種數量之具體檢討、規模狀況與需求達程度之關係。規模適正值之訂定有以下三種情形：

① 最小值以上爲適正值，活動作行爲之必要尺寸。

---

32 張效通著（1994）。建築計畫理論與應用。頁 43，臺北：實力建築與都市文化出版社。

② 最大值以上爲適正值，活動能順利進行之尺寸、面積、體積等。

③ 近似目標爲適正值。

(2) 考慮因素

適正值（即最小值、最大值、目標值）之訂定時考慮的因素。

① 使用人數，如音樂劇場、棒球場、電影院等之計畫。

② 使用對象，如會議室、教室、病房等之計畫。

③ 使用效果，依前述兩項考慮，如音樂廳之計畫。

④ 使用時之心理，與其他考慮要素合併檢討居多。

⑤ 使用習慣，依社會禮儀與風俗民情。

⑥ 經營管理效率，設施利用、維護管理費用等。

⑦ 空間承載能力，分爲必然容量（餐廳廚房）與限制容量（音樂廳容量）。

⑧ 其他領域及法規之影響。

(3) 規模計畫

個數、尺寸、面積之決定方法有兩種：

① 定量方法

- ◆ 統計學法，使用者每人所需空間量。
- ◆ 機率法，時間變動考量間承載量之變化。

② 定性方法

依使用者心理狀態、使用形式等。

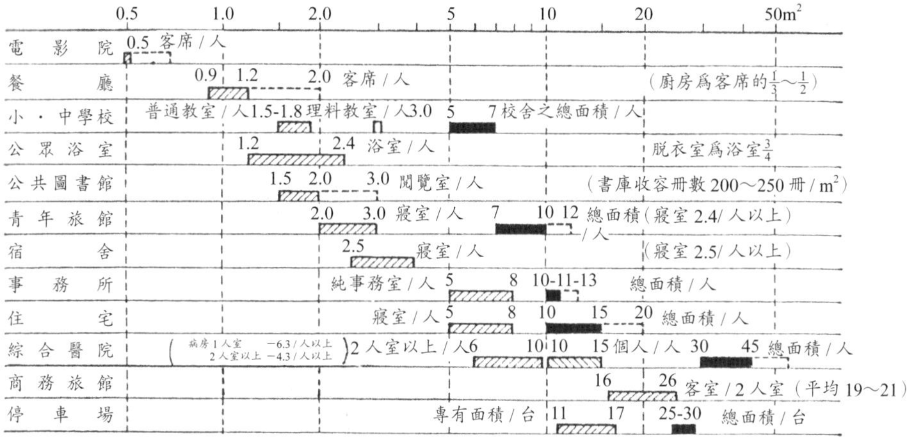

0.5　1.0　2.0　5　10　20　50m²
電影院　0.5 客席／人
餐廳　0.9　1.2　2.0 客席／人　（廚房爲客席的$\frac{1}{3}$～$\frac{1}{2}$）
小・中學校　普通教室／人 1.5-1.8　理料教室／人 3.0　5　7 校舍之總面積／人
公眾浴室　1.2　2.4 浴室／人　脫衣室爲浴室$\frac{3}{4}$
公共圖書館　1.5　2.0　3.0 閱覽室／人　（書庫收容冊數 200～250 冊／m²）
青年旅館　2.0　3.0 寢室／人　7　10　12 總面積／人（寢室 2.4/人以上）
宿舍　2.5 寢室／人　（寢室 2.5/人以上）
事務所　純事務室／人 5　8　10-11-13　總面積／人
住宅　寢室／人 5　8　10　15　20 總面積／人
綜合醫院　（病房 1 人室 −6.3／人以上 2 人室以上 −4.3／人以上）2 人室以上／人 6　10　10　15 個人／人　30　45 總面積／人
商務旅館　16　26 客室／2 人室（平均 19～21）
停車場　專有面積／台 11　17　25-30　總面積／台

▲各類建築物單位面積標準值（建築計畫理論與應用，實力建築及都市設計文化出版社，P43）

七、建築繪圖基本原則

（一）依設計深度分類

1. 基本設計階段（Schematic Design）：又可分爲先期規劃與初步設計兩階段。

2. 執照圖說階段（Permit Documents）：建築設計圖、結構計算書、結構設計圖、機電設計圖等。

3. 細部設計階段（Detail Design）：建築、結構、機電、細部設計圖說等。

4. 發包圖說階段（Construction Documents）：建築、結構、機電、細部設計圖說、數量與規範等 。

（二）實務操作分類

1. 設計圖

主要在表達建築師的設計構思，表達媒介一般有 Diagrams、動畫與影像紀錄、建築平面圖、立面圖、剖面圖、透視圖（效果圖）等。

2. 執照圖

作為公部門相關單位之審查依據，一般有索引圖表、位置圖、現況圖、地籍套繪圖、日照檢討圖、總面積計算表、全區綠化圖、基礎平面圖、地下層平面、地面層平面、標準層平面、屋突層平面、各層面積表、四向立面圖、兩向總剖面圖、牆剖面圖、樓梯平面圖、樓梯剖面圖、坡道平面圖、坡道剖面圖、車道平面圖、車道剖面圖、門窗表、天花裝修圖、固定家具平面、升降機平面圖、升降機剖面圖、升降機規格、電扶梯平面圖、電扶梯剖面圖、電梯規格（以上圖說依據審查項目而有不同要求）。

3. 細部設計圖（或稱之工程發包圖）

細部設計圖（Detail Design Drawings）主要反應工程單元的總體佈置關係，明確標示建築物各類構件（小到大）的外部形狀、分割單元、單元構法／工法、材料規格、各類材料性能與質感、節能功效、設備效率、耐震設計等要求，用來提供營建單位據以繪製工程施工圖擬定施工計畫與檢討工程預算的基準（亦包含結構與設備施工圖）。

4. 施工圖

施工圖（Shop Drawing）是能夠將建築物裡一切的空間、尺寸、位置、材料、系統、工法等相互關聯之關係在圖上鉅細靡遺的交待（可以是 2D、3D 的圖面或者數位模型展現），若是圖上無法完整清楚表達的東西，像是施工規範、施工責任、施工管理，還有業主、建築師、監造者及承包商四者之權利及義務，則用施工說明書詳細說明，而組成一套完整的施工圖說與文件組合。

5. 竣工圖

為營造廠將建築物施工完成申請使用執照圖時，依現場施作尺寸所繪製之工程圖說。

（三）設計圖面繪製品質重點

1. 比例與圖名的觀念

圖樣之尺度單位除特別規定者外，均以公制爲準，原則上標高、座標、等高線等以公尺（m）爲單位。建築物及混凝土構造物以公分（cm）爲單位，鋼鐵構造及機電以公厘（mm）爲單位，此等單位需列述於圖列說明中。圖中如使用一種或一種以上之比例尺時，均需將比例數註明於各圖名之下方。若同一圖名中有水平及垂直兩種不同比例數時，以 H 代表水平向比例尺，V 代表垂直向比例尺[33]。

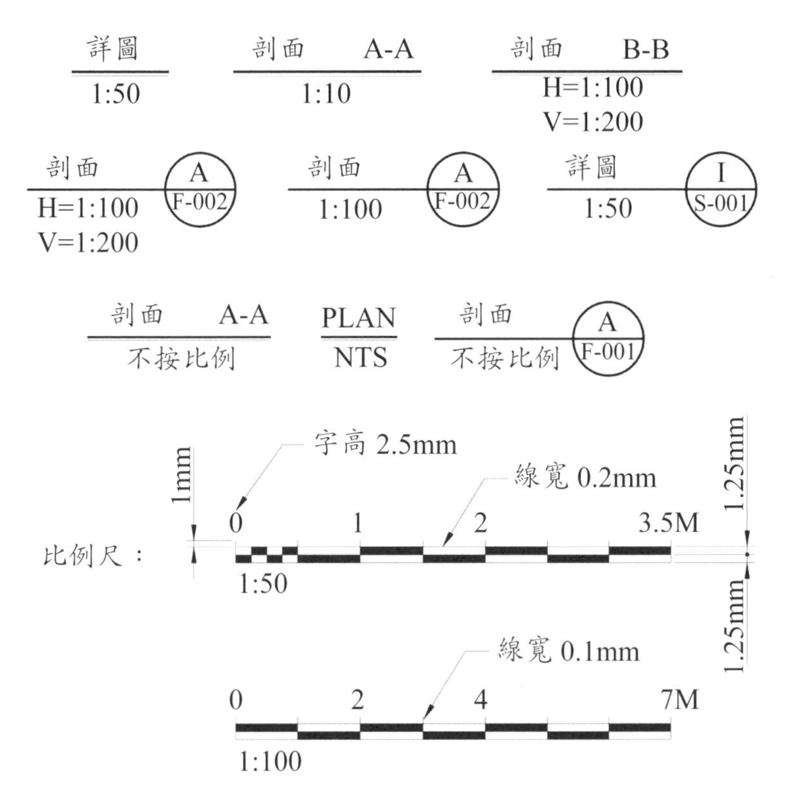

▲ 圖名標示比例尺（摘錄至公共工程技術資料庫／公共工程製圖手冊）

33 公共工程技術資料庫／公共工程製圖手冊。

2. 方位的觀念（指北針）

每間建築師事務所有其繪製內規，一般大尺度的全區配置圖會以正北向上的方式繪製，小尺度如局部配置與平面圖則爲了繪製比例與圖紙尺寸而調整指北針，放置位置以圖面清楚之角落。

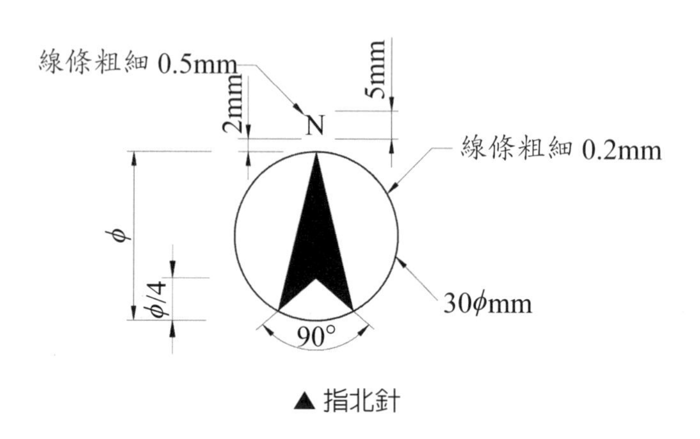

▲ 指北針

3. 圖面的層次

字體形式、字體大小、色彩表現、數字單位、線條輕重粗細、製圖符號大小、線條形式等。

4. 圖名標示

一般將圖名標示在圖的下方，同時將比例單位隨後放置，以方便他人讀圖。

5. 製圖符號

一般有平面圖之符號、建築材料符號、剖面圖之符號、立面圖之符號、敷地景觀之符號等，指示拉線符號的整齊性、符號大小與文字大小對圖面的可讀性深具影響。

6. 圖面排版

圖面的排版是需要被設計的，這關乎於設計作品是如何被閱讀（第

線粗：單位（mm）
電腦繪圖

- 特細線：0.01、0.1
- 細級線：0.18、0.2
- 中級線：0.3、0.4
- 粗級線：0.5、0.6、0.7
- 特粗線：0.8、1.0

種類	圖示	用途	線條寬度
實線		輪廓線物體之外形、邊界線等	0.3mm
		用於尺度之標示	0.2mm
		用與物體之截斷線	0.2mm
		焊接或說明指示	0.2mm
		非規尺所繪部分	0.2mm
		鋼筋、型鋼斷面、預力鋼線	0.5mm～0.7mm
		等高線	0.2mm
虛線	----------	隱藏線物體隱匿部分	0.18mm
鏈線		剖斷面之指示線	0.6mm
		中心線、基準線、參考線、境界線	0.2mm
		地籍線	0.2mm
		相關線	0.2mm
		圖相接合之線	0.5mm
		路權線	0.5mm

▲ 線條應用原則（摘錄至公共工程技術資料庫／公共工程製圖手冊）

圖			例		
導線點	K3 47.864	柏油路面	AC	方形電信手孔	T
圍牆		水泥地	PC	方形電力手孔	E
施工圍籬		電力桿		方形制水閥	W
水溝		電信桿		交通號誌	
暗溝		路燈		街道路牌	
草地		人工草皮		金爐	金
混凝土房屋	R	花圃		土地公廟	土
磚造房屋	B	圓形污水人孔	S	魚池	
雨棚	RS	圓形雨水人孔	D	地下停車場	P
鐵棚	T	圓形制水閥	W	停車場	P
空地	(空)	圓形瓦斯閥	G	闊葉樹	
溝底高程	.(76.61)	圓形消防栓	F	鐵欄桿	
高程	.77.24	圓形電力人孔	E	鐵絲網	
圓形電信入孔	T	等高線	80	@23380 樹徑 樹高	

▲基地現況圖符號參考

三者讀圖順序的安排設計）與整體設計氛圍的展現，一旦圖面的可讀性降低，這意味著與人溝通的機會降低與成效不彰，最後也會影響他人對設計作品的了解程度與誤解。

（四）基本資料之繪圖編號：[34]

1. GE-0001～0999 圖表索引
2. GE-1001～1999 總平面圖
3. GE-2001～2999 土壤鑽探及監測系統
4. GE-3001～3999 控制測量
5. GE-4001～4999 土方資料

（五）建築工程之繪圖編號：[35]

1. AR-0001～0999 基本資料
2. AR-1001～1999 基地資料
3. AR-2001～2999 平面圖
4. AR-3001～3999 剖面圖及立面圖
5. AR-4001～4999 樓梯
6. AR-5001～5999 內裝
7. AR-6001～6999 外裝
8. AR-7001～7999 設施示意及其他相關圖
9. AR-8001～8999 細部詳圖

建築圖說之英文代號依據中國國家標準圖號之解釋如下：

1. A 代表建築圖。
2. S 代表結構圖。
3. F 代表消防設備圖。
4. E 代表電氣設備圖。

---

34 公共工程技術資料庫／公共工程製圖手冊。

35 公共工程技術資料庫／公共工程製圖手冊。

5. P代表電氣設備圖。
6. M代表空調及機械設備圖。
7. L代表環境景觀植栽圖。
8. H代表現場勘驗文件或圖說。

內政部營建署建築圖圖檔命名方式[36]

圖檔類別		說明
系統預設	CNS圖說標準	
A		建築書圖類
A0	A1	位置圖、現況圖、配置圖、日照圖、面積計算表
A1	A2	平面圖、平面詳圖
A2	A3	立面圖、剖立面圖
A3	A4	總剖面圖、剖面詳圖
A4	A5	樓梯、昇降坡詳圖
A5	A6	門窗圖
A6	A7	其他特殊大樣詳圖
A8		地籍套繪圖
A9		其他圖說
AA		竣工照片
AB		其他文件
S		結構書圖類
S1		結構平面圖
S2		樑配筋詳圖

36 公共工程技術資料庫／公共工程製圖手冊。

圖檔類別		說明
系統預設	CNS 圖說標準	
S3		柱配筋詳圖
S4		版配筋詳圖
S5		牆配筋詳圖
S6		樓梯、水箱及其他配筋詳圖
S7		其他圖說
S8		計算書
S9		其他文件
E		室內裝修圖類
E1		室內裝修圖說審查圖
E2		室內裝修竣工圖
H		勘驗文件類
H1		勘驗文件
H2		勘驗照片
H3		勘驗申報書

八、永續──節能減碳的設計觀

（一）建築物理環境

建築物理，是研究聲、光、熱與空氣的物理現象和運動規律的一門科學，是建築學的組成部分。其主要分支學科有下列四大項：

1. **建築聲學**

主要研究建築聲學的基本知識、噪聲、吸聲材料與建築隔聲、室內音質設計等內容。

2. 建築光學

主要研究建築光學的基本知識、天然採光、建築照面等問題。

3. 建築溫熱環境

研究氣候與熱環境、建築日照、建築防熱、建築保溫等知識。

4. 室內空氣環境

研究室內空氣汙染源控制、自然通風與機械通風及室內空氣汙染物淨化等。

（二）建築聲學

建築聲學，是研究建築環境中聲音的傳播，聲音的評價和控制的學科，是建築物理的組成部分。建築聲學的基本任務是研究室內聲波傳輸的物理條件和聲學處理方法，以保證室內具有良好聽聞條件；研究控制建築物內部和外部一定空間內的雜訊干擾和危害。

建築聲學是研究建築環境中聲音的傳播，聲音的評價和控制的學科，是建築物理的組成部分。建築聲學的基本任務是研究室內聲波傳輸的物理條件和聲學處理方法，以保證室內具有良好聽聞條件；研究控制建築物內部和外部一定空間內的雜訊干擾和危害。在建築物中實現固體聲隔聲，相對地說要困難些；採用一般的隔振方法，如採用不連續結構，施工比較複雜，對於要求有高度整體性的現代建築尤其是這樣。取得良好的聲學功能和建築藝術的高度統一的效果，這是科學家和建築師進行合作的共同目標。[37]

---

[37] 維基百科修改。

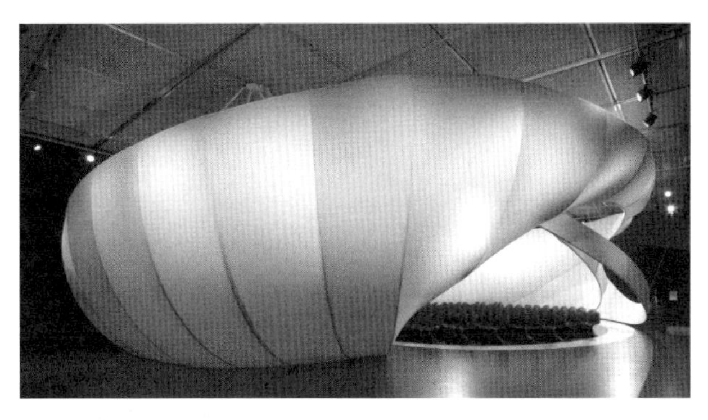

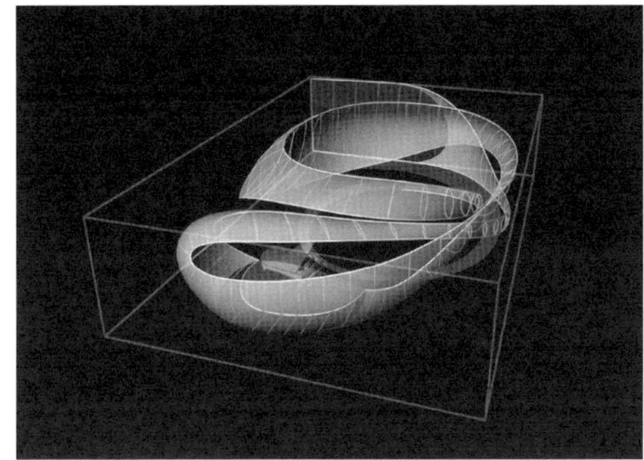

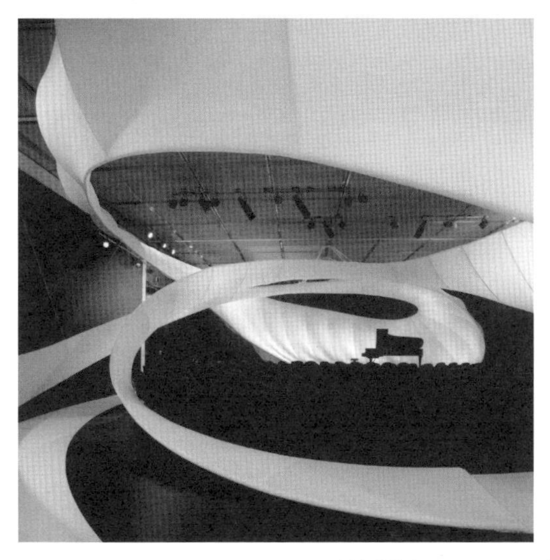

▲ Chamber Music Hall by Zaha Hadid（節錄自 ArchDaily 網站）

（三）建築光學

建築光學是建築物理的一個組成部分。主要研究建築內部的天然光和人工光的照明，創造良好的光環境。

在電燈發明以前，人類主要利用天然光和火光照明，在中國傳統建築中，尤其是華北一帶的建築，多以南邊的門和窗進行採光，而北牆爲抵禦北風，一般不開窗或只開很小的窗戶。古埃及太陽神廟中的高側窗採光方法也是一種採自然光的典型例子。但由於自然採光受自然條件的影響很大，火光照明效果差，而且容易引起火災，直到 19 世紀白熾燈和公共電網得到普及以後，大規模人工採光和照明技術的實踐才開始得以實現，並逐步形成建築光學。建築光學的研究內容主要有：與建築有關的光的性質和光的視覺性質、天然採光和人工照明。[38]

38 維基百科修改。

▲ Green Lighthouse by Christensen & Co Architects（節錄自 ArchDaily 網站）

（四）建築溫熱環境

人們在住宅空間所占的時間最長，因此住宅類型建築之室內環境對於人們有相當大的影響。在室內環境方面，以室內溫度及空氣品質最爲重要；因此採用經濟、合理之通風手法對其進行控制，進而帶走室內之冷熱負荷，以期改善維持室內良好環境。

建築溫熱環境模擬可利用建築節能模擬軟體分析整體建築之形狀外觀及尺寸、方位，以及建築群量體配置形式，考慮太陽方位、日射量、陰影遮蔽、通風換氣、建築外殼構造，使用建材等，進而進行電腦模擬分析，研究計算整體環境的熱收受情形，獲得可視化之數據和圖形分析，進而評估該建築物之節能效率，提出建築物節能解決對策。

EDITH GREEN WENDELL WYATT FEDERAL BUILDING
AUGUST 31 - NOVEMBER 30, 2011

▲EGWW Federal Building by SERA Architects, Cutler Anderson（節錄自 ArchDaily 網站）

（五）室內空氣環境

建築通風（Building ventilation）是指建築物內部與外部的空氣交換、混合的過程與現象，爲影響室內空氣品質的最主要因素。通風可依其驅動力來源區分爲自然通風（Natural ventilation）與機械通風（Mechanical ventilation）。

自然通風是依靠建築物內外的氣壓差異或溫度差異所造成的空氣流動；機械通風又稱爲強制通風（Forced ventilation），利用通風機械（風扇、送風機、抽風機）所產生的動力促使室內外的空氣交換和流動。機械通風適用於自然通風量不足或室內會產生有害或可燃氣體，其優點爲風量穩定，且可隨需要來控制通風量，但缺點爲消耗能量。

自然通風又可分為風壓通風與浮力通風，風壓通風（Wind-driven ventilation）依靠自然風力作用在建築上所造成的風壓差異，造成空氣流動與室內外的空氣交換；浮力通風（Buoyancy-driven ventilation）則藉由空氣溫度差異所造成的浮力，促使空氣上下對流、交換。

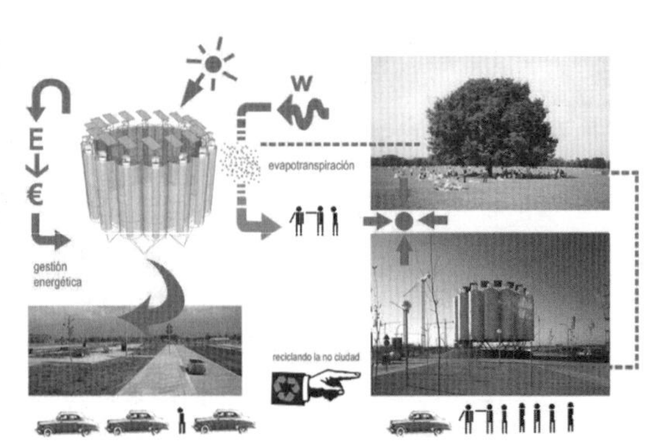

▲ Eco Boulevard in Vallecas by Ecosistema Urbano（節錄自 ArchDaily 網站）

公部門爲改善公共場所室內空氣品質制訂的「室內空氣品質管理法」2012 年 10 月 23 日上路，各項室內空氣品質汙染物建議值出爐。最重要的「室內二氧化碳濃度」標準，環保署建議值不得超過 1,000ppm；第一波將公告大型醫療院所、政府機關、交通場站（鐵公路及航空站）爲管理對象，檢視這類公共場所室內空氣品質，以保障國人健康，違規場所將開罰 5 萬至 25 萬不等。

（六）全球性的生態破壞

根據聯合國的一份研究報告指出，人類對自然的破壞性影響正使得百萬動植物物種從大地、天空和海洋消失，主要因爲人類對更多食物和能源的需求，全球各地的自然環境正在以前所未有的速度退化，這是人類歷史上前所未有的狀況。報告中提及，退化的趨勢可以阻止，但需要在人類如何與自然互動的各個方面發生徹底的變化。這是聯合國自 2005 年《千年生態系統評估》發佈以來，對自然環境最爲全面的一次分析。[39]

生態破壞的機制一旦形成，原生的生態系統在較長時期內難以恢復；因此，當它還處在潛伏狀態時就應該提醒人們警覺起來。生態平衡的破壞主要是人爲造成的，也將隨著人類社會的發展而被克服和消除。人類應該正確處理人與自然的關係，在發展生產，提高生活水平的同時，注意保持生態系統結構和功能的穩定與平衡，實現人類社會的可持續發展（sustainable development）。

[39] 摘錄自 https://www.bbc.com/zhongwen/trad/world-48188166

▲ The Sustainability Treehouse by Mithun（節錄自 ArchDaily 網站）

（七）永續的概念

根據「世界人口時鐘」截至 2020 年 11 月的統計，全球約有 78.54 億人口數。聯合國更預測，到了 2100 年世界人口將進一步增加到 112 億。人口數量持續地成長，巨大的世界經濟也創造了巨大的環境危機，危及數十億人的生命和福祉，以及其他數百萬物種的生存。因此，我們必須要談永續發展。台灣地狹人稠、自然資源有限、天然災害頻繁、國際地位特殊等，對永續發展的追求，比其他國家更具有迫切性。目前國際上對永續發展的定義中，最被廣泛引用及被官方採用的，即是 1987 年聯合國環境與發展世界委員會（World Commission on Environment and Development, WCED）在《我們共同的未來》報告中所提出的定義：「一個滿足目前的需要，而不危害未來世代滿足其需要之能力的發展（sustainable development）。」

永續發展的目標是確保人類和自然的福祉，其需要將社會的、經濟的和環境的關懷結合在一起的整體世界觀，以提供以下之發展機會：

1. 一個適於居住的自然環境，教養現在和未來的生命。
2. 一個自給自足的商業經濟體。
3. 一個滋養小區的機會，以提供符合社會的、文化的和精神的需求。
4. 一個公平的治理系統，以確保公民的平均薪資水平，以及完全參與並擁有政治參與之機會。

（八）環境的永續發展

環境發展中心提供的永續發展定義爲：在不影響後代福祉的原則下滿足當代人之需求。依照「世界環境與發展委員會」（WCED）於 1987 年發表之「我們共同的未來」報告中，對於「永續發展」所下的定義爲：「滿足當代人的需求又不危及後代人滿足其需求的發展」。而「國際自然暨自然資源保育聯盟」（IUCN）等國際性組織於 1991 年出版之《關心地球》

一書中，則定義爲：「在生存於不超出維生生態系統承載量的情形下，改善人類的生活品質」。

我們認爲永續的本質應該要做到生態永續，當人類與其他物種因爲人類對環境的無知的消費與破壞，導致生存環境遭受到威脅進而引發人類與物種絕種的危機時，我們還談什麼經濟發展與居住品質，這些正當性應該被建立在生態達到永續平衡與發展的狀態下才得以成立。因此，環境的永續發展應首重自然資源與生態環境的面向，這兩項達成目標後才是追求經濟及社會的永續發展這兩個面向；以下列舉群策會於 2003 年 1 月份在國家 21 世紀發展總目標中關於促進永續發展的策略與政策的說明：

在二十一世紀的全新環保進程中，臺灣的國家發展必須從以錢爲目的，轉到以人爲目的。整體的策略上，應就國土總體再造、資源總體規劃及汙染總量管制三大方向，進行戰略性的調查與分析，以設定合乎臺灣天然資源特色、順應國際綠色潮流的策略與政策。這些策略除了應提出具說服力、前瞻性、可執行的方案外，還必須以草根公眾聽證會的形式，求取民間最大的共識，並且必須具備跨世代福祉的考量，不能再以當代人的最大利益爲唯一核心。也就是說，將來的國家成長目標應是「沒有福祉，就沒有成長（No welfare , no growth）」。

1. 永續發展的能源政策

在以「永續發展」爲目標，追求與環境友善的經濟發展下，與經濟發展和環境保護息息相關的能源政策，必須由「開源」轉爲以「節流」爲主。尤其爲了因應地球暖化的溫室效應問題，世界各國爲有效降低二氧化碳的排放量，莫不積極提升能源、發電、用電的效率，以節約能源。在「開源」方面則轉而尋求以風能、太陽能、生物質能等再生能源來取代含碳量高的煤炭與石油等傳統能源。

臺灣是個缺乏自產能源（化石燃料）的國家，無論是從經濟、安全，或是減少環境汙染的角度來看，都必須將提高能源的使用效率列爲最優先的政策目標，並且導正過去「開源重於節流」的觀念。以「節流重於開源」的新觀念，來建立一個「高效率、低汙染」永續發展的能源政策。

根據世界能源委員會的預測，到2020年，所有再生能源對全球能源供給率將達21%；若爲了要達成環境永續的狀態，則到2020年再生能源的貢獻必須提高到30%。反觀臺灣目前的再生能源（不含水力）所占的比率還不到1%，與歐美各先進國家相去甚遠。以臺灣本身的天然優勢，開發再生能源有相當大的潛力，政府宜採取積極獎勵的政策與措施，以鼓勵民間或政府本身投入開發風能、太陽能、海洋能、生質能等再生能源，並且盡速取消對耗能產業的獎勵措施，檢討現行的能源價格。

2. 永續發展的國土總體規劃策略

臺灣的土地資源有限，隨著經濟、政治、社會各方面的快速發展，不但生產所需的土地取得困難，地價高昂，土地資源的分配扭曲，我們的自然生態環境亦遭受無情的破壞與摧殘，國民的生活品質反而惡化，讓臺灣陷於「富裕中的貧窮」的環境中，國土殘破不堪，實在是莫大的諷刺。因此，臺灣若欲追求永續發展，非做好國土再造不可。

國土總體再造將包括，山、海、河川、路面、城鄉、農業地、工業地以及其他功能用地，以「環境生態，綠色優先」的思考重新調整。將過去以發展、開發爲目地的國土規劃方向，扭轉爲福祉爲目的導向，確保國土的永續經營。結合都市設計與地景設計，建設便利的基礎交通網，創造舒適優美的鄉村及城市景觀。親山方面，保育中央生態廊道、整治高海拔地區濫墾、進行森林復育、配合景觀道路及國家步道之串聯，拓展城市居民之休閒空間。親海部分，進行海岸地區生態復育與環境改善，推展海岸與海上旅遊。

總之，國土規劃應以「永續發展」理念爲最高指導方針，並以生態間的平衡、世代間的公平、區域間的均衡、以及族群間的和諧等原則來考量。

3. 永續發展的水資源政策

我們必須認清「世界必然走向匱乏」，以少開源，多節流的原則，進行所有資源政策的檢討。所有的資源取得的代價，將愈來愈高，而這種高資源代價的時代，可能比任何人想像的都來得快。水資源匱乏以及水源汙染的問題，已成爲全球共同關心的議題，聯合國在 2002 年 12 月正式宣布：安全無虞的飲用水是人權的重要項目之一，水不應被視爲一種經濟商品，水權是實現人類尊嚴與生命健康不可或缺的一項權利。臺灣水資源的問題在本世紀初已浮現，未來可能成爲政府必須面對的重要課題，安全乾淨的用水再也不是隨手可得。

水資源之管理、運用，應將過去從供給面去規劃建水庫、開發水資源的觀念，改成以需求面來規劃，例如：如何有效率地使用有限的水資源，並以此爲基礎來調整各項用水標的之使用情形。因此，關於水資源政策應有以下幾個原則：

(1) 在以總量管制原則下，節流應優先於開源，以求有效利用珍貴之水資源。
(2) 爲避免不可回復的生態環境破壞，生態保育的考量應優先於任何開發利用。
(3) 爲增進水資源合理利用及社會公平原則，應落實用水者付費、受限者得償與破壞者受罰。

4. 汙染總量管制

「汙染總量管制」最重要的是，空氣、水、廢棄物三大項。傳統的「汙染者付費原則」已不夠應付汙染的快速累積。根據新的綠色導向的國家成長方案，環境「可含容汙染量」將遠小於目前的預估量。傳統汙染者將其生產過程中應付出的「內部成本」外部化，國家發展政策視汙染爲「必要的罪惡」的時代已不再，強調對生態環境無害、無過失利用的深綠時代已漸漸靠近。

5. 鄰避症候群（Not In My Back Yard, NIMBY）

NIMBY 的英文字面解釋：「不要（興建）在我（家）的後院」，尤其是指具有外部性（包含正面外部效益和負面外部成本）的公共設施產生的外部效益爲大眾所共享，而帶來的風險和成本卻由設施附近居民承受，造成社會生態的不和諧與空間權力結構的失衡，導致公眾心理上的隔閡甚至歧視，區域房地產價格下跌，因此極易引發周遭居民的集體抵制與抗爭行爲，人民環保意識高漲後，所有的重大建設也會因爲杯葛而導致停滯與延宕之情事。這種所謂「鄰避現象」的最大問題在於，人民不相信政府有能力管理危險並信守承諾。政府專業不足、功能失靈，無法面對現代新生的難局及問題，將是二十一世紀政府所遇到的最大難題。

以上問題的解決，通通涉及：法律管轄、預算分配、人力整合、專業管理以及關心生態、關懷生命的程度等整體建構出來的「綠色國家指標」，這將是臺灣成爲先進國家最重大的挑戰。

（九）生態設計之意涵

歐洲環境署將生態設計定義爲一種方法和程式，即「在產品開發過程的所有階段都考慮到環境問題，努力使產品在整個產品生命週期中對環境的影響最小」。就是說，生態設計係關乎於我們在做出設計決策時的樣態下對環境的影響；這種方法旨在確保最終的結果不會對環境產生負面影響。美國聯邦政府曾經公布一項都市能源消耗調查報告，指出建築耗能量占 49%，工業耗能占 23%，汽車耗能占 8%，由此可知建築產業的材料使用對溫室效應的影響甚鉅。

從一個環保的觀點而言，當我們從建築計畫階段開始到營建施工之前，首重的不是設計的建築形式表現等，而是聚焦在生態保護之態度與措施（可落實的手段與機制）。生態設計是順應自然環境的人工產物，也就是說，我們得去了解土地的地理位置及特性，如經緯度、位置、地形、土質、土壤性質等，從而思考如何順應大自然與土地特性，建造能與土地特性及自然平衡的人造物。過去生態設計對大多數人而言是道德問題、政治議題，但在今日，已成爲急迫的經濟問題，更是人類能否繼續生存之關鍵。

整合設計本身與生命的歷程，以降低對環境造成破壞衝擊的任何型態的設計形式；從生態觀點思考設計，是強化自然與文化連繫的一部分。生態設計直接處理環境危機裡的設計面向，它不是一種風格，而是參與大自然，並以大自然爲伴，不限定於特定設計專業。

生態設計提供了一個統整的架構，重新設計我們的景觀、建築、都市以及能源、水、食物、製造與廢棄物等系統；簡單的說，生態設計是一種調適並整合自然過程的有效方法，它探討的是自然與文化如何在實務上達到和諧。

（十）生態設計的基本原則

生態設計（綠色設計、生命週期設計或環境設計）係指將環境因素納入設計之中，從而幫助確定設計的決策方向。Sim Van der Ryn 將之定義爲：「Any form of design that minimizes environmentally destructive impacts by integrating itself with living processes.」意即：整合設計本身與生命過程，降低環境破壞衝擊的任一形式的設計便可稱之。

生態設計要求在產品開發的所有階段均考慮環境因素，從產品的整個生命週期減少對環境的影響，最終引導產生一個更具有可持續性的生產和消費系統。尋求在地的解決方案，尊重在地知識，在地知識提供了氣候、植物、樹木、動物、水文以及構成當地紋理所有事物的特定資訊。要想降低設計所帶來的破壞性生態衝擊，我們就需要在地知識。在地知識最好的累積方式，來自持續不斷的文化沉澱過程。在地人的集體記憶，清楚堅定地勾勒出當地的限制性與可能性；某方面來說，生態設計不過是透過居民的心聲，打開地方扮演的角色。生態設計主要有五大原則：

1. 尋求在地的解決方案

熟悉特定地點，能夠最直接的回應當地環境與當地居民的需求。生態會計指引設計：生態設計把環境成本帶到設計的前端，尋求清楚而全面的評估工具，發展減少環境衝擊並符合經濟限制的設計。

2. 設計道法自然

道法自然便是尊重大自然本身就是最偉大的設計師，尊重所有物種的需求，自然融入設計、設計融入自然。

3. 人人都是設計師

生態設計超越了不同設計專業的狹隘性，強調人人都是參與者，亦都是設計者，主張透過深度的參與過程，尋求對設計問題的共同理解。

4. 彰顯大自然

生態設計喚起我們對大自然的歸屬感，具體讓生活結合大自然的循環（氣候、季節、陰影變化等），讓我們知道自己在大自然裡的位置。

因地制宜的設計，人類居住環境設計受限於當地的資源、能力以及做事的方法，建築物因此往往依照適應當地環境所發展出的形式來建造，運用當地的資源，為當地設計，這是法則而非例外，每個氣候區所發展出來的民居就是一個很好的例子，關鍵就在於認識當地氣候的細節。

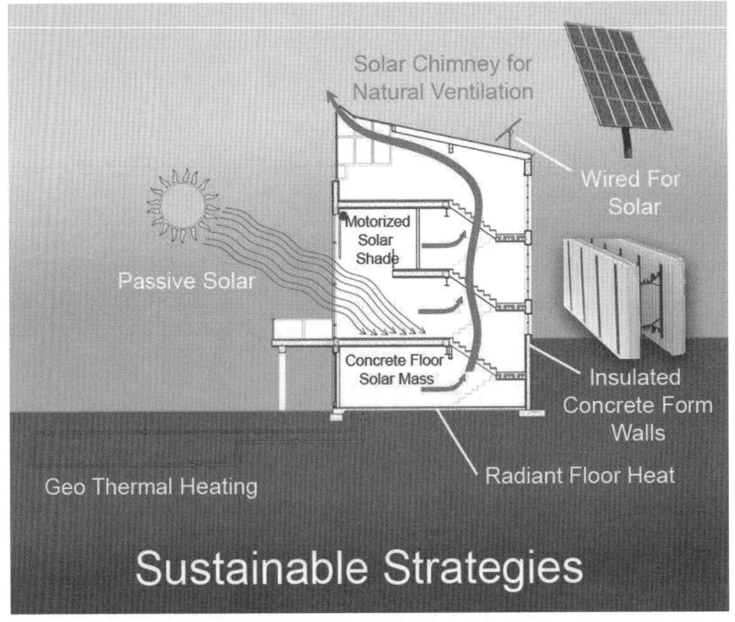

▲ Thomas Eco House by Designs Northwest Architects

▲ Quinta Monroy / ELEMENTAL by Alejandro Aravena（節錄自 ArchDaily 網站）

（十一）生態會計指引設計

生態會計是會計學研究範疇中繼社會責任會計、環境會計後又一個新的會計學概念，環境會計是估量某個特定的經濟主體的活動對環境的影響的會計，一套蒐集資訊與計算以利決定設計的方法。周全的生態會計能精確測量各項設計造成的環境衝擊，讓這些衝擊足以指引設計的過程。對生態設計者而言，經濟會計與生態會計的落差，是相當刺激的挑戰。降低環境衝擊的同時若能省錢（如節能省水措施），人們的選擇會很明確；但當消費者必須花更多錢降低環境衝擊（如無毒塗料），選擇卻分歧與複雜。

生態設計的目的是在合理的預算下，改善生態帳目，減少使用能源材料，並降低毒性與其他衝突。越南僧侶一行禪師曾說：「當我們看著一張椅子，我們看到木頭，卻看不到樹木、木匠與我們的心靈。當我們沉思這把椅子，我們在它身上看到整個宇宙的交織與互相依存。有木頭，代表有樹木；有樹蔭則有太陽。」生態會計所體認到的所有問題，也因此所有的解決方式，都來自萬物的休戚與共。生態設計原則大致上有：設計在地化、最少環境擾動、工程規模最小化、生物多樣化與生態景觀連續性、節能與再生能源使用、廢棄物減量回收再利用、工程避險原則、使用評估與連續監測等原則。

（十二）綠建築定義

依據中央部會衛福部的相關文件載道，一個積極面觀點，「綠建築」可定義為：「以人類的健康舒適為基礎，追求與地球環境共生共榮，及人類生活環境永續發展的建築設計」，都具有減少環境負荷，達到與環境共生共榮共利的共識。因此綠建築評估系統必須依據氣候條件、國情等的不同，而有所調整，並不是一體適用的。簡言之，綠建築就是生態、節能、減廢、健康的建築。綠建築設計的整體目標是非常明確簡單的，諸如生氣蓬勃、通風好、採光佳、冬暖夏涼、舒適健康，同時也必須是以人類生活的健康、舒適為原點，對於居住環境進行全面性、系統性的環保設計，是一種強調與地球環境共生共榮的環境設計觀，也是一種追求永續發展的建築設計理念。有關綠建築具體的設計思維提供若干參考如後：

1. 基地選擇

基地適合開發嗎？基地場域的環境容受力？基地有較佳用途嗎？基地四周的環境脈絡重要嗎？生命元素與土壤汙染否？交通便利性？基地區位的歷史定位及自然價值？土地下的條件？鄰地土地開發計畫之影響？基地上既有建物之狀態？

2. 基地開發

這個基地場域需要什麼？允許我們做什麼？幫助我們做什麼？

3. 交通

便利性、道路類型、道路容量、轉接性等。

4. 建築配置

(1) 採取思考建築物必須是永遠蓋在土地情況最糟的部分，而不是最好的部分。

(2) 地景：開放空間與景觀綠化。

(3) 房屋型態：單元尺寸與房屋尺寸合理性、太陽方位、自然採光、自然通風等。

(4) 建築物外牆：開口大小與形式、外部氣候影響、外牆構法與材料、修繕更新等。

(5) 節能減碳與能源使用。

(6) 冷房暖房、採光照明、家庭電器、辦公設備、雨水回收利用、高效率設備機組、節水器具等。

(7) 內環境品質：室內空氣品質、室內光環境、室內聲環境等。

（十三）臺灣綠建築評估體系概述

臺灣是一個傳統能源與自然資源極爲匱乏的國家，絕大多數的能源供應與民生原物料均仰賴國外進口，自 1996 年以來，能源進口依存度都超過 98%以上。這對國內工業及民生方面非常不利。過去我們爲了經濟發展而嚴重忽略建築永續經營的課題，民眾缺乏綠色居住生活習慣。例如臺灣擁有世界最高的住宅自有率，國宅面積遠大於日本及歐洲，然而居住環境品質卻落差甚大。臺灣住家的衛浴設備數量在世界名列前茅，住宅日常用水量爲德國的 1.67 倍；2018 年台灣平均公共汙水下水道普及率達 33.72%，汙水處理率爲 58.21%。

「綠建築」觀念原本是起源於寒帶先進國的設計理念，其中有許多設計技術並不全部適用於熱帶、亞熱帶國家。寒帶國家以保溫、蓄熱爲主的暖房節能對策根本無法適用於熱濕氣候。過去有些國內的建築思潮，常受到歐美、日本等北方國家的影響，常無視於自己南國的氣候風土，把一些密不通風的全玻璃大樓、無遮陽的玻璃大溫室、水平大天窗等寒帶建築造形抄襲至熱濕氣候來，造成能源浪費、室內環境惡化、機械設備量大增、供電危機、反光公害等嚴重的環保問題。

行政院乃在1996年在「營建白皮書」中宣示全面推動綠色建築政策。接著，1995年內政部營建署在建築技術規則中正式納入建築節約能源設計之法令與技術規範；1999年內政部建築研究所正式制訂出「綠建築解說與評估手冊」作爲綠建築之評審基準；同年推出「綠建築標章」並成立「綠建築委員會」以評定、獎勵綠建築設計；臺灣的綠建築政策由此不斷向前邁進。

綠色建築的定義過去是「消耗最少地球資源，製造最少廢棄物的建築物」的消極定義。現在是「生態、節能、減廢、健康的建築物」的積極定義。推動綠建築，以建設綠色矽島，積極維護生態環境爲目標，具有六大目的：

1. 促進建築與環境共生共利，永續經營居住環境。
2. 落實建築節約能源，持續降低能源消耗及減少二氧化碳之排放。
3. 發展室內環境品質技術，創造舒適健康室內居住環境。
4. 促進建築廢棄物減量，減少環境汙染與衝擊。
5. 提升資源有效利用技術，維護生態環境之平衡。
6. 獎勵並建立綠建築市場機制，發展臺灣本土亞熱帶建築新風貌。

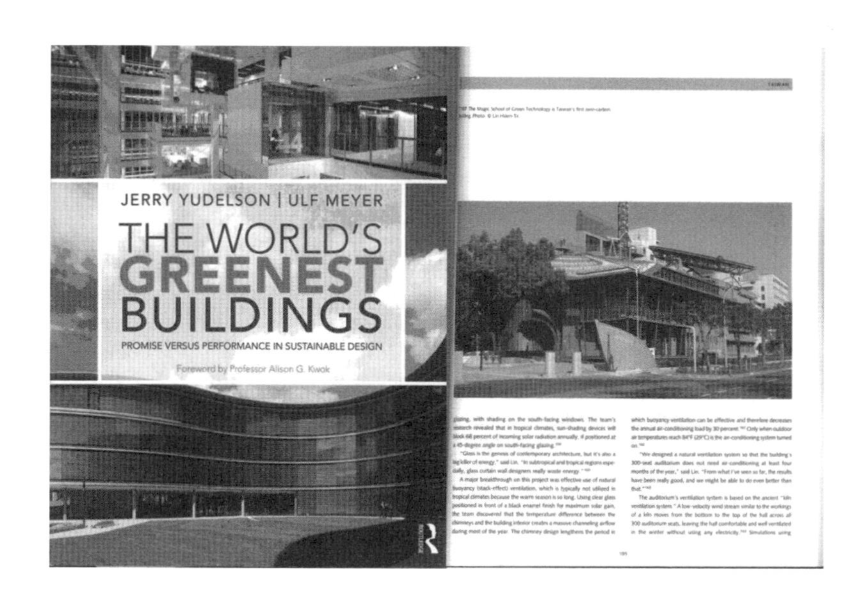

TAIWAN

The Magic School of Green Technology is Taiwan's first zero-carbon building. Photo: © Lin Hsien-Te

glazing, with shading on the south-facing windows. The team's research revealed that in tropical climates, sun-shading devices will block 68 percent of incoming solar radiation annually, if positioned at a 45-degree angle on south-facing glazing.

"Glass is the genesis of contemporary architecture, but it's also a big killer of energy," said Lin. "In subtropical and tropical regions especially, glass curtain wall designers really waste energy."

A major breakthrough on this project was effective use of natural buoyancy (stack-effect) ventilation, which is typically not utilized in tropical climates because the warm season is so long. Using clear glass positioned in front of a black enamel finish for maximum solar gain, the team discovered that the temperature difference between the chimneys and the building interior creates a massive channeling airflow during most of the year. The chimney design lengthens the period in which buoyancy ventilation can be effective and therefore decreases the annual air-conditioning load by 30 percent. Only when outdoor air temperatures reach 84°F (29°C) is the air-conditioning system turned on.

"We designed a natural ventilation system so that the building's 300-seat auditorium does not need air-conditioning at least four months of the year," said Lin. "From what I've seen so far, the results have been really good, and we might be able to do even better than that."

The auditorium's ventilation system is based on the ancient "kiln ventilation system." A low-velocity wind stream similar to the workings of a kiln moves from the bottom to the top of the hall across all 300 auditorium seats, leaving the hall comfortable and well ventilated in the winter without using any electricity. Simulations using

▲成功大學「孫運璿綠建築研究大樓——綠色魔法學校」（節錄自ArchDaily網站）

綠建築依生態、節能、減廢、健康四大指標群之方向，可分爲九大指標來評估。

1. 基地綠化指標
2. 基地保水指標
3. 水資源指標
4. 日常節能指標
5. 二氧化碳減量指標
6. 廢棄物減量指標
7. 汙水垃圾改善指標
8. 生物多樣性指標
9. 室內環境指標

（十四）低碳與低碳社區

「低碳」（Low-carbon）概念是在應對全球氣候變化、提倡減少人類生產生活活動中溫室氣體排放的背景下提出的。2003 年英國政府發表了《能源白皮書》，題爲：「我們未來的能源：創建低碳經濟」（Our Energy Future: Creating a Low Carbon Economy），首次提出了「低碳經濟」概念（Low Carbon Economy），引起了國際社會的廣泛關注，並逐漸成爲一個國際趨勢。

《能源白皮書》指出，低碳經濟是通過更少的自然資源消耗和環境汙染，獲得更多的經濟產出，創造實現更高的生活標準和更好的生活質量的途徑和機會，並爲發展、應用和輸出先進技術創造新的商機和更多的就業機會。從內涵看，低碳經濟兼顧了「低碳」和「經濟」，低碳經濟是人類社會應對氣候變化，實現經濟社會可持續發展的一種模式。低碳，意味著經濟發展必須最大限度地減少或停止對碳基燃料的依賴，實現能源利用轉型和經濟轉型；經濟，意味著要在能源利用轉型的基礎上和過程中繼續保持經濟增長的穩定和可持續性，這種理念不能排斥發展和產出最大化，也不排斥長期經濟增長。

低碳社區定義爲「以合作的形式提供適合的背景和鼓勵行爲改變的機制，目的是爲了改變社區成員的生活方式以降低碳強度。」由於每個社區的環境、歷史和資源皆不相同，因此對於低碳社區無法建議其最佳形式和結構，可能需要針對社區配合程度、資源與管理方式等建立一新的準則。[40]

1. 貝丁頓低碳社區典範

在英國倫敦南方貝丁頓區，一處曾是荒蕪廢棄的汙水處理廠遺址上，誕生了一個象徵未來低碳社會的生態社區，該計畫獲得十幾個建築、永續、能源等設計獎項，成爲英國甚至世界各地零碳排放社區和生態建築發展的典範佳作。

貝丁頓社區 BedZED（Beddington Zero Energy Development）爲倫敦最大的房屋協會 Peabody Trust 所開發，完成時間是 2002 年 9 月，完成面積 3,000 平方公尺，共 82 戶的商業／居住／工作空間單元。基本的核心理念是利用地球可再生的資源，在不會犧牲現代化的生活模式，並且抗衡高房價的市場預算下，便可輕易的提供一處永續生活模式的新型態住宅。

除在建築內部的使用者考量上，可以減少熱能、電力以及水的需求，降低暖氣的需求，減少水資源的損耗，以綠色的空間和陽光、空氣及水的永續環境考量，爲住民提供了一個健康的內部環境。更同時周全的考量到使用者以外的地球環境資源的永續性，結合以仿生學（Biomimicry）的營

---

[40] 出處：http://wiki.mbalib.com/zh-tw/%E4%BD%8E%E7%A2%B3%E7%A4%BE%E5%8C%BA。

建研發技術爲主的團隊，在建築的材質與功能設計上，都選擇最低度的環境影響爲主，且未來拆遷後可回收再利用，以減少過去營建產業在碳排放上居高的負面效應。

爲了讓生態社區能夠眞正符合自給自足的零耗能、低碳排的理念，在社區建構一處沼氣生質能的汽電共生站（CHP）。配合以下的陽光、空氣及水的永續環境設計理念，構成一簇系統性、可再生的節能低碳建築群，完成社區內的熱與電能的需求自給夢想。

貝丁頓社區不論工作及生活都試圖以一種接近零碳排放的方式，使得這項計畫的推動更有吸引力及經濟的成本效益，也滿足現代生活的品質。成功的利用了一種可實踐、可複製的方法，爲永續性的生活型態議題提供了許多解答，加快了政府推動低碳社區的企圖心及讓主開發商以及建設參與者認爲，擴大市場的經營，邁向國際低碳社區、永續發展的境地不遠。而這項計畫之所以成功，主要的關鍵是整個計畫團隊在過程中的奉獻、創新、堅定的信念、大量時間的投入等，都足以展現令人刮目相看的各項成果，一個超乎期待的新型態低碳社區。

陽光：安裝太陽能板、朝南的建築格局、開窗採大面積的落地窗設計以達到光與熱的舒適環境。在屋頂設置花園，除有助於防止冬天室內的熱量散失外，在春夏搖身一變成爲美麗花園焦點。

空氣：安裝小型風力發電設備，利用風能與風對流的中央空調設計，營造舒適的自然通風環境，可源源不斷地將新鮮空氣導入到每一個房間。

水：一場雨過後，社區旁蓄滿雨水的生態池，是社區災防與涵養水源最佳公共自然生態資源。而社區的每個家戶也都設置有雨水收集截留設備及水循環再利用的系統設計。充分的將水資源循環再利用，運到各種生活需求上，如沖馬桶的水及花園灌溉用水等。

在貝丁頓社區多數的想法多是以居民使用者的生活方式爲出發點考

量、貼心的照顧到居住者對設置裝備的需求，並確保建築內的設施滿足英國住宅節能減碳的三項基準：①熱水的熱能少於 45%、②電燈、廚具以及全部器具的用電量少於 55%，及③水的消耗量少於 60% 等。相較之下，貝丁頓社區計畫的成果確實為英國的住宅建築提供很好的法令規章擬定基準，也造就了西格馬五星級住宅的成功[41]。

[41] 出處：http://lowestc.blogspot.tw/2010/01/blog-post_15.html。

▲ Bedzed Pavilion（節錄自維基百科）

2. 英國金斯潘燈塔（Kingspan Lighthouse）簡介

被評為永續房屋評等最高級的六等級，已是零排碳。透過屋頂 40 度斜角的木條排列設計，充分將光透進屋內，達到白天不用燈源的節能效果。零碳設計主要是此房屋的所有能源供應可自給自足，包括太陽能板發電、生質能、風力、熱能回收器及太陽暖氣等供應。因為房子散發的熱量為平均總量的四分之一，所以「淨零碳」住宅是非常重要的。英國建築公司 Sheppard Robson 設計的燈塔利用各種天然的資源，從而節省了水、電和瓦斯的消耗。

特色 1：使用 30% 的回收雨水，讓水運用更有效率。

特色 2：全數採用再生能源，可自給自足各式各樣的能源供應。

特色 3：完整的絕緣體包覆，讓能源更節省。

燈塔的選材以具有可再生性的木材為主。裡面的木結構在外面被弧形的木材包裹著。燈塔的環保特點也多不勝舉。房頂上，利用懸掛太陽電池板發電，向房內的電器和燈光供應能源，並能加熱淋浴和廚房用水。英國是多雨的國家，充足的雨水在這裡被回收，供應給洗衣機和洗手間用水。除太陽電池板之外，房頂上還有一種捕風煙囪（wind catcher）。這種由鋁和玻璃結合的煙囪一來用於房屋的通風，二來讓更多的自然光進入房間。從這些方面來看，燈塔房的可再生性和可持續性得到了切實的體現。[42]

42 出處：http://store.gvm.com.tw/article_content_15783_3.html。

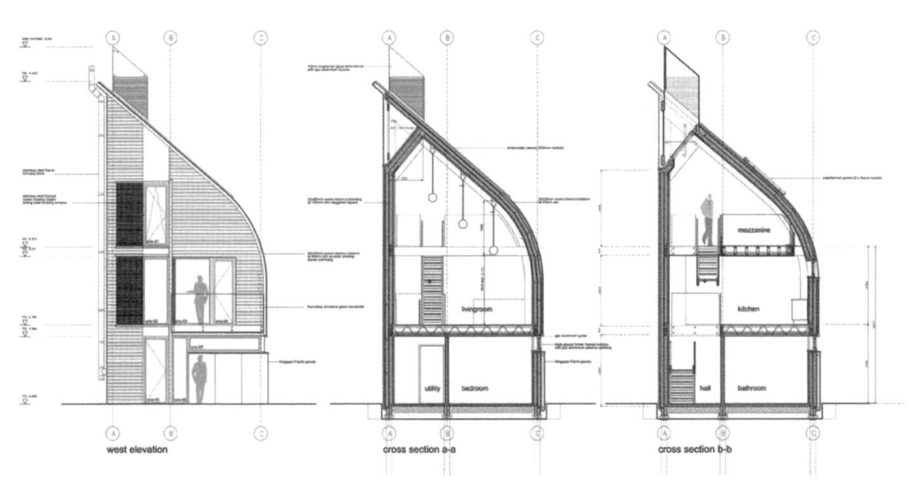

▲Kingspan Lighthouse（節錄自 http://www.sheppardrobson.com/architecture/view/lighthouse）

（十五）臺灣綠建材[43]

第一屆國際材料科學研究會於 1988 年提出綠色建材的概念，其中綠色乃指其對永續環境發展的貢獻程度。而到了 1992 年國際學術界才為綠

43 摘錄自臺灣綠建材官網。

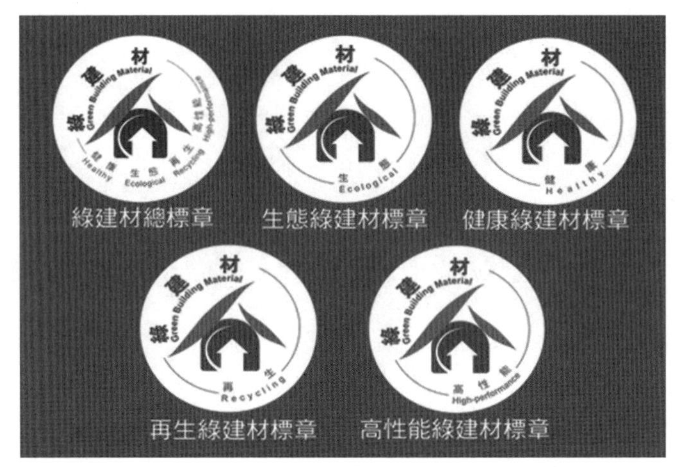

▲綠建材標章（摘錄自臺灣綠建材產業發展協會官方網站）

建材下定義：「在原料採取、產品製造、應用過程和使用以後的再生利用循環中，對地球環境負荷最小、對人類身體健康無害的材料，稱爲『綠建材』」。

1. 生態綠建材

即指「在建材從生產至消滅的全生命週期中，除了需滿足基本性能要求外，對於地球環境而言，它是最自然的，消耗最少能源、資源且加工最少的建材。」爲達此目的最簡單的方法就是選用天然材料製成之建材，服膺「取之於自然；用之於自然」的原則，創造出與自然循環息息相關的建築新思維，這才是地球永續發展的治本之道。

2. 健康綠建材

意指對人體健康不會造成危害的建材。換言之，健康綠建材應爲低逸散、低汙染、低臭氣、低生理危害特性之建築材料。對健康綠建材的評估與選用，即在避免有害健康建材進入室內空間，短期造成使用者身體不適，長期危害使用者的健康。健康綠建材的評估要項除了將禁用之有毒物質的規範納入通則外，另外針對國內較爲普遍使用的化學物質，依人體健康許可範圍限制其含量。目前爲訂定之指標僅爲基礎有害物質的管制，未來將對人體健康有益的成分也納入考量。

3. 高性能綠建材

是指性能有高度表現之建材，能克服傳統建材性能缺陷，以提升品質效能。生活中常見如噪音防制、基地保水能力不佳等問題，可藉由採用性能較佳建材產品，獲得相當程度的改善。目前綠建材標章評估的性能包含防音、透水兩項目，今後亦會對強度、功能性等相關基本性能要求進行規範。

(1) 高性能防音綠建材：能有效防止噪音影響生活品質的建材。

(2) 高性能透水綠建材：對地表逕流具良好透水性之產品，符合基地保水指標之要求。

4. 再生綠建材

就是利用回收之材料經由再製過程，所製成之最終建材產品，且符合廢棄物減量（Reduce）、再利用（Reuse）及再循環（Recycle）等原則之建材。選用廢棄的建築材料直接進行二次使用者，如拆卸下來的木材、五金等，或使用他種廢棄物資再製成建材者，亦即將廢棄材料回收再用來生產之建築材料。目前綠建材標章推動是以鼓勵回收國內廢棄物所製之再生建材爲主。

九、結構系統與建築

無疑地，結構與建築設計是相互影響密不可分的，尤其在位處環太平洋地震帶的臺灣。結構既要把建築空間實體支撐起來，又要把作用於建築物上的一切外力載重傳遞到建築物基礎（淺基礎或深基礎），這負載傳遞的解決形式與方法，不僅直接決定結構形式自身的合理性、經濟性與安全性，同時也對建築物整體表現、建築物使用機能與營建技術等產生莫大影響。

由於種種原因，臺灣的建築教育、業界與公部門等三方面實存在著對建築與結構設計之間導因爲果的謬誤關係。歐美、日本等先進國家建築界的普遍現象係認爲諸如結構、機電設備等專業均以解決並支援建築師的設計實踐爲前提，建築師的設計專業在建築領域其實是扮演著火車頭及跨界整合的角色。因此，正確地學習與運用結構系統觀念並結合尖端科技的應用，乃作爲當代建築師不可或缺的專業學養。建築師對結構系統的掌握與專業學養，一般有下列三項：

1. 結構的基本力學原理與幾何形式的構成原理：建築師唯有對結構有周全的了解才能與結構／土木技師進行充分溝通。

2. 新結構形式的設計原理、應用與經濟分析能力：建築師具備對結構的知識後，方能兼顧設計、施工與預算之全盤掌握。

3. 結構技術施工構成與建築藝術彼此間的相互關係：儘管建築師在結構專業的理論與實務基礎上，可能遠不及結構／土木技師，但在思考相關結構課題的廣度上與結構形式的創作上，卻是應該處於領先的地位。

（一）結構系統的要求

1. 機能的要求

基本設計階段就必須考慮建築機能的需求，同時機能的需求也就會決定結構系統的選擇，相對的，結構系統的選擇也必須滿足機能使用的需求。

2. 安全的要求

建築物必須堅固與結構體必須穩定。

3.材料強度的要求

(1) 材料的選擇：鋼筋強度、混凝土強度等。

(2) 材料形狀：材料剖面形狀之慣性矩與抵抗外力之關係等。

(3) 安全係數：將外力載重提高或將才量強度折減而取得一個安全係數値，用以確保設計或施工上不知的外力影響，而獲得結構安全上的保障。

4. 經濟的要求

一般建築物的結構體費用可占總工程費之30～50%，因此就經濟性而言就需注意優化設計方法、選擇合適用途之結構系統與施工期限之要求。

（二）結構系統選用原則

1. 平衡與穩定
2. 強度
3. 韌度與靜不定度
4. 功能性
5. 經濟性
6. 美觀

（三）建築結構系統之分類

1. 依使用材料不同

木構造系統、圬工構造系統、鋼筋混凝土構造系統（RC）、鋼骨系統（SC）、鋼骨鋼筋混凝土構造系統（SRC）、預鑄混凝土構造系統（PC）等；一個近年風格鮮明的預鑄式建築案例是由建築師 Lyons 所設計，位於澳洲墨爾本 La Trobe University 的教學研究大樓。

▲ La Trobe Institute for Molecular Science/ Lyons（摘錄自 ArchDaily 網站）

2. 依力量傳遞不同

(1) 型態作用結構

由可撓曲、非剛性材料所構成，並由簡單的正交應力來傳遞載重之結構系統，一般有：懸索系統、帳篷系統、氣囊結構、拱結構等。例如由瑞士巴塞爾的 Herzog & de Meuron Architekten, BSA/SIA/ETH（HdeM）和德國漢堡的 Meinhard von Gerkan, Volkwin Marg and their partners（GMP）聯合設計的位於德國慕尼黑的安聯球場（Allianz Arena），其主要外觀的表面由 2,874 個 ETFE 菱形膜材料所構成，膜結構具有自我清潔、防火、防水以及隔熱性能。每個膜結構都可以在夜間被照成紅、藍、白三色，分別對應拜仁、慕尼克 1860 以及德國國家隊的隊服顏色。著名的拱結構實例是 90 年代由 SOM 設計的 Broadgate Exchange House。

▲ 德國慕尼黑的安聯球場（Allianz Arena）（作者拍攝）

▲ Broadgate Exchange House（摘錄自 ArchDaily 網站與 SOM 官網）

(2) 向量作用結構

係短、堅硬、直線桿件構成的系統，在壓力與張力桿件中藉由三角形的組合，而形成一穩定的結構系統，一般有：平桁架、曲桁架、空間桁架等。

▲ 俄羅斯 Ice Dome Bolshoy（摘錄自 ArchDaily 網站）

(3) 體積作用結構

由剛性、堅硬、線性元素所構成，利用立體空間的條件和構材本身的材料來抵抗外力之作用應力，一般有：梁結構、構架結構、格子梁結構、板結構等。

(4) 面作用結構

由可撓曲、剛性的面（= 抵抗壓力、張力、剪力）所構成之結構系統，一般有：板結構、摺板結構、薄殼結構等。

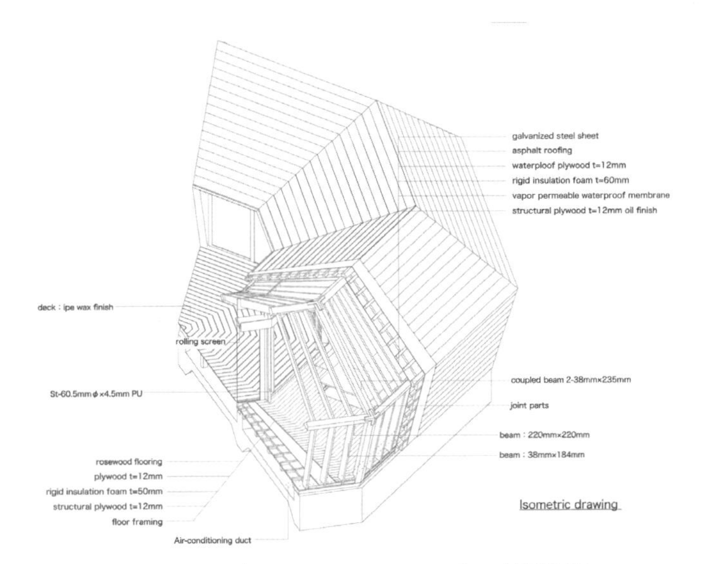

▲ 日本 Seashore Shell House（timber shell structure）（摘錄自 ArchDaily 網站）

(5) 混合結構系統

藉由兩個有不同改變力向機制的結構系統。

（四）高樓結構系統分類

此系統主要特徵在其耐震考量（風力與地震力），一般有：承重牆系統、核心式系統、鋼構架系統、無梁板系統、鋼架構＋剪力牆合用系統、鋼構架核心與水平支撐等。

（五）依構築方式不同

疊砌式構造、構架式構造、預鑄式構造、複合式構造等，是建築師聖地牙哥 · 卡洛特拉瓦（Santiago Calatrava）1984 年為巴塞隆納奧運設計的橋梁 Bach de Roda Bridge，融合建築、工程與藝術之美的橋梁設計成為他甚為知名的作品。

他的作品充滿了結構與科技的美感，精神上乃傳承了西方古典建築強調理性、精準及對稱的原則，但在技術上，則完全採用最先進的工程技巧，挑戰工程學上的極限。不過，他的作品擺脫以往大型工程總是一副沉窒、壓迫的苦命之相，並且恰恰相反地，向來沉重的工程量體，在他手中幻化為輕盈、靈巧的開放式結構，雲影天光自由自在地穿梭在建築之中，同時表現出結構上令人嘆為觀止的張力之美。所以，就技術與結構層面，他的作品具有深厚的「當代」特質。

▲ Bach de Roda Bridge/ Santiago Calatrava（摘錄自 ArchDaily 網站）

（六）「建築物耐震設計規範及解說」中關於耐震建築的相關規定

1. 耐震設計基本原則

(1) 小震不壞、中震可修、大震不倒。

(2) 強柱弱梁、強剪弱彎。

強柱弱梁，強剪弱彎是一個從結構抗震設計角度提出的一個結構概念。就是柱子不先於梁破壞，因爲梁破壞屬於構件破壞，是局部性的，柱子破壞將危及整個結構的安全，可能會整體倒塌，後果嚴重！所以要保證柱子更「相對」安全，故要「強柱弱梁」；「彎曲破壞」是延性破壞，是有預兆的——如開裂或下撓等，而「剪切破壞」是一種脆性的破壞，沒有預兆的，瞬間發生，沒有防範，所以要避免發生剪力破壞！

2. 抵抗地震力的結構系統分類如下

(1)承重牆系統

結構系統無完整承受垂直載重立體構架，承重牆或斜撐系統需承受全部或大部分垂直載重，並以剪力牆或斜撐構架抵禦地震力者。

不震不壞

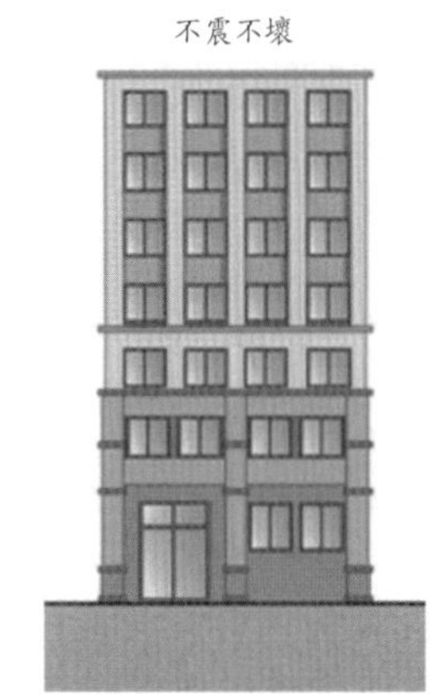

根據歷史地震統計，當地平均每30年就會發生一次的最大地震，其強度不會使建築受損，在地震過後能夠維持其正常機能。

中震可修

根據歷史地震統計，當地平均每475年就會發生一次的最大地震，其強度只會使建築物局部受損，但經過修繕後仍然可以居住。

大震不倒

根據歷史地震統計，當地平均每2500年就會發生一次的最大地震，其強度可能使建築物全面受損，但不會倒塌，大樓裡的人仍可逃離大樓。

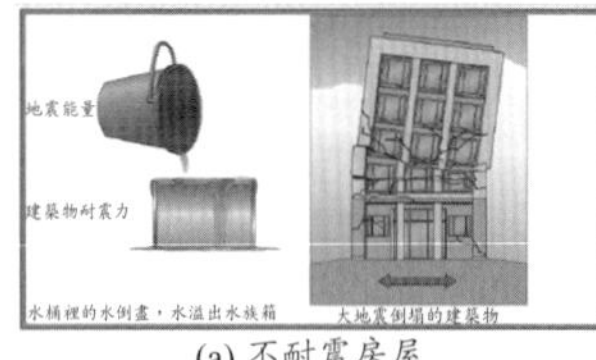

(a) 不耐震房屋

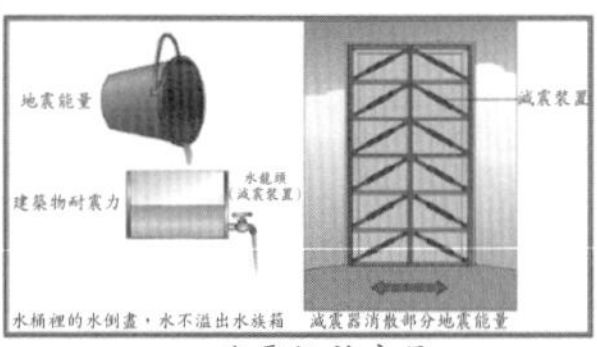

(b) 減震設計房屋

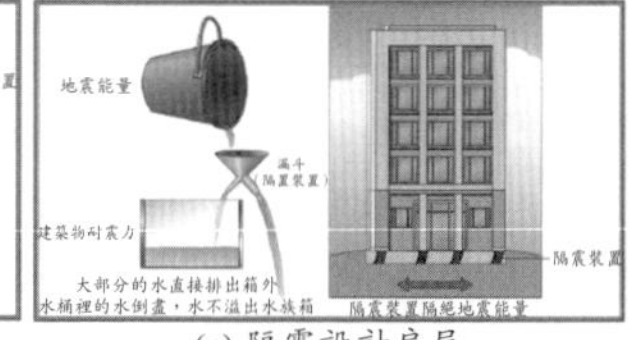

(c) 隔震設計房屋

▲耐震設計基本原則（摘錄自國家地震工程研究中心與國立臺灣大學科學教育發展中心官網）

(2)構架系統

具承受垂直載重完整立體構架，以剪力牆或斜撐構架抵禦地震力者。

(3)抗彎矩構架系統

具承受垂直載重完整立體構架，以抗彎矩構架抵禦地震力者。

(4)二元系統

具完整立體構架以受垂直載重。以剪力牆、斜撐構架及韌性抗彎矩構架（SMRF）或混凝土部分韌性抗彎矩構架（IMRF）抵禦地震力，其中抗彎矩構架應設計能單獨抵禦25%以上的設計地震力。抗彎矩構架與剪力牆或斜撐構架應設計使其能抵禦依相對勁度所分配到的地震力。

3. 規則性與不規則性結構

在許多大地震中發現結構配置不良的不規則性結構，是致使結構發生破壞的主因。不規則性結構主要是立面、平面不規則或地震力傳遞路徑不規則。

4. 制震基本認識

對一個物體施以一個方向的力，再對其施以另外一個相反方向的力，就會把力互相抵消。制震消能元件的原理就是如此，當地震使建築物震動時，裝在建築物上的制震消能元件就會隨著建築震動的大小和方向，產生相反的力來抵消地震力。一般可分為用以吸收地震力／風力所引起外力震動的「被動式」，以及使用驅動裝置以抑制震動的「主動式」兩大類。

(1) 被動式消能系統

① 制震壁

本體是用黏性剪斷抗阻力之制震裝置，在充填有黏性體之鋼板槽間插入內部鋼板（阻力板）的方式消耗能量。

▲ 台北市金山南路二段某建案施工現場（作者拍攝）

② B.M.D (Binghum Material Damper) & L.E.D (Lead Extrusion Damper)
即軟性消能桿件，原理是利用黏阻性阻尼器之阻尼效應，吸收地震能轉化爲熱能。後者和 B.M.D 原理相同，只是填充材不同，利用阻尼器吸收地震能轉化爲熱能，以發揮期衰減性能。

▲斜撐制震（摘錄自 https://www.house123.com.tw/construction/info/1578）

(2) 主動式消能系統

A.M.D（Active Mass Damper）亦屬於質量慣性效應，置於高層與超高層大樓之頂部的自動裝置，採用驅動裝置與控制機器來主動控制建築物之搖晃。

▲ 台北 101 制震阻尼器

5. 隔震基本認識

隔震的原理是利用阻尼器（又叫隔震器或隔震墊）拉長建築物振動週期及增加阻尼比，以降低地震力對建築物的衝擊。簡單來說，就是用隔震器將地震時建築物的擺動轉換爲建築物對地面的橫向位移，地震能量由隔震器來吸收。如此隔震建築物就大大的降低扭曲及彎曲，也會明顯的降低搖擺程度（地震加速度），因而降低構造及設備的破壞。建築物隔震器通常裝置在建築物的基礎或低樓層處，隔離地表水平震動，減輕地震對建築物的擾動。「鉛心橡膠支承墊（Lead Rubber Bearing）」是最典型的一種。

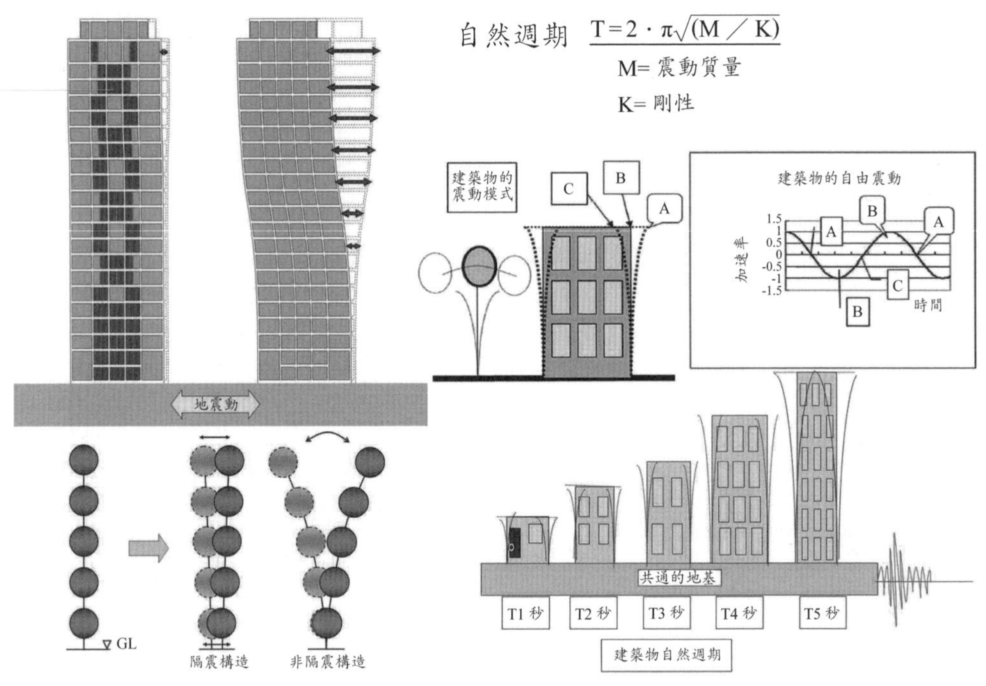

▲隔震基本原理（摘錄自 http://www.oiles.com.tw/Report.html）

十、建築構造與材料

建築構造是研習建築物構造組成、各組成部分的組合原理和構造方法的學科。主要任務是根據建築物的使用功能、技術經濟和藝術造型要求提供合理的構造方案，作爲建築設計的依據。

建築物的構造會因地理環境、生活習慣、材料的取得（有些國家以木構造居多）與經費限制等原因，而使得每個國家或地區有不同的地域形式。如臺灣位處地震帶與易有颱風侵襲，且地小人稠，早期營建材料則爲鋼筋混凝土的構造，自 921 地震後，鋼構造與鋼骨鋼筋混凝土構造開始普及；美加地區地廣人稀，因此以木質構造的住宅爲主。臺灣地區因潮濕的亞熱帶氣候，通風與採光必須特別注意；而歐美國家則因屬於寒冷地區，因此室內暖氣的設備，成爲每家必需的設施。而國民所得的高低，更影響了該國營建的構造與設備。

在操作建築設計時，不但要解決空間的機能、外觀造型與美學等問題，而且還必須考慮建築構造上的可行性。因此，就要探究能否滿足建築物各組成部分的使用功能；在構造設計中綜合考慮結構選型、材料的選用、施工的方法、構配件的製造工藝以及技術經濟、藝術處理等問題。

臺灣建築物主體結構類型一般有磚構造、木構造、鋼筋混凝土構造 RC、鋼骨構造 SC 與鋼骨鋼筋混凝土構造 SRC 等，根據營建署的統計，國內建築物一般而言以 RC 構造最多，RC 構造物的建築面積約占全國 95% 以上，同時也是全世界比率最多的地區。

建築物主體結構類型可多元化選擇，一般而言設計者及業主於規劃設計階段除應考量耐震需求（安全性）、建築成本（經濟性）、美觀性，更應考量建築物之機能需求、施工期限、施工性及使用維護等因素，而選定合適之結構類型。

（一）地基調查

所稱「地基調查」係指專爲建築物基礎設計需要所做之地質調查，以區別一般土木工程界常用之「地基調查」。地基調查之目的，旨在取得與建築物基礎設計、施工以及使用期間相關之資料，包括地層構造、強度性質及鄰近地形、地物、地震、水文狀況與周圍環境等。建築基地應依據建築物之規劃及設計辦理地基調查，並提出調查報告，以取得與建築物基礎設計及施工相關之資料。地基調查方式包括資料蒐集、現地踏勘或地下探勘等方法。

（二）基礎構造

建築物基礎應能安全支持建築物；在各種載重作用下，基礎本身及鄰接建築物應不致發生構造損壞或影響其使用功能。建築物基礎設計應考慮靜載重、活載重、上浮力、風力、地震力、振動載重以及施工期間之各種臨時性載重等。

1. 淺基礎

淺基礎以基礎版承載其自身及以上建築物各種載重，支壓於其下之基土，而基土所受之壓力，不得超過其容許支承力。一般有下四種類型：

(1)獨立基礎

獨立基礎係用獨立基礎版將單柱之各種載重傳布於基礎底面之地層。當建築物上部結構採用框架結構或單層排架結構承重時，基礎常採用方行或矩形的獨立式基礎。

(2)聯合基礎

有兩根或兩根以上的立柱共用的基礎，或兩種不同型式基礎共同工作的基礎。

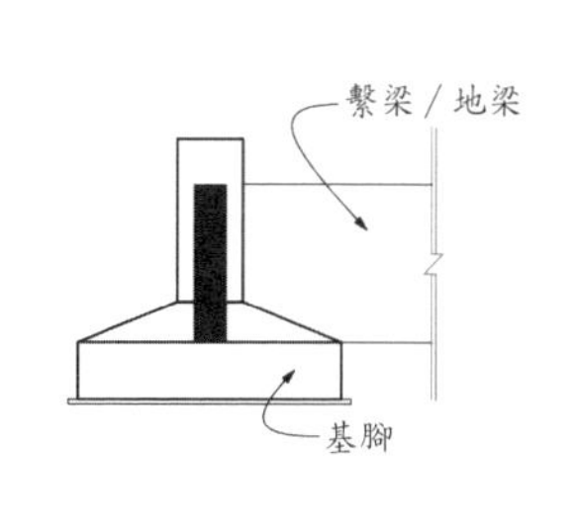

獨立基礎示意圖

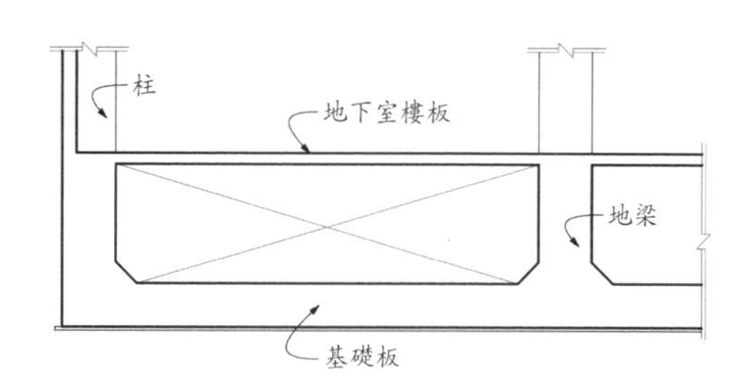

筏式基礎示意圖

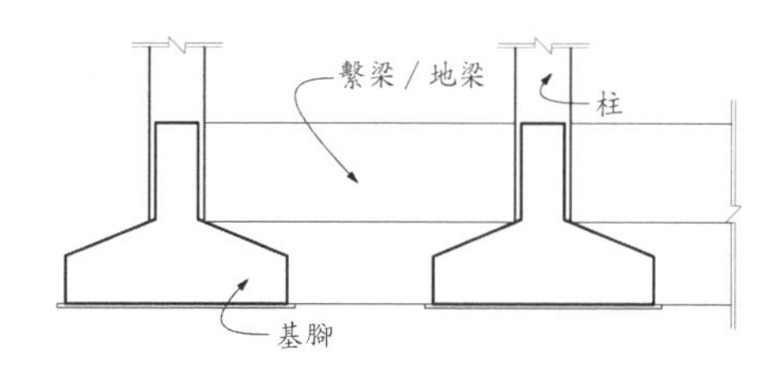

聯合基礎示意圖

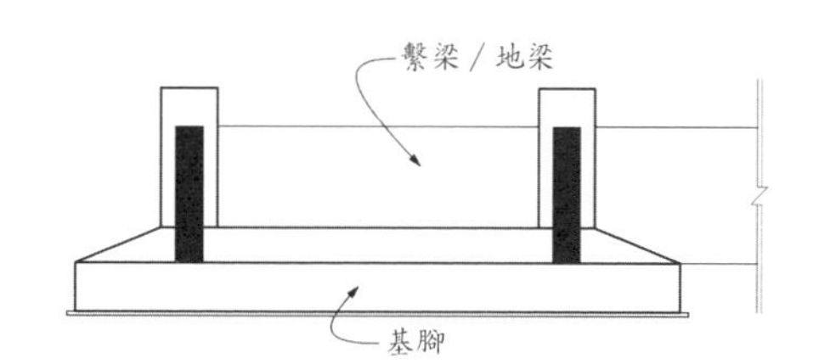

連續基礎示意圖

▲ 各類淺基礎形式示意（作者繪製）

(3)連續基礎

連續基礎就是獨立基礎的延伸，每個基礎的基礎板連接聯合成一個整體性的基礎，比獨立基礎的強度高，可以承受較大的載重。

(4)筏式基礎

筏式基礎係用大型基礎版或結合地梁及地下室牆體，將建築物所有柱或牆之各種載重傳布於基礎底面之地層。

2. 深基礎

深基礎包括樁基礎及沉箱基礎，分別以基樁或沉箱埋設於地層中，以支承上部建築物之各種載重。

(1)樁基礎

樁基礎簡稱樁基，是一種基礎類型，主要用於地質條件較差或者建築要求較高的情況。按照基礎的受力原理大致可分爲摩擦樁和承載樁。

① 摩擦樁：係利用地層與基樁的摩擦力來承載構造物並可分爲壓力樁及拉力樁，大致用於地層無堅硬之承載層或承載層較深。

② 端承樁：係使基樁座落於承載層上（岩盤上）使可以承載構造物。

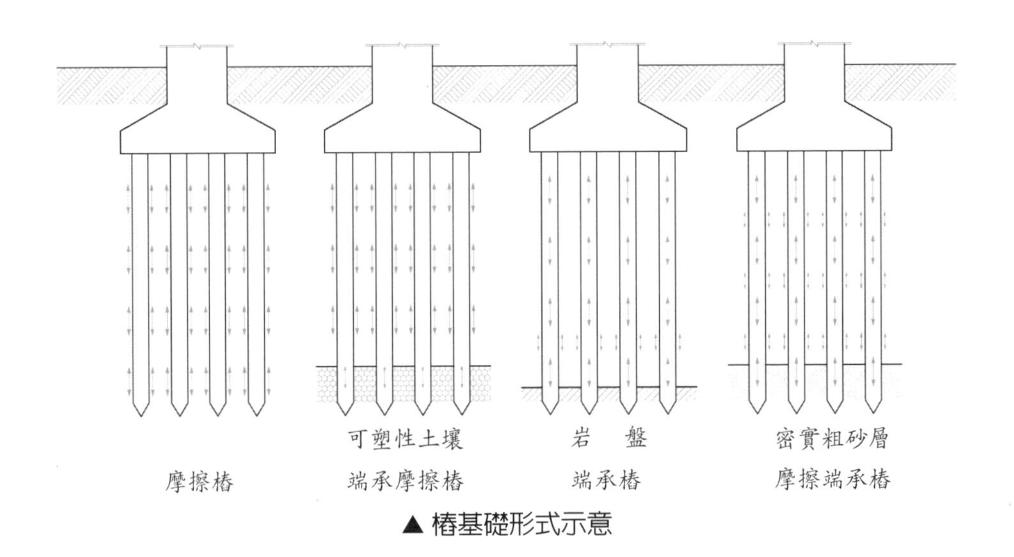

▲ 樁基礎形式示意

(2)沉箱基礎

沉箱基礎係以機械或人工方式分段挖掘地層，以預鑄或場鑄構件逐段構築之深基礎，其分段構築之預鑄或場鑄構件，可於孔內形成，亦可於地上完成後以沉入方式施工。以氣壓沉箱來修築橋梁墩台或其他構築物的基礎。氣壓沉箱是一種無底的箱形結構，因爲需要輸入壓縮空氣來提供工作條件，故稱爲氣壓沉箱或簡稱沉箱。

沉箱的施工按其下沉地區的條件有陸地下沉和水中下沉兩種方法。陸地下沉有地面無水時就地製造沉箱下沉，和水不深時採取圍堰築島製造沉箱下沉的兩種方法。水中下沉有在高出水面的腳手架上或在駁船上製造下沉，和在岸邊製造成可浮運的沉箱，再下水浮運就位下沉的兩種方法。

3. 擋土牆

擋土牆（Retaining Wall），是一種土木工程結構，建於地表高度突然變化之處，用以防止高處土壤之崩落。擋土牆不但需抵抗背後地壓力（Earth Pressure，或譯土壓力），尚須滿足一般基礎之安全要求，亦即：不發生水平滑動、不發生傾覆、不發生穩定性破壞、不發生過度沉陷與不發生牆結構破壞。擋土牆之種類，大致可分為重力式（Gravity Type）、懸臂式（Cantilever Type）、板樁式護土牆（Piling wall）與地錨式護土牆（Anchored wall）。擋土牆型式之選擇基本上應考慮以下各種條件：

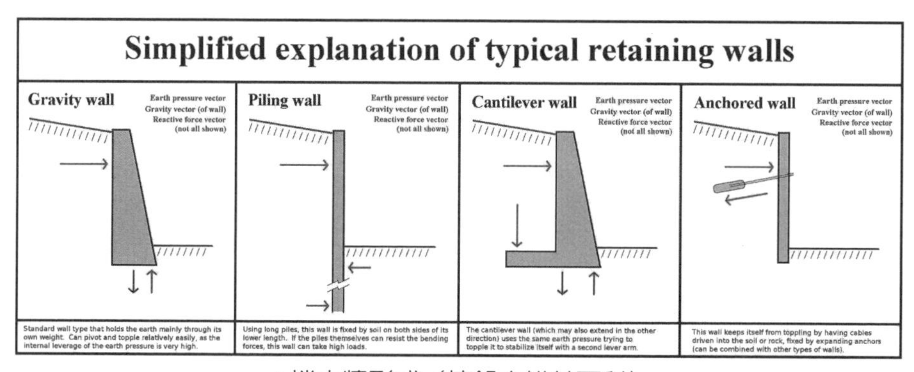

▲擋土牆形式（摘錄自維基百科）

(1) 擋土牆構築之目的及功能。

(2) 擋土牆之重要性及其行為之可靠性。

(3) 基地之地質、地形、地層構造及地下水因素之適用性。

(4) 擋土牆施工方式及難易度。

(5) 擋土牆周邊既有構造物及管線設施之安全性。

(6) 擋土牆用地之限制。

(7) 工程造價之經濟性及工期長短。

(8) 擋土牆對周邊景觀及環境之衝擊及影響程度。

（三）基礎開挖

基礎開挖安全之目標，狹義的解釋爲工程本體不發生安全問題，廣義的解釋爲本體工程安全外，鄰產亦能保持安全，例如開挖工地鄰近道路，房子不產生沉陷、龜裂、傾斜；排水、交通不受影響、各類管線保持完好等基本要求。因此開挖工程之設計，除依據力學學理分析外，亦須考量工程本體及鄰近地層整體之變位量。基礎開挖分爲斜坡式開挖及擋土式開挖，其規定如左：

1. 斜坡式開挖

基礎開挖採用斜坡式開挖時，應依照基礎構造設計規範檢討邊坡之穩定性。

2. 擋土式開挖

基礎開挖採用擋土式開挖時，應依基礎構造設計規範進行牆體變形分析與支撐設計，並檢討開挖底面土壤發生隆起、砂湧或上舉之可能性及安全性。

（四）構造形式之磚構造

磚構造建築物，指以紅磚、砂灰磚、混凝土空心磚爲主要結構材料構築之建築物。

1. 磚造建築物

以紅磚、砂灰磚並使用灰漿砌造而成之建築物稱爲磚造建築物。

2. 加強磚造建築物

磚結構牆上下均有鋼筋混凝土過梁或基礎；左右均有鋼筋混凝土加強柱。過梁與加強柱應在磚牆砌造完成之後再澆置混凝土，使過梁與加強柱能與磚牆緊密固結連成一體。

3. **混凝土空心磚造建築物**

以混凝土空心磚使用灰漿砌造，並以鋼筋補強構築而成之建築物，稱爲加強混凝土空心磚造建築物。牆體需在插入補強鋼筋及與鄰磚組成之空心部分填充混凝土或水泥砂漿。

（五）木構造

以木材構造之建築物或以木材爲主要構材與其他構材合併構築之建築物。近年來，隨著國人對綠建築生態理念之萌芽發展，以及 2005 年京都議定書生效實施後，因爲木材所具有的多項優異特性，例如：木材爲可再生資源、節能、減廢、二氧化碳排放量低、固碳功能佳且施工期短，使木構建築又重新被廣泛地討論與重視。

▲ Tamedia Office Building / Shigeru Ban Architects（摘錄自 ArchDaily 網站）

（六）鋼骨構造（Steel Construction, SC）

建築物的主要梁柱以鋼骨組立而成，外牆用帷幕牆系統建構，樓板以鋼浪板組立而成，室內隔間則多採用輕型隔間系統，可以達到建築物自重最輕、並且保持最具彈性的乾式施工法，主要建材多在工廠完成再運至現場組立施工，簡稱為 SC 構造。

▲ Taipei Twisting Tao Zhu Yin Yuan Tower（摘錄自 desiqhboom 網站）

（七）鋼骨鋼筋混凝土構造（Steel Reinforce Concrete Construction, SRC）

SRC 是以鋼骨爲主要結構，輔以鋼筋並外包混凝土的建築。由於具有鋼骨的韌性以及鋼筋混凝土的鋼性，因此常被標榜抗震、安全性高，臺灣地區自九二一地震後，逐漸被廣泛使用。由於 SRC 結構涵蓋鋼骨及鋼筋混凝土兩種構造，其設計及施工較 RC 構造複雜，其設計與施工技術不如 RC 構造成熟普遍。

（八）鋼筋混凝土構造（Reinforce Concrete, RC）

此構造方式的產生，主要是應用鋼筋與混凝土的天然特性相互結合，鋼筋的極佳的抗拉性與混凝土極佳的抗壓性，將二者結合，建構爲梁、柱、樓板、牆的建築形式，亦利用混凝土包覆鋼筋同時也可隔絕外部水氣濕氣，避免鋼筋鏽蝕。鋼筋混凝土建築的施工方式，是於基礎完成後，組立柱子的鋼筋，並在鋼筋外圍架設模板，再澆注混凝土；待柱子的混凝土凝固達到一定強度後，再組立梁和樓板的鋼筋，並架設模板灌注混凝土，之後逐層往上興建。

（九）建築材料

建築材料是指用於建築和土木工程領域的各種材料的總稱，簡稱「建材」。狹義上的建材是指用於土建工程的材料，如鋼、木材、玻璃、水泥、塗料等，通常將水泥、鋼材和木材稱爲一般建築工程的三大材料。廣義上的建材還包括用於建築設備的材料，如電線、水管等；以及應用在室內製修材料，如夾板、線板、系統天花等。

1. 金屬材料

RC 用鋼筋、鋼筋續接器、鋼結構用鋼板、鋼承鈑、不銹鋼材、鍍鋅鋼板、鋁板與鋁擠型料、預力鋼絞線、焊接鋼線網等。

2. 混凝土

預拌混凝土材料、瀝青混凝土材料、預鑄基樁、混凝土管、預鑄水溝蓋板及其他蓋板等。

3. 裝修材料

建築用磚、建築用砂、磁磚、石材、鋁門窗、木門、玻璃、防水材料及填縫材料、油漆塗料等。

4. 防火建材

隔間及天花板材料、鋼製門及防火捲門、防火塗料等。

十一、通用設計與無障礙環境

通用設計又名全民設計、全方位設計或是通用化設計，一般而言，係指無需改良或特別設計就能爲所有人使用的產品、環境及通訊。它所傳達的意思是：如何能被失能者所使用，就更能被所有的人使用。

（一）演進歷史

通用設計的演進始於1950年代，當時人們開始注意殘障問題。在日本、歐洲及美國，「無障礙空間設計」（Barrier-Free Design）爲身體障礙者除去了存在環境中的各種障礙。在1970年代時，歐洲及美國一開始是採用「廣泛設計」（Accessible Design），針對不良於行的人士在生活環境上之需求，並不是針對產品。當時一位美國建築師麥可・貝奈（Michael Bednar）提出：撤除了環境中的障礙後，每個人的官能都可獲得提升。他認爲建立一個超越廣泛設計且更廣泛、全面的新觀念是必要的。也就是說廣泛設計一詞並無法完整說明他們的理念。

1987年，美國設計師羅納德・麥斯（Ronald L. Mace）開始大量的使用「通用設計」一詞，並設法定義它與「廣泛設計」的關係。他表示，「通用設計」不是一項新的學科或風格，或是有何獨到之處。它需要的只是對

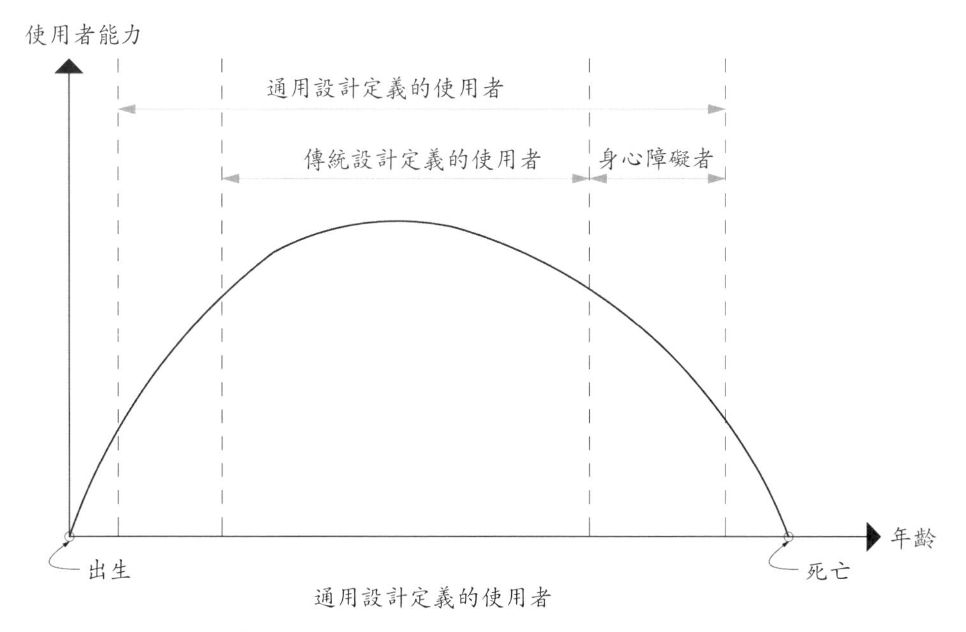

▲ 通用設計定義的使用者（調整繪製自臺北市居住空間通用設計指南）

需求及市場的認知，以及以清楚易懂的方法，讓我們設計及生產的每件物品都能在最大的程度上被每個人使用。他認爲「通用」（Universal）一詞並不理想，更準確地說，「全民設計」是一種設計方向，設計師努力在每項設計中加入各種特點，讓它們能被更多人使用。在 1990 年中期，羅納德・麥斯與一群設計師爲「全民設計」訂定了七項原則。

（二）通用設計七項原則與三項附則

七項原則：

1. 公平使用。
2. 彈性使用。
3. 簡易及直覺使用。
4. 明顯的資訊。
5. 容許錯誤。

6. 省力。
7. 適當的尺寸及空間供使用。

三項附則：

1. 可長久使用，具經濟性。
2. 品質優良且美觀。
3. 對人體及環境無害。

（三）無障礙環境

聯合國憲章人權宣言：讓身心障礙者在經濟和社會發展上能實際全面參與和機會均等。理想的無障礙環境就是在各方面都營造一個無障礙的環境。無障礙環境源自英文 Barrier-Free-Environment，意思是沒有障礙的環境，可及、可使用的環境。也就是使該環境在「全面參與、機會均等」條

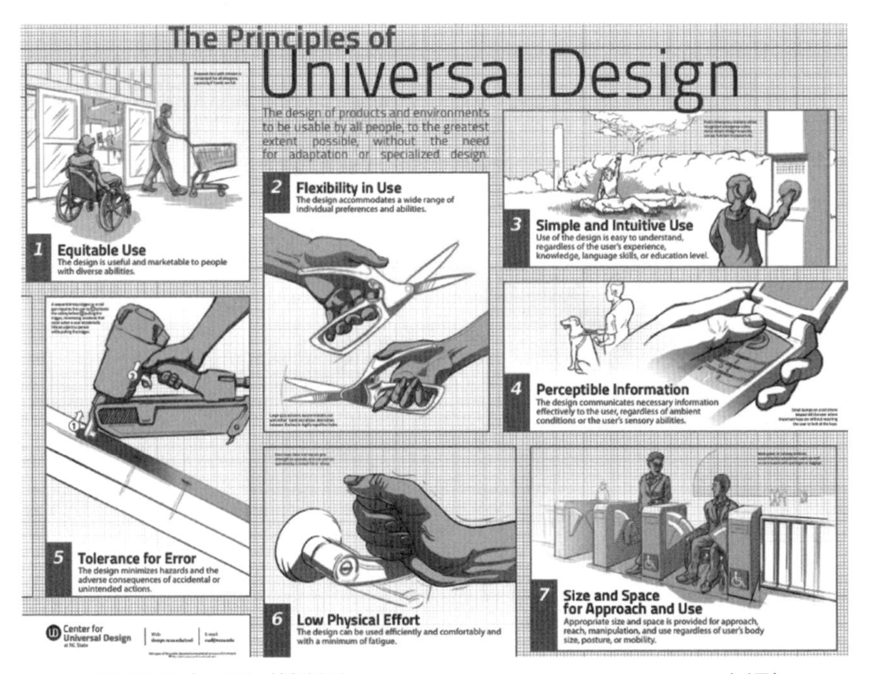

▲通用設計原則（摘錄自 The Interaction Design Foundation 官網）

件下，任何設施、設備、資訊均可被所有的人充分的使用。因此，「無障礙環境」的定義，乃是一種實用的「通用設計」觀念，意義在於「適用於每一個人」。

臺灣相關無障礙設施規定以無障礙建築及設施設計規範爲主，建構無障礙環境的目的乃爲提供行動不便者公平參與及鼓勵行動不便者自立發展的重要基礎條件。無障礙環境的主要精神在使生活環境不再有任何特殊限制，並避免各年齡層在環境使用上產生不便，使每一個生活的需求者都能獲得普遍合理的尊重，讓「公共生活空間」及「日常生活用品」均能盡可能予人便利。透過通用設計觀念的落實，達到對空間、人群、事物、產品，毫無年齡限制的終身使用範圍，在民眾參與共識下尋求更合理、更公平、更獨立、更自由的生活空間。

無障礙設施的使用對象：狹義而言單指身心障礙者或老年人等長期行動不便者。廣義指全民適用，凡是需要者即可適當使用無障礙環境設施。因此，我們可以知道並非所有無障礙環境設施均爲行動不便者所「專用」，即它是盡可能提供大家使用的設施（如斜坡道）；只是當行動不便者出現之時，我們就應該禮讓行動不便者「優先使用」。只有少數無障礙設施是行動不便者專用，如身心障礙者專用停車位、專用廁所，一般人不應認爲其閒置而占用或破壞。

在形式方面，所應該考量事情包括，生活上、行動上、教育上所可能遭受到的障礙，並提供其足以克服這些環境的需求，此等需求包括個體本身的配備，如點字機、手杖、大體字、交通車、助聽器、傳真機、閃燈提示器、震動鬧鐘等器材，以及周圍環境中的設施，如扶手、導盲磚、升降機、緩坡、字幕顯示器、火警提示燈等建築設施。此外，爲有需要的聽障人士提供手語翻譯。在無形方面，則應重視個體心理上的無障礙，所應考慮的事情包括，人們對障礙者的接納和一個關懷的心理，營造一個心靈上的無障礙。

（四）無障礙設施

舊稱爲行動不便者使用設施，係指定於建築物之建築構件，使建築物、空間爲行動不便者可獨立到達、進出及使用，根據建築物無障礙設施設計規範，相關無障礙設施包含下列主要項目：無障礙通路、樓梯、昇降設備、廁所盥洗室、浴室、輪椅觀眾席位、停車空間、無障礙標誌與無障礙客房。

多數建築師於設計階段時，未能多方考量通用設計的原則，常常單憑個人的主觀認知及不符國情與時代需求的國外建築資料集成進行設計，所設計出來的產品或空間物件，無法滿足各種類型使用者的需求。因此，若只是依照現行「無障礙設施設計規範」的最低標準是不夠的，要能逐一檢討各種不同需求者合適否才是理想的設計。關於無障礙環境的營建，臺灣除了建築方面已歷經十多年的努力，建築物「點」的成果已逐漸步上軌道

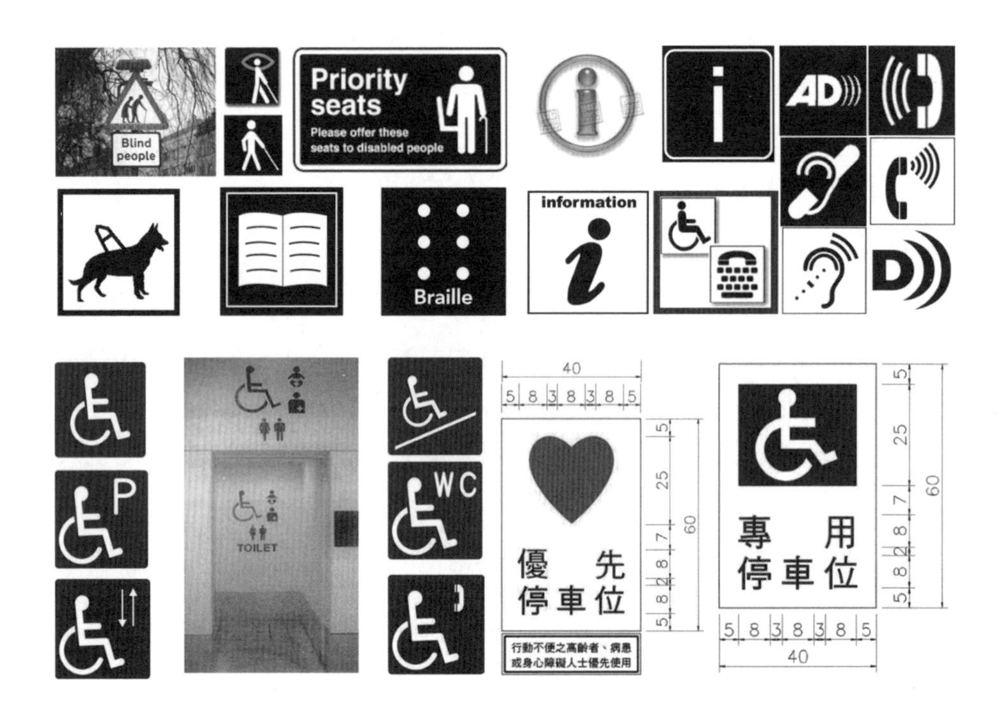

▲ 各國視障標誌（摘錄自臺北市建築師公會講習資料／王武烈建築師）

之外，其他如道路、交通、土木、景觀、營造、室內裝修等等相關工程，則尚未能全面完成「線性」的銜接。因此，特別建議有關專業人員、工程顧問公司成員與工程參與者都應該接受無障礙、通用設計的理念、養成教育，並規定應參加無障礙環境的專業培訓，並具備實地驗收的能力，以消除公共工程之成果不同調或相左情形。

十二、營建法規架構

法規之意義泛指所有「法律」與「規定」。其中「法律」係經立法院依立法程序制定，並經總統公布之法律。「規定」則指依法律授權或各機關依其法定職權訂定而發布之命令，一般稱之「行政命令」。

（一）法律

1. 法：係指屬於全國性、一般性或長期性之規定，如「建築法」。

2. 律：有正刑定罪之意，屬於軍事性質之罪刑較為嚴峻者，如「大清律」。

3. 條例：係指屬於地區性、專門性、特殊性或臨時性事項之規定，如「公寓大廈管理條例」。

4. 通則：係指屬於同一類事項共通適用之原則或組織之規則，如「省縣自治通則」。

（二）命令

1. 規程：屬於規定機關組織者，如「臺北市建築師懲戒委員會組織規程」。

2. 規則：屬於規定應行遵守或應行照辦之事項，如「建築技術規則」。

3. 細則：屬於規定法規之施行事項或就法規另作補充解釋者稱之，如「都市計畫法臺灣省施行細則」。

4. 辦法：屬於規定辦理事務之方法，時限或權責者稱之，如「實施都市計畫地區建築基地綜合設計鼓勵辦法」。

5. 綱要：屬於規定一定原則或要項者稱之，如「動員戡亂時期國家安全會議組織綱要」。

6. 標準：屬於規定一定程度規格或條件者稱之，如「殘障福利機構設施標準」。

7. 準則：屬於規定作爲之準據、範式或程序者稱之，如「山坡地重大開發利用行爲環境影響評估範圍及作業準則」。

8. 要點：如「臺北市建築物申請補辦建築執照作業要點」。

9. 規格：如「臺灣省零售市場建築規格」。

10.事項：如「法院辦理平均地權修例案件應行注意事項」。

11.須知：如「建築物附建防空避難設備執行須知」。

12.表：如「臺北市土地使用分區管制規則內各分區經本府核准使用組別之核准准基準表」。

13.原則：如「高雄市道路交叉口退讓截用暫行原則」。

14.方案：如「都市計畫公共設施用地多目標使用方案」。

（三）法規位階

憲法 > 法律 > 命令。一般來說法律多爲母法，命令爲子法，基本上子法不得抵觸母法。其法規位階如以下順序。

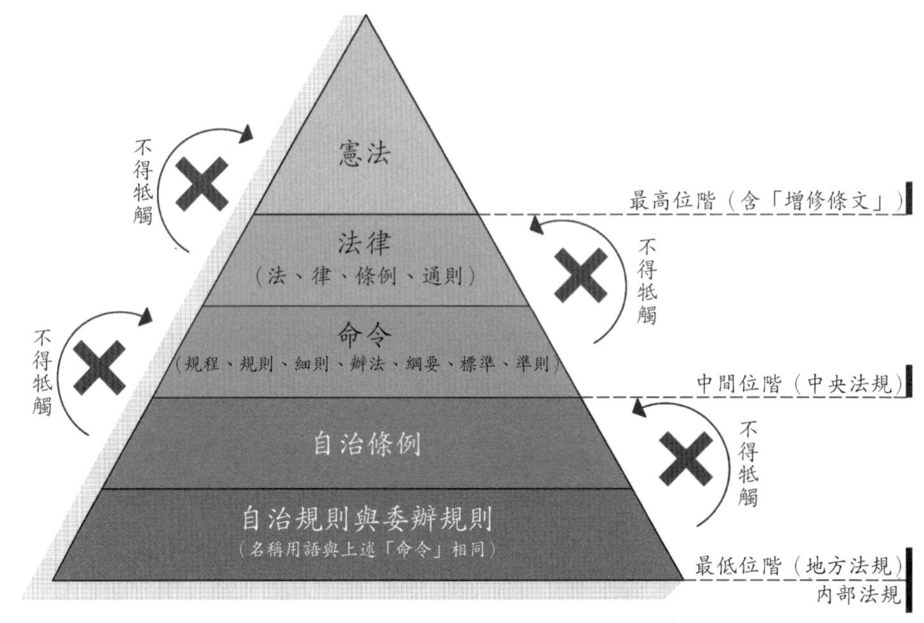

▲ 法的位階示意圖（作者繪製）

（四）法規之公告實施

1. 法規明定自公布日或發布日施行者，自公布或發布之日起算至第三日起發生效力。

2. 法規特定有施行日期或以命令特定施行日期者，自該特定日起發生效力。

（五）建管法規之制定法源

建管法規之制定法源者，乃產生法律原因之謂，建管法規的制定法源是源於土地政策而來，因土地政策而產生之法源，可從兩方面加以說明。

1. 源於「制定法」者，例如：憲法第一四三條，中華民國領土內土地屬於國民全體，人民依法取得土地所有權，應受法律之保障與限制，私有土地應照價納稅，政府並得照價收買。附著土地之礦及經濟上可供大眾利用之天然力，屬於國家所有，不因人民取得土地所有權而受影響。

(1)國土計畫法（中華民國105年1月6日公告實施）

第一條，爲因應氣候變遷，確保國土安全，保育自然環境與人文資產，促進資源與產業合理配置，強化國土整合管理機制，並復育環境敏感與國土破壞地區，追求國家永續發展，特制定本法。

(2)都市計畫法

第一條，爲改善居民生活環境，並促進市鎮、鄉街有計畫的均衡發展，特制定本法。

(3)區域計畫法[44]

第一條，爲促進土地及天然資源之保育利用，經濟發展，改善生活環境，增進公共福利特制定本法。

(4)平均地權條例：

第五十二條，爲促進土地合理使用，並謀經濟均衡發展，各級主管機關應依國家經濟政策，地方需要情形，土地所能提供使用之性質與區域計畫及都市計畫之規定，全面編定各種土地用途。

2. 源於「非制定法」者，如國父建教建國大綱中說：建設之首要在民生，民生者即人民之生活，國民之生計，社會之生存，群眾之生命。三民主義：民生主義目的在促進中國經濟地位平等，平均地權在使土地社會化，節制資本在使資本社會化。

---

[44] 國土計畫法公告實施後2年內內政部應實施「全國國土計畫」、4年內地方政府應實施「直轄市、縣（市）國土計畫」、6年內地方政府應公告「國土功能分區」，屆時「國土計畫法」將正式上路，「區域計畫法」將配合廢止。

（六）建管法規之應用原則

1. 法律不溯及既往原則。

2. 法律不得抵觸憲法，行政命令不得抵觸法律、憲法，抵觸者無效。

3. 地方法規不得抵觸中央法規原則。

4. 特別法優於普通法原則。

5. 新普通法不得變更舊特別法原則。

（七）建管法規之解釋方法

1. 文字解釋：依據條文之意義而爲解釋之謂。

2. 理論解釋：檢視條文，斟酌法理，立法理由用邏輯方法確定該條文之意義之謂。

3. 強制解釋：又稱有權解釋或司法解釋或最後解釋。

（八）營建法規層級

2015年12月18日，《國土計畫法》（簡稱國土法），終於在立法院三讀通過。作爲國家山林永續發展的最高指導原則，《國土計畫法》通過三讀，內政部預計最晚將於民國111年全面落實，包括20個配套子法、全國國土計畫、地方國土計畫以及國土的四大功能分區，都要全面實施上路，區域計畫則同步退場。

當前剛通過的《國土計畫法》，最關鍵的改變，就是將臺灣國土劃分爲四大功能區：國土保育區、海洋資源地區、農業發展地區跟城鄉發展地區。功能區劃分的意義在於，土地的使用必須嚴格遵照這些功能區的分類，就算以公共利益之名，也不容許地方政府或中央任意變更土地使用的方式。國土計畫法立法重點：

1. 建立國土計畫體系，確認國土計畫優位。

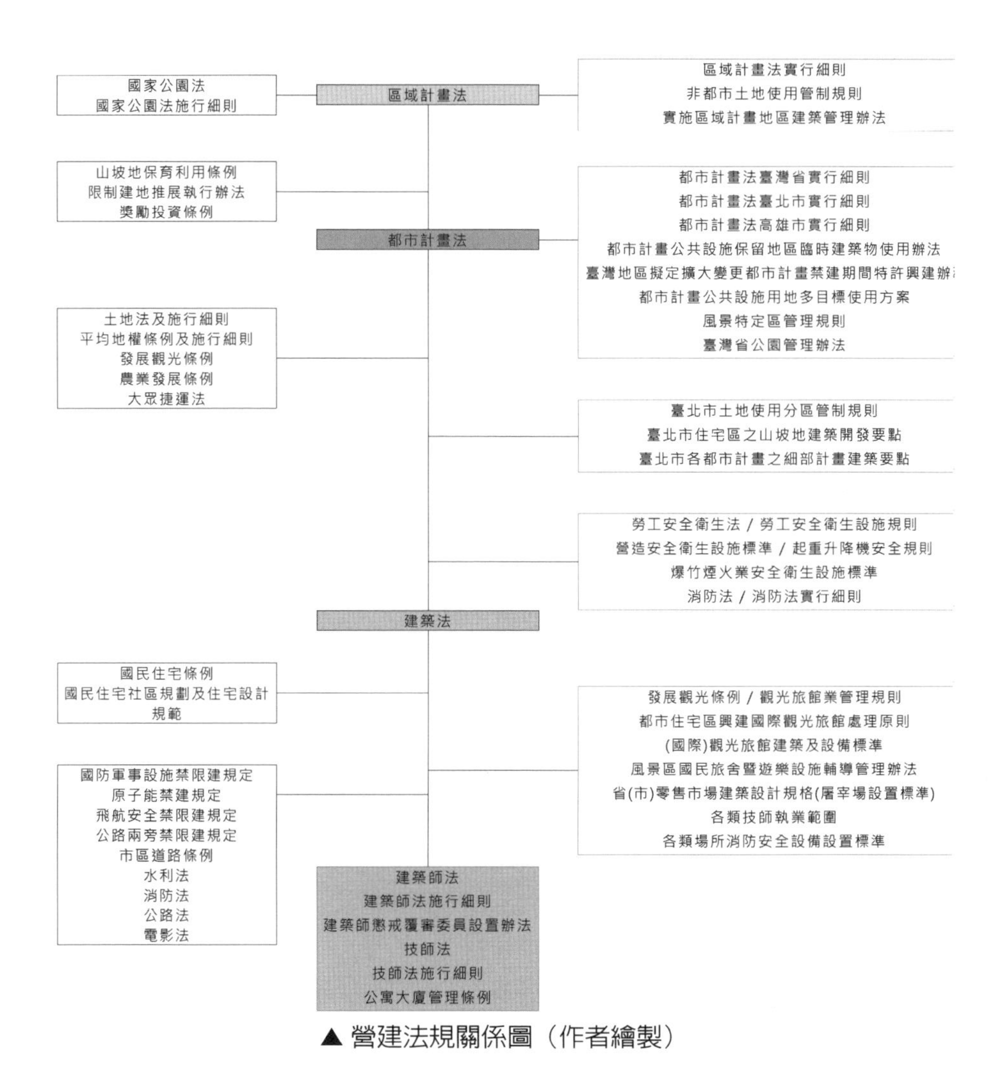

▲ 營建法規關係圖（作者繪製）

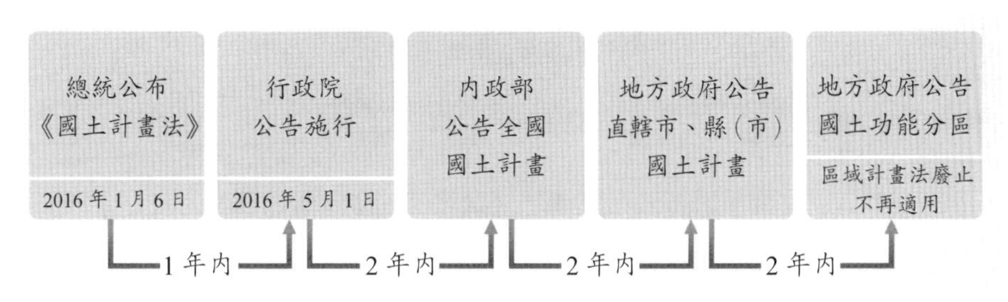

▲ 國土計畫法施行期程（摘錄自內政部營建署）

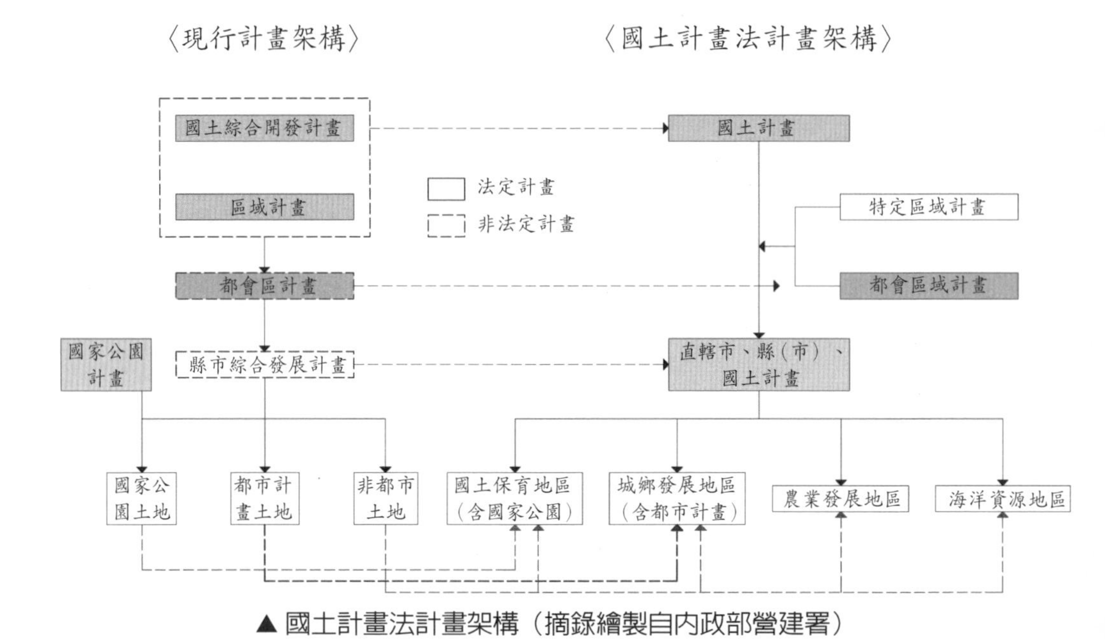

▲ 國土計畫法計畫架構（摘錄繪製自內政部營建署）

國土保育地區	海洋資源地區	農業發展地區	城鄉發展地區
第1類 (敏感程度高)	第1類 (具排他性使用)	第1類 (優良農地)	第1類 (都市化程度較高)
第2類 (敏感程度次高)	第2類 (具相容性使用)	第2類 (一般農地)	第2類 (都市化程度次高)
第3類 (國家公園)	第3類 (其他)	第3類 (可釋出農地)	第3類 (都市發展儲備用地)

取代

森林區	河川區	國家公園區	山坡地保育區	風景區	特定農業區	一般農業區	工業區	鄉村區	特定專用區

▲ 國土計畫法分區構想（摘錄自內政部營建署）

2. 劃設國土功能分區，建立使用許可制度。

3. 建立資訊公開機制，納入民眾參與監督。

4. 推動國土復育工作，促進環境永續發展。

5. 保障民眾既有權利，研訂補償救濟機制。

（九）建築法簡介

1. 立法精神與目的

建築法第一條，爲實施建築管理，以維護公共安全、公共衛生、公共交通及增進市容觀瞻，特別定本法。

2. 建築管理的項目

(1) 建築行爲人之管理：起造人、監造人、承造人。

(2) 建築基地管理：建築基地、都市土地、非都市土地之管理。

(3) 建築界線管理：退縮建築物管理、退讓建築物管理。

(4) 建築物之管理：一般建築構造物的管理、雜項工作物的管理。

(5) 建築行爲管理：建築許可、建築施工管理、建築使用管理、建築拆除管理及違章建築管理。

(6) 建築法規管理。

3. 公共安全項目

(1) 建築物的防火〈77-1 條〉104。

(2) 建築物的防空、避難〈第 102-1 條〉〈104 條〉。

(3) 建築物的使用與變更管理〈第 73~76 條〉。

(4) 建築物施工管理〈第 63, 66, 67, 69.84 條〉限建：42,44,102。

(5) 限禁建〈第 47, 102 條〉〈第 42, 44〉禁建：47。

(6) 高層建築〈第 33 條修正〉。

4. 公共交通項目

(1) 畸零地管理〈第 44, 45, 46 條〉。

(2) 退縮建築〈第 48, 51 條〉。

(3) 退讓建築〈第 49, 50 條〉。

(4) 施工安全管理〈第 64, 68, 84 條〉。

(5) 技術規則部分。騎樓、臨接道路寬度、留設空地等。

5. 公共衛生項目

(1) 基地防水、排水規定〈第 43 條〉。

(2) 技術規則部分。通風、日照、採光、鄰棟間距。

6. 市容觀瞻：由都市設計角度去談（都計法第 39 條）。

(1) 都市設計：都市計畫法 39 條 2、留設法定空地：第 11 條。

(2) 都市景觀之維護：第 50,51 條 4、古蹟之保存：第 83 條。

7. 建築管理之目的

(1) 維護公共安全、公共交通、公共衛生及增進市容觀瞻。

(2) 實現都市計畫目標。

(3) 維護公共利益，提升力生活環境品質。

(4) 保障居民及建築物構造安全。

(5) 維護都市實質環境，增進社會福祉。

十三、數位建築與設計軟體

（一）數位建築的概念

數位建築（Digital Architecture）相較於傳統建築，最基本的定義就是採取數位化的思維與數據計算來輔助建築設計與構件的製造，數位建築不只是藉由數據計算與量體（形式）的數位化形構過程，更是藉由時代演進的電腦科技來發展建築設計與營建施工的未來可能性。當前建築師公會與公部門積極推廣的建築資訊模型（Building Information Modeling, B. I. M）亦歸類為數位建築一脈。

傳統建築與數位建築除了空間上面的發展不同外，更有一個發展重點，就是在思考設計的發展過程上面；傳統建築可能就類似於在學生時期在建築系所學的設計步驟，從概念發展等一直到平面、模型的操作至最終的完成品，設計的思考與過程皆與手跟腦有直接性的關聯性，數位建築的可能性便廣的多，可以將從前傳統建築不可能利用到的想法進行電腦的轉換；例如：生物（如 DNA 原理與衍生）、數學（如微積分、碎形）、電腦（如虛擬實境、人工智慧與基因演算法）、媒體（如互動式媒體）、電影（如動畫技術）、哲學（摺疊理論）、3D 與雷射、真空成形等，這一些想法都可以在遠東數位建築獎的獲獎作品上面看出其設計人員的心思。

因此在數位建築的定義上面，在建築設計的過程中有關於概念、設計發展、細部設計、施工過程等，亦或者在機能、形式、量體、空間或建築理念上有關鍵性的成果的建築，均可廣義的視為「數位建築」。

大致上來說就是指在設計的創造過程中，有利用到電腦做為一個突破性的發展，例如：造型像 Frank Gehry 在外型與材質上面的突破，都可以說是數位建築。但我認為廣義的數位建築的範圍還是過大，對 Frank Gehry 而言電腦的數位媒材只是表現他的設計手法之一而已，而不是當做設計初期即開始思考的一環。[45]

常見的各種數位化或所謂參數式軟體有 Sketch up、Rhino/Grasshopper、Revit、Archicad 與近期盛行的 openBIM 等軟體，都屬於「參數化輔助設計」的範疇，即使用某種工具改善工作流程的工具；這些雖能提高協同效率、減少錯誤或實現較為複雜的建築形體，但卻不是真正的參

[45] 出處：http://teacher.yuntech.edu.tw/yangyf/hh/hhc111.html。

數化設計。眞正的參數化設計是一個選擇參數建立程序、將建築設計問題轉變爲邏輯推理問題的方法，它用理性思維替代主觀想像進行設計，它將設計師的工作從「個性揮灑」推向「有據可依」；它使人重新認識設計的規則，並大大提高運算量；它與建築形態的美學結果無關，轉而探討思考推理的過程。

▲ ARCHICAD 官網 graphisoft.com

（二）數位設計軟體——Rhino & Grasshopper

Rhino 是美國 Robert McNeel & Assoc. 開發的 PC 上強大的專業 3D 造型軟件，它可以廣泛地應用於三維動畫製作、工業製造、科學研究以及機械設計等領域。它能輕易整合 3DS MAX 與 Softimage 的模型功能部分，對要求精細、彈性與複雜的 3D NURBS 模型，有點石成金的效能。能輸出 obj、DXF、IGES、STL、3dm 等不同格式，並適用於幾乎所有 3D 軟件，尤其對增加整個 3D 工作團隊的模型生產力有明顯效果。

▲ Rhino_5_Logo

Rhino 建立的所有物體都是由平滑的 NURB（Non－Uniform Rational B－splines）曲線或曲面組成的。Rhino 軟件第一次在 WINDOWS 介面上實現了 AGLIB NURBS 造型技術，它提供了精確造型及擬合造型的方法。NURB 曲線造型是目前計算機在三維實體中採用最爲廣泛的建模技術。它通過精確的數學計算來確定曲線、曲面、實體的形狀及各個控制點的位置。設計者可以通過使用 Rhino 軟件所提供的各種功能強大的 NURB 編輯工具，對曲線、曲面、實體進行編輯修改。Rhino 允許對曲線、曲面或實體進行加、減、交集等布爾運算。像一條曲線沿兩個路徑生成曲面、根據曲線在曲面的投影生成曲線、多個曲面間的自由擬合以及對實體每個部位的自由編輯，都可以在 Rhino 中實現。

而 Grasshopper 是一款在 Rhino 環境下運行的採用程序算法生成模型的插件。不同於 Rhino Scrip，Grasshopper 不需要太多任何的程序語言的知識就可以通過一些簡單的流程方法達到設計師所想要的模型。

2016 年 4 月 28 日，臺灣 GRAPHISOFT 代理廠商龍庭資訊於官網發布，位於布達佩斯的 GRAPHISOFT® 發布了智能 Grasshopper–ARCHICAD Live Connection，這是產業第一，雙向即時連接，讓 Rhino/Grasshopper 使用者連接至專業的 B.I.M 軟體（ARCHICAD）。

由 GRAPHISOFT 研發，Rhino-Grasshopper-ARCHICAD Connections 讓建築師們可以將三個設計環境的功能連結，Rhino、Grasshopper 及

ARCHICAD，填補早期設計階段與建築資料模型設計過程中的不足。這個獨特的連結提供無縫雙向幾何傳輸，讓基本幾何形狀能夠完整轉換成 BIM 的元素，但仍舊保持演算法的編輯功能。

Grasshopper-ARCHICAD Live Connection 能夠提供獨特的設計流程，並且探索大量不同的設計，利用演算法建立微調建築細節與結構，而無需經過檔案的交換，GRAPHISOFT 的產品管理總監 Peter Temesvari 這麼說：「將領先的 BIM 工具與業界領先的演算設計工具配對結合，此種方式提供兩方使用者最好的連結，而結果是很平順專業的工作流程。」

（三）建築資訊模型 B.I.M（Building Information Modeling）

B.I.M 是建築學、工程學及土木工程的新工具，其被定義成由完全和充足資訊構成以支援生命週期管理，並可由計算機應用程式直接解釋的建築或建築工程資訊模型。簡言之，即數位技術支撐的對建築環境的生命週期管理。它是建築過程的數位展示方式來協助數位資訊交流及合作。

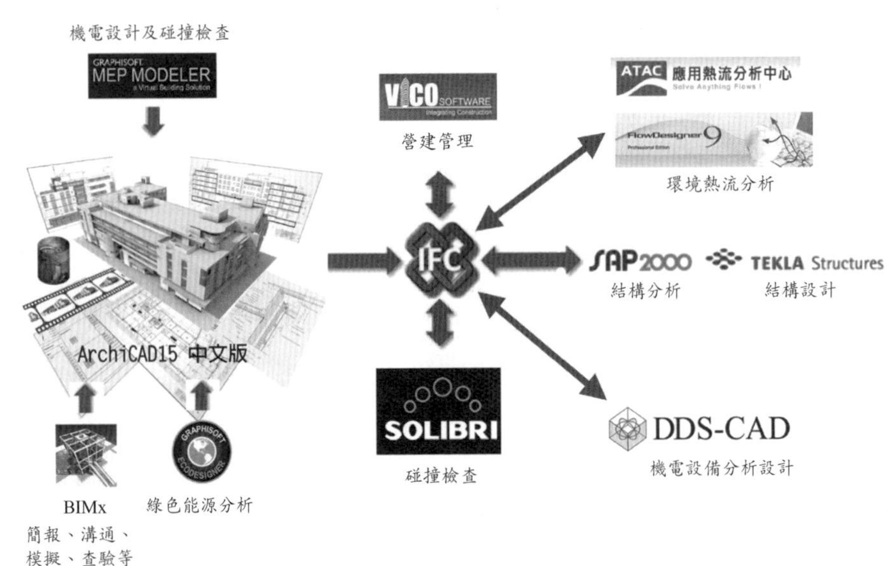

▲ OPEN_BIM_GRAPHICSOFT（摘錄自龍庭資訊官網）

將 B.I.M 視爲參數化的建築 3D 幾何模型，此外這個模型中，所有建築構件所包含的資訊，除了幾何外，同時具有建築或工程的資料。這些資料提供程式系統充分的計算依據，使這些程式能根據構件的資料，自動計算出查詢者所需要的準確資訊。此處所指的資訊可能具有很多種表達型式，諸如建築的平面圖、立面、剖面、詳圖、三維立體視圖、透視圖、材料表或是計算每個房間自然採光的照明效果、所需要的空調通風量、冬、夏季需要的空調電力消耗等。

B.I.M 是對建築設計和施工管理方式的創新，它的特點是可以爲設計和施工中的建設專案建立及使用互相協調的、內部保持一致的並可進行運算的資訊。主要優點：

1. 設計圖紙錯誤率低、品質更高。
2. 縮短設計週期，效率更高。
3. 設計成本更低。
4. 建築設計品質提升。

B.I.M 建築資訊模型之優點是有能力清楚將設計方案視覺化，而且可運用工具如渲染技巧將其美化或動態模擬的研究等。在實際建造之前，就可將物件放置問題或相互衝突的問題事先偵測減少設計時的錯誤。可直接由模型中讀取運算相關資料將其自動地表列化或表格化地呈現，而不需再用人工建制，如面積表、五金表、門窗表或材料數量表等。平、立、剖面元件的同步更新能夠自動地將圖面連接更新，因爲利用參數式與模型相互地連結，因此變更設計管理大大地簡化，任何的變更設計，只要修改 3D 的模型，其內部自動產生出所有平面、剖面、立面及相互關係均將跟隨改變，此功能大大地增加工作效率及生產率。

B.I.M 能增加設計者對形體的把握，因爲當設計階段可隨時檢討其形體的視覺效果、節能效率、成本造價等，不必等到完成所有設計圖面及工作再做檢討，非常符合設計過程的需求，對設計程式的改進有很大的效果。

以往傳統的製圖及計算數量工作，必須花費許多人力及時間，而且還有不必要的人為疏失，將因使用建築模型而大為改善，使設計者將人力及時間花在真正的設計工作，同時人為疏失的錯誤也會大幅度地減少。能將建築相關資訊完整地保存於建築模型中，方便建築物生命週期任何階段的使用，當設計者完成設計後，其建築資訊模型將可傳遞給建造者，甚至使用者運用其模型，而不需花費大量人力、時間，重新再次建立各種數位資訊，而且也能完整地傳遞其各種資訊，改善目前建築資訊的不完整性及零散地分布各種資料中。

B.I.M 的 3D 特性，將可有效解決上述 2D 設計的問題。藉由視覺化模型及參數的導入與歸納，將建築、結構、機電等專業整合，B.I.M 已成為有效率的衝突檢查工具與溝通協調平台，輔助施工者解決問題，提前發現設計錯誤，計算核對施工材料數量，確保業主預算能夠獲得控制，減少成本浪費。

1. B.I.M 節能分析應用

截至目前國外應用 B.I.M 進行節能分析已有諸多案例，其優勢是透過 3D 模型利用綠能軟體進行數值化分析，包含日照分析、熱環境分析、光環境分析、聲環境分析及氣流分析等，提供後續進行節能評估及設計之依據。透過 B.I.M 視覺化的分析進行方案評估，將綠能分析的數值結合 3D 模型，更容易讓設計者傳達綠能的設計理念，建立與業主良好的溝通模式。以下分階段說明各運動中心的綠能分析應用。ARCHICAD 內置的能量評估功能允許建築師在不需要額外培訓的前提下，使用與能耗評估標準相容的前沿科技獲得建築的動態評估結果。評估的結果簡單易懂，通過這些結果建築師能夠做出更有依據的判斷和決定。

2. B.I.M 衝突檢討

設計各階段適時召集建築師、相關專業技師、營造廠人員，由 B.I.M 工程師使用 B.I.M 軟體及專業審閱軟體，對照 2D 圖說進行模型與圖面校正、建立相同的情境認知與不同專業間設計的衝突檢核，有效地減少設計落差及錯誤。

衝突檢討是 B.I.M 應用技術中最有成效的項目。透過 B.I.M 專業工程師瀏覽模型標註衝突處，運用工程專業知識進行施工及維修空間合理性等檢討。衝突檢討進行的方式有兩種，一由具有實務經驗之專業工程師進行模型審閱；二是透過軟體設定條件進行衝突檢算。使用 MEP 模組查找潛在矛盾，避免帶來後續施工問題。使用 MEP 模組，無論是自己創建的 MEP 模型還是通過 IFC 格式導入的 MEP 模型，都可以使用 MEP 的碰撞檢測功能。多核心 CPU 使得碰撞檢測更爲高效。

3. B.I.M 工程數量

B.I.M 模型可導出已建模型項目的工程數量，可協助工程師掌握主要工項的數量，但對估價的需求尚待發展，目前仍無法取代傳統的工程數量或是單價分析，主要因 B.I.M 模型的數量無法反映假設工程、施工損耗、臨時施工措施及料價格波動等非實體性項目之間接費用，惟 B.I.M 模型是物件導向，所有的物件包含：柱、樑、板、牆、門、窗等，每樣物件都帶有各種屬性，包含體積、表面積、材料樣式及使用者自行擴充的屬性欄位可供工程數量計算使用。在 B.I.M 模型建置作業時必須確實將各項物件屬性欄位中輸入材料名稱、模型樓層屬性、分區等設定，即可運用 B.I.M 內建功能導出工程數量明細表。因能導出的屬性統包商仍可引用模型數量加上間接費用作爲控制施工物料數量及各項工程發包預算之依據。本案藉 B.I.M 模型檢核混凝土體積、外牆材料面積、室內裝修材面積、門窗數量等材料數量，以協助統包商快速評估工程預算及進行財務計畫。

4. B.I.M 建築資訊模型實務應用上之缺點

(1)缺乏在地化資料庫的建置

① 物件的組成方式不同，如牆的構成（複合牆形式與厚度）等。

② 物件的機能使用習性不同，如窗或門的開啓方式等。

③ 物件型錄資訊非本土慣用，如家具、門窗框料擠型、馬桶、面盆等。

因爲上述之差異，導致軟件內建之資訊無法充分被應用，加上物件資訊本土化之缺乏與不足，久而久之使 B.I.M 淪落爲繪圖工具而非整合機制。

(2)資訊計算整合方式不同於在地方式

① 面積計算方式無法自行區劃檢討與列算式檢討，無法自行將空間分區成方形、圓形、三角形等進行計算面積列表。

② 物件數量計算方式與列表格式與公部門或本土慣用方式不符，如門窗表格式與內容、衛浴配件數量、鋼筋或鋼骨之計算方式。

③ 繪圖邏輯牽涉物件數量計算方式，且無法自行列出算式進行檢討，如柱、樑、版、牆於模型重複部分在數量計算無法自動減去。

5. B.I.M 對建築師事務所的衝擊

(1)B.I.M 提供了一個結合工程資訊、工程製圖能力、三度空間設計（渲染圖與動畫）與環境效能模擬的整合型資訊操作模式，在設計執行的過程中更是能夠將人力集中設計作業階段的深化，可降低因不同作業階段由不同人員接手導致作業時程延宕與專業認知差異帶來的設計失誤等情事。

(2)設計圖說、執照審查圖說與施工圖說文件的自動化效率與附掛程式之配合檢討（結構檢查與碰撞測試），會使案件執行（從設計到施工）時程縮短，同一專案的執行人力會減少，同時也降低人事成本及因人爲失誤所造成之意外風險。

(3) 可針對建築物大宗材料之數量進行運算（如混凝土體積、油漆與面材等的施作面積或體積），進而能準確地掌握工程的直接成本，避免不必要的工程費用與建材浪費。

(4) 可多人之 Team Work 方式進行分項設計作業。

(5) 可執行幾何運算、材料運算、結構安全檢討、MEP 配管整合、燈光設計、HVAC 空調配管設計、預算製作與工程進度、Eco-Designer 碳排量檢討、結構與設備管道碰撞檢討、Eco-Tech 檢討等，透過專業軟體之運算數據檢討，提供設計者修正設計之參考，可避免設計錯誤之機率以提供甲方優質的設計專業。

6. B.I.M 對甲方的助益：更佳的選擇與信用度

(1) B.I.M 可增加工程造價可靠性，計畫書的達成率及工程進度的控制，使整體設計服務品質提升。

(2) B.I.M 提供設計初期多種方案模型，可作多種分析：包括視覺、節能、日照、風力、生命週期的耗能預估分析、數量分析等，使業主能在概念設計階段就能在多種的方案評估下，作出正確的判斷。

(3) 利用 B.I.M 整合設計與施工的方式符合業主最大利益，可減少設計變更，縮短工期，減少律師費及減少專家的證詞。

第3章 建築設計的程序

幾乎在每一個設計活動裡，我們的焦點都會在局部與整體之間來回變換。要是我們只著重在整體的想法，反而會因爲過於忽略某些重要的細節，而損及整個建築案。如果只是著重在處理所有的細節，整個建築案則會缺乏一個全面性的方向。結果建築案就會變成一個由許多不相關的細節所形成的集合體。就建築而言，最好的方式就是永遠不要脫離分析層面；即使綜合才是實際上所需要的。硬要將分析與綜合分離，其實是最危險的舉動；他們兩者是相生相滅的——阿瓦 · 奧圖（Alvar Aalto）。[1]

無疑的，建築設計是一個面對並回應這個眞實生活世界的實用學科，這個眞實世界林林總總的現象與課題是無法用單一方法或系統予以看待與解釋。同時，在建築實踐的過程中，爲了確保節能永續、設計效益與客戶權益三者間之平衡，無可避免地在眾多互相衝突的情形下必須進行評估協調與取捨的決策。一般具規模或以設計風格著稱的建築師事務所或公司，均有其對建築設計的操作方法或設計程序的論述，有的聚焦在解決空間機能與工程界面的問題，有的則是強調造型美學表現，有的是聚焦在地域生活與文化向度的空間探討，有的是取決於建築師的設計靈感與經驗決定設計方向，也有透過腦力激盪的會議方式以集體決議的方式訂出設計方向，各有其特色，諸如 Coop Himmelblau、Odile Decq、Alejandro Aravena、Peter Cook 與 B.I.G 等著名建築師事務所。

---

[1] Cherry, Edith 著。呂以寧譯（2005）。建築設計計畫：從理論到實務。頁 23，臺北：六和出版。

關於設計程序的類型，一般可分爲下列三種類型：[2]

1. 序列型程序

本程序乃是傳統的，是普遍採用的程序，其特徵乃是設計與營造之生產過程無任何關聯，而成突發的狀態，在程序中按各局面做決定，而此決定具絕對性，不易更動，依此逐步推進以迄建築物之完成爲止。程序中無評估機構，只適用於單純和較小之企劃案，或設計要素之分量較清楚者。於建築計畫討論與設計之定義時已有提出。屬於此類型的主要有下列三種：

(1)線型

典型與傳統之類型，由方案設計開始（SD），經設計發展（DD），實施設計圖說（CD）之製作而進入最後之施工管理（CA），逐步推進以趨於完成。

(2)重複線型

此類型乃前者經過改良而成，有助於期限之縮短，即在某一步驟還沒結束以前，下一步驟已經開始。

(3)代替案並列型

此類型乃爲能對方案有所選擇，同時進行數個方案之發展，從中做選擇與決定者。

(4)交插型

是代替案獨立發展，在必要的局面做銜接。此類型對多面的設計和機能的發展，與期限要求嚴格者，可做時間的調整等頗有助益。

2. 循環型程序

此乃在程序中有回輸與評估機構，如前序列型程序若具備此等機構，

---

[2] 王錦堂著（1984）。建築設計方法論。頁 13，臺北：臺隆書店。

即爲循環型程序。其優點在於能使設計作業或原則得到循環，以迄獲得合乎需要之解答爲止。

(1)線型回輸型

本程序適用於效能基準相當明確，且其測定可能之企劃案。設計解答乃按某一效能基準，對一系列代替案加以評估，以尋求一解決案。

(2)發展計畫型

此乃設計對象需按時間循環（週期）來處理，或於計畫完成後一情況建立新的計畫。無論哪一種情形，其發展均與以前之計畫案不同。

(3)經驗評估型

此乃設計單位依現有建築物之使用經驗，對未來建築物之使用情況作預想而設計。

3. 進展型程序

本程序乃是向新的效能基準回輸，即在某一時點所設定其課題之解決中所產生的新效能基準。

(1)進階型程序

此程序與人類的世代交替程序相類似，即子傳襲父，當子自前暫停答案能更爲優異的訂定與解決當前課題之時，乃成爲下一代之父，效能基準每有提升，每向新的效能基準回輸。

(2)設計發展型

建築設計涉及的各種機能，其解答並非是自替代案中選擇最佳的，而是從一系列解答中尋找最優異的答案。

(3)線上設計型

設計的分析，表現方法均有賴電腦來處理，設計期限可以縮短。本程序有賴於設計者如何能迅速的模擬設計活動並廣泛評估；如何修正並對應其變化尋求解決，及如何將學習行爲分類並紀錄。

(4)線上計畫型

本型乃為不需要專業設計者之程序，而適用於全部使用工業化產品依電腦操作者。

透過上述的基本了解，我們認為建築設計的程序是針對分析後的課題所進行的一種循環往復式的尋求解決特定或關鍵課題的創意發想，並進行價值判斷、篩選與決策的行為歷程。於建築設計的程序而言，至為關鍵的便是在初始的階段，我們提供一個設計程序的輪廓應包含：(1) 設計思考的意涵、(2) 業務類型與設計專案背景、(3) 分析與結論：界定設計的課題、(4) 建築案例與類型分析、(5) 設計思考意涵與操作、(6) 對策擬定與決策——解決問題的可行之道、(7) 擬定規劃設計需求項目及原則。這一系列的心智行為是建築設計在創意方面實踐的依據與靈魂所在，同時也是設計專案執行成功與否的關鍵與核心。在這個程序裡，呈現的並非是一個線性序列的操作步驟，而是每一個單元內部各自的循環（重覆與檢視），以及每個單元間（外部）循環（重覆與檢視），這個程序的特性就在於不同單元彼此間的不斷循環。

解決問題的程序其實是受制於價值系統中所有關於收集與組織資訊的勢力。當某個團體使用解決問題的程序來力薦解決方案時，我們會發現實際上所面對的是，關於權力與行使權力者的議題[3]。然而，設計的行為歷程是非常複雜的，至今為止可以說尚未有任何一個完全正確的設計程序與解決方案的存在，因為其中涉及了「價值」的判斷與取捨；在前述的建築設計程序中的可能限制或課題如下列：

1. 客戶的需求或意圖

每位客戶在單一設計專案均有其不同的前提、目標設定、需求或意

---

[3] 建築設計計畫 - 從理論到實務，呂以寧譯，六和出版社，民 94，P36。

圖，例如因為基地所在地受雨季的影響，其工程期限與工法就受其限制。另外，在臺灣常見的情形有已經選定了基地在先，再依據基地的腹地條件等限制著手進行計畫的程序；或者是先決定採用某種工法或構法（如預鑄工法、飛模施工、木構造等），再依據該工法或構法的特性與限制著手進行計畫的程序與規劃設計方向。

2. 建築師的設計風格或意圖

每位建築師多少有其不同的設計方法與操作程序，以及慣用的系統、設施類型或材料種類，這些是會影響設計程序中的展演方向；例如早期被歸類為解構主義的英國建築師 Zaha Hadid，由於其空間形式具有強烈之個人風格與辨識性，因此，在她多數作品中較缺乏對在地性的論述，這部分跟 2016 Pritzker Architecture Prize 得主 Alejandro Aravena 的建築思維「就是把群眾帶進來參與建造過程！」呈現相當明顯之差異。

3. 在地工程技術及物價

不同國家或不同區域有著不同的工程差異與施工水平，這都會影響建築計畫程序中的判斷與規劃，例如我們若干年前在東協的緬甸仰光規劃的一棟 22 層鋼骨辦公大樓，在初期規劃基礎形式時，便針對當地的基礎施工水平、施工機具、地下水位抽水機組、打樁施工水平、連續壁施工水平與機組設備是否完備等，其中一項未達標準均會影響整個建築物的構造形式、結構系統與規劃設計方向。另外，國際原物料的價格及在地營建物價的水準亦會直接或間接影響設計專案之執行成效或期限。例如鋼筋原物料價格飆漲時，連帶可能影響其他營建材料的選用等級；亦如同性質及規模的工程，在臺北之於仰光或金邊，其工程透價可能有著 1 至 2 倍的差異。

4. 在地營建法規

在小如臺灣的區域內，每一個縣市就有其不同的縣市建築管理自治條例，例如建築基地的退縮線（Setback）規定均不盡相同；若是跨國委託的規劃設計案，那所牽涉的當地都市與建築相關法規的規定更是直接影響到建築計畫的程序與設計操作的餘裕度，例如退縮牆面線的限制，以我們的執行經驗，在臺北、金邊與仰光均不相同；在臺北是指外牆面爲檢討基準（不含陽臺等突出物）；在仰光同樣是指外牆面，但地下室開挖範圍亦不得超過此退縮線；在金邊的退縮線是以柱中心線爲檢討起始面（不含外掛物件），地下室開挖範圍不在此限，其中一項均會影響整個建築物的規劃設計方向、平面配置與車道出入口等決策。

一、設計思考的意涵

對普羅大眾而言，「思考」這字眼絕對不陌生，在學界則有著許多不同的觀點與定義：

1. 英國知名的創新思維學者 Edward de Bono 在 *Teaching Thinking* 一書中針對目的而對思考加以詮釋，說道：思考是達成某特定目標從事的縝密之經驗的探索，所謂目標包含了解、做決定、解決問題、計畫、判斷、採取行動等。

2. 美國學者拜爾（Beyer, 1988）對思考的定義和內涵，有比較完整的解說，指出：思考是心智操作的活動，包括感官介入、知覺和回憶，進而從事構思、推理或判斷等歷程。

3. 美國心理學家吉爾福德（J. P. Guilford）的「智力結構論」認爲，人類智力是由 5 種思考運作方式（認知、記憶、評鑑、聚歛性思考、擴散性思考），以及運用 4 種思考材料（圖形、符號、語意、行爲），再加上所呈現出來的 6 種思考結果（單位、類別、關係、系統、轉換、應用），組合而成 120 種不同的能力。

4. 美國教育學家杜威（John Dewey, 1859～1952）：思考是當個人無法以既有的經驗及知識妥切解決所面臨的疑難情境時，必然經由分析、探索、試誤等各種可能途徑去獲取資訊並解除困惑的心理活動。

5. 德國心理學家威特瑪（Max Weitheimer, 1880～1943）：思考是個人認知場域（cognitivefield）結構重組的歷程，即當個人所面臨的疑難情境異於既有經驗時，便不得不部分或全體重構原經驗，使之成爲一種可以令人滿足的關係。

總而言之，思考的目的是爲了解決或釐清相關「問題」或「疑惑」的一系列「心智行爲」的連鎖反應，並作爲後續採取某種「具體行爲」的參考依據。然而，在這不斷變遷與資訊爆炸的世代裡，諸多環境、社會與經濟上的課題與現象已經無法採用傳統思維與單一的線性思考來尋求解決之道，取而代之的是具多元可能性且創意的「設計思考」潮流。設計思考（Design Thinking）是一個創意與設計的方法論，爲各種議題尋求創新解決方案，並創造更多的可能性。IDEO 設計公司總裁 Tim Brown 曾在《哈佛商業評論》定義：設計思考是以人爲本的設計精神與方法，考慮人的需求、行爲，也考量科技或商業的可行性。

應用在建築領域而言，建築的設計思考應該是一個企圖在需求、環境與利益之間尋求平衡狀態、創造最大效益與創造新價值的一種跨領域的策略思考途徑與具體作爲，這也作爲設計思考應用於建築上最主要的價值與重要性，而建築計畫即作爲承載設計思考的「結論」與「執行」二者間的行爲序列，並以文字、數據及圖像的方式呈現。當前地球所遭遇到的環境課題背後所牽涉的範圍與深度可謂是錯綜複雜，不僅只是單一區域的課題，更是全球型的環環相扣，可以是經濟的、也是政治的、又是環保的、也是公平正義、關乎公民權益、也關乎國家利益，因此，思考問題的廣度與深度勢必也要有所與時俱進。

事實上，就設計思考的應用層面而言，從一開始的平面設計與工業設計，開展至今的文創產業、企業管理、組織改造等的各行各業上再到世界知名院校系所開設相關設計思考的課程，從此等現象與擴張我們可以得知其特性能夠符合與滿足當前整體環境的需求。從尋求解決問題的角度而言，設計思考的精神與模式大規模地適用在其他跨領域的應用，同樣地也適用在建築領域裡的各項專業內涵，諸如節能減碳、綠建築、結構、機電、品管、設計管理等層面。

前述所謂的「結論」即建築設計實踐的「大方向」或「構想」（Ideas），這是經由一系列由專案目標、預期成效設定、資料收集、基地田野調查、分析與結論、課題與設計思考、案例分析、對策擬定與評估、設計管理等程序及具體結論（水平式＋垂直式思考），任何的分析與探討都必須有其結論與後續行動的建議，這是一種對設計專案裡相關議題的一種反饋與專業態度的展現；構想（Ideas）則作爲解決專案課題的一個總和氛圍的描述（Description）或論述（Statement）。

在有了解決設計專案課題的一個總和氛圍的描述或論述之後，我們隨即需要所謂的「執行」（處理細節），也就是將前述的「氛圍」或「論述」以文字、數據及圖像的方式，全面性地建構整個設計專案的執行架構並注入細節的內涵，此架構與內涵也可以說是支撐整個設計專案得以順遂執行的專業呈現，也就是建築計畫的內涵（詳第4章）。

二、業務類型與專案項目背景

沒有一個建築專案是憑空而來的。每一個專案，不管其類型爲何，都會有足夠的原因來解釋它爲何像是由某人來解決某個問題的歷史手法。了解專案的政治、社會、經濟和地理等背景歷史，對你所收集到的專案資訊的意義來說，是相當重要的[4]。

---

[4] 建築設計計畫-從理論到實務，呂以寧譯，六和出版社，民94年，P87。

臺灣建築界與客戶（通常指甲方或業主）普遍缺乏對擬定「建築計畫」重要性有確切的認知與必要性，就目前臺灣建築師較大宗的住宅類房地產業務而言，通常都是以代銷的銷售經驗與銷售價格引領建築設計的趨勢與風格，建築師常會接受到類似的訊息（或指令）：這塊基地總銷是××億元，要容積移轉○○坪，要賣○○坪的○○戶（樓上要○○戶、樓下要○○戶），停車除了法停至少還有○○輛，造型要古典風格的等等；在此情境下，建築師儼然是一個繪圖員的角色，久了便喪失思考與判斷能力，尤其是當下極端氣候影響與後疫時期的環境規劃課題。

公部門的公共工程則是另一類大宗的建築師業務來源，臺灣公部門中的工務部門多半是以建築行政管理職責爲主[5]，較缺乏主動積極任事的急先鋒態度（亦是一種公民賦予的責任）。一般公部門要執行一個新建築案會先發包委外製作先期規劃報告（介於企劃案與建築計畫之間），爾後再根據先期規劃報告的建議內容，調整修改後製作爲上網公告徵選建築師的公告資料。就我們的經驗，建築工程的公共工程普遍的情形是缺乏建築類型的市場眞實需求分析與準確判斷[6]、空間定性與定量的需求失眞[7]、工作期程

---

5 建築管理的精神是實施並落實建築師簽證負責制度，然而實際上或多或少的承辦公務人員也「古道熱腸」，提供建築師在專業簽證上諸多法規見解與行政規範，在不同階段的審查，不同的承辦公務員也是常有著莫衷一是的看法與要求。

6 臺灣從南到北設置了至少八座以上號稱國際級（七個案子開國際標）與國家級的文物展示、表演藝術與音樂演奏的設施，諸如北部流行音樂中心、臺北表演藝術中心、臺中水湳經貿園區裡的臺灣塔、臺中國家歌劇院、國立故宮博物院南部院區、高雄大東文化藝術中心、高雄衛武營藝術文化中心、高雄海洋文化及流行音樂中心等的現象可一窺究竟。

7 伴隨著市場眞實需求的失眞後的結果，即是無法準確估算需求空間的性質與空間量。

▲ 北部流行音樂中心（摘錄自臺北市政府文化局）

▲ 臺北表演藝術中心（摘錄自 ArchDaily 網站）

▲ 臺灣塔（摘錄自 ArchDaily 網站）

▲ 臺中國家歌劇院（摘錄自 ArchDaily 網站）

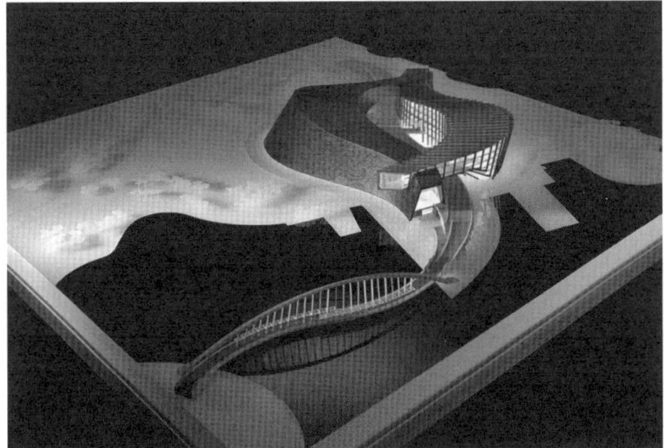

▲ 國立故宮博物院南部院區（摘錄自 ArchDaily 網站）

▲ 高雄大東文化藝術中心（摘錄自 ArchDaily 網站）

▲ 高雄衛武營藝術文化中心（摘錄自 ArchDaily 網站）

▲ 高雄海洋文化及流行音樂中心（摘錄自 ArchDaily 網站及高雄市文化局）

的不合理、工程預算與服務費用的失控與折扣文化[8]等，大多數的競圖在決標後，主辦單位或多或少要修改建築計畫及設計條件，在翻案同時卻不給設計建築師充裕的設計作業時間，此情形在臺灣的公共工程競圖中屢見不鮮。反觀，若是能確切落實市場調查、需求分析與進而擬定建築計畫，相信能有效降低浪費公帑與避免蚊子館產生的情事發生；至於低價競爭與折扣文化（目前為止還是有要求建築師自己打折的野蠻行為）的改善則有賴於環境自覺、公民教育、專業倫理與公部門官僚文化等層面進行再造與整體提升。

---

8 長久以來臺灣民間與公部門缺乏尊重設計專業的心態十分普遍，公部門在以專業勞務的採購中常以最低標為主進行評選，致使原本就已經是偏低的服務費用無法支撐整個設計專案的作業品質。

另一類的設計業務則是來自私人客戶的委託案，規模從小型住宅、私立學校、私立醫院、銀行建築、旅館建築一直到大型的商業綜合體等，多數的這類案子在企劃與計畫階段是屬於較周全與嚴謹的，對於設計專案背景的了解也較深入。前述三種是由客戶類型（或是出資者）予以分類，而就執行管理的角度而言，一般是由開發建商、公部門專責單位（營建署或各級公告主管機關）與私人之總務單位負責開發的流程進行；近年來由於建築物功能需求複雜化與強調專業分工，於是有了另一個代客戶執行與管理建築專案的進行，稱之爲建築經理公司[9]，尤其在近年來雙北盛行的都市更新風潮下，建築經理公司的角色已儼然超越過去的專案管理團隊，但就法規規定其委託辦理事項來看，仍舊無法涵蓋建築開發的完整範圍與程序（建築物的生命週期）。不可諱言，私人案件在前置作業的分析、評估與管理都較公部門的公共工程來的嚴謹與謹慎，從早期公部門主導的臺中古根漢美術館胎死腹中到嘉義故宮南院與金門水頭旅運中心的官司與解約事件可見一斑，其他尚有類似預算不足或法規審查衝突的情形也不斷發生。

專案項目背景的探查項目以我們近年來在海外如中美洲的多明尼加聖多明哥、東協的緬甸仰光、柬埔寨金邊與中國內地接觸開拓的建築業務爲例，由於是跨國合作投資案，也是建築師跨國執行設計業務，因此我們特別針對以下的專案背景資料進行實地參訪、資料收集與來回審慎評估：[10]

---

9 建築經理公司管理辦法第四條所稱建築經理公司係指受委託從事下列業務之股份有限公司：(1) 興建計畫審查與諮詢、(2) 契約鑑證、(3) 不動產評估及徵信、(4) 財務稽核、(5) 工程進度查核及營建管理、(6) 代辦履約保證手續、(7) 不動產之買賣或其他清理處分事項、(8) 其他有關業務之諮詢及顧問事項。

10 雖然是跨國的設計案，其所牽扯的層面較臺灣市場來的些許複雜，但就本質上來說卻是具有相同的思維層面，大多數的內容具有設計認知上的普及性。

1. 當地民主與政治穩定度

政黨政治生態、社會穩定度、民主成熟度、外資投資穩定度等。一個近期發生中的例子發生在東亞的緬甸（Myanmar），緬甸國防軍於 2021 年 2 月 1 日上午發動的一場軍事政變，拘捕了民選政府領袖翁山蘇姬，根據緬甸援助政治犯協會截至 2021 年 3 月 28 日所統計的死亡人數，自從緬甸軍事政變以來，被軍警殺害的平民已增至 459 人，而美國貿易代表署也宣布將「立即暫停與緬甸所有貿易與投資往來」，直到緬甸民選政府回歸爲止。

2. 地方風俗民情

大眾交通工具便利性、私人交通工具普及性及類型（汽車、機車與其大小類型）、慶典活動時間與類型、宗教活動型態、飲食文化與類型、工作時間與假期等。

3. 當地經濟條件與產業架構

區域產業類型與分布（外需與內需分布）、國民生產毛額、民眾消費水平與消費習慣、石油 / 天然氣價格、地區產業類型與市場供需等。

4. 財務、稅務及法務環境

外商投資限制與條件、當地稅制規定、外商設立限制與規定、銀行資金借貸機制與融資條件、土地與地上建築物買賣限制、規定與稅收等。

5. 區域酒店式公寓的市場行情與未來發展

區域市場的相似產品數量。相似產品房型與租金或售價（投資型與自營）、經營時間與淡旺季、客房出租週期、服務性設施種類與大小（泳池、桑拿、健身房、商務中心等）、區域經濟發展趨勢（需求轉變）、相關上下游產業鏈之狀態（餐飲、洗滌、行銷、廣告、媒體等）、相似產品投資報酬率、市場需求房型與面積等。

6. 基礎設施狀態

區域交通系統建設、區域運輸網絡建置、區域供電系統穩定度、區域給排水設施、區域瓦斯供給情形、區域垃圾處理方式、區域通訊系統穩定度、各級學校分布與類型等。

7. 營建法規與建物銷售規定限制

基地退縮線規定（Setback）、允建樓地板面積（容積率／建蔽率）、建築物高度限制、建築設計相關規範（建築、機電、結構、消防、空調等）、建築許可（建築執照）類型、審查內容、審查機制與審查期限、當地建築師與技師簽證制度及費用（含專業度了解）、建築物預售制度與時程等。

8. 營建工程水平評估

是否屬於地震帶、主要構造方式與建材（鋼筋混凝土造、木構造、輕鋼構造、乾式外牆、濕式外牆、磚牆隔間、木隔間、外牆飾材——耐候漆、丁掛磚材等）、地下條件（水位與地質條件）、當地營造環境與施工品質、當地主要施工機具類型、數量與年限、營建所需之上下游產業鏈之完整度（施工機具、水泥、混凝土、模板、打樁、連續壁開挖、門窗、磚石供應、衛浴設備、石材等的裝修材料）、廢棄土處置方式、營建費用與單價分析（主要建材如鋼筋、水泥、混凝土）等。

9. 季節氣候條件

四季時間週期、夏季雨季時間、降雨量與洪鋒時間、天然災害類型與分布、平均氣溫與濕度、季風分布等。近期一個發布在《地球物理研究通訊》（Geophysical Research Letters）的一項最新研究顯示，目前地球上夏季的平均時間增加；按此趨勢，未來夏季可能長達半年，這種變化與全球暖化有正向關聯，如果無法抑制溫室氣體排放，這種趨勢將繼續下去，地球吸收的熱量將遠超過反射到太空的熱量，人類的健康可能受到負面影響，病毒的存活時間增長，人們將長時間暴露在大量的花粉等過敏原中，蚊子的數量也會增加，對農業和自然環境也存在風險（2021.03.28 臺灣新聞）。

10.投資者狀態

資金周轉規模與期限、自營或委託經營管理、預期工作進度與營業期程、經營團隊企劃構想與主張、市場調查、產品定位與價位、目標客戶設定、基地選擇狀態或條件設定、專案目標與策略設定等。

一般了解設計專案背景的可能途徑約有下列幾種：

1. 專案會議

此目的在針對客戶／甲方／業主的需求、限制、預算、想法等有一全面性的了解，同時作爲後續專案目標設定的依據與標準，在此階段花時間深入了解，實則有利爾後專案之推展與進行。

2. 實地參訪與案例分析

對於類似專案機能類型之作品進行實地探查、當地相關公部門機關參訪、基地四周環境調查、實施問卷調查等。

3. 文獻資料收集

相關設計專案建築類型的發展歷史、建築物使用後評估[11]或建築期刊（如建築師雜、臺灣建築雜誌、Architectural Record 等）。

4. 多媒體與網路資訊

當前是各媒體時代，各式各樣的資訊大多可以透過網路取得，其中亦有相當多的學術與專業性質的網站，例如 ArchDaily、Architect Magazine、detail-online、Dezeen Design、Observer、A Daily Dose of Architecture 等），現今資訊的取得不若以往難度高，但伴隨而來的是如何篩選這龐大的資訊，進而做有效的分析，才有可能得到有意義的結論，做爲參考依據，這才是另一門學問。

[11] 此議題曾在學術界有相當多的討論與研究，然而在業界的應用上似乎未延續其影響。

三、分析與結論：界定設計的課題

分析是藉由一定程序以找出事物潛在問題的一個心智行爲，也就是系統地將分析主體對其各個方面和不同角度進行探究，了解分析主體在出現或發生某特定現象在時間上的先後次序、前因後果與癥結。換言之，分析某特定事物是去探究與發掘其內在構成的脈絡或潛在的現象成因，以幫助我們吸收了解並獲取對我們有利的觀點，可以說任何的分析行爲，均能幫助或提供我們發掘問題、解答之線索，而分析的能力是需要建構在多元領域知識的積累與應用判斷的系統上，方能有效應用在後續檢討或設計作業之開展。

然而，各門學科有自己特殊的分析方式，同時也具有共通性，一般而言有以下若干的基本分析類型：定性分析、定量分析、因果分析、可逆分析、系統分析。從分析的對象角度來劃分，分析法還可以分爲：概念分析法、文獻分析法、調查分析法等。以下簡介較常見之幾種分析方法：

1. 定性分析法

此方法是根據社會現象或事物所具有的屬性和在運動中的矛盾變化，從事物的內在規定性來研究事物的一種方法或角度。它以普遍承認的公理、一套演繹邏輯和大量的歷史事實爲分析基礎，從事物的矛盾性出發，描述、闡釋所研究的事物。進行定性研究，要依據一定的理論與經驗，直接抓住事物特徵的主要方面，將同質性在數量上的差異暫時略去。定性研究有兩個不同的層次，一是沒有或缺乏數量分析的純定性研究，結論往往具有概括性和較濃的思辨色彩；二是建立在定量分析的基礎上的、更高層次的定性研究。在實際研究中，定性研究與定量研究常配合使用。在進行定量研究之前，研究者需藉助定性研究確定所要研究的現象性質；在進行定量研究過程中，研究者又需藉助定性研究確定現象發生質變的數量界限和引起質變的原因[12]。

2. 定量分析法

一般是為了對特定研究對象的總體得出統計結果而進行。定性研究具有探索性、診斷性和預測性等特點，它並不追求精確的結論，而只是了解問題之所在，摸清情況，得出感性認識。定性研究的主要方法包括：與幾個人面談的小組訪問，要求詳細回答的深度訪問，以及各種投影技術等。在定量研究中，訊息都是用某種數字來表示。在對這些數字進行處理、分析時，首先要明確這些訊息資料是依據何種尺度進行測定、加工的，史蒂文斯（S. S. Stevens）將尺度分為四種類型，即名義尺度、順序尺度、間距尺度和比例尺度[13]。

3. 可逆分析法

可逆分析是解答下述問題的一種分析方法：作為結果的某一現象是否又反過來作為原因，從而產生原來是原因的那一現象。自然界裡有些現象之間的因果聯繫是不可逆的，例如太陽上出現黑子、耀斑的劇烈活動，會引起地球上短波通訊突然中斷、氣候異常、心肌炎和血管梗塞的發病率提高。可是，後者不可能又反轉過來影響太陽黑子、耀斑的活動。然而，自然界有些現象之間的因果聯繫卻是可逆的，而認識這種可逆性也是非常重要的[14]。

---

[12] 出處：http://wiki.mbalib.com/wiki/%E5%AE%9A%E6%80%A7%E7%A0%94%E7%A9%B6%E6%96%B9%E6%B3%95。

[13] 出處：http://wiki.mbalib.com/zh-tw/%E5%AE%9A%E9%87%8F%E7%A0%94%E7%A9%B6%E6%96%B9%E6%B3%95。

[14] 出處：https://translate.google.com.tw/translate?hl=zh-TW&sl=zh-CN&u=http://www.baike.com/wiki/%25E5%258F%25AF%25E9%2580%2586%25E5%2588%2586%25E6%259E%2590&prev=search。

4. 概念分析法

概念分析法也稱術語分析法，它是指研究確定術語所表示概念的內涵和外延的研究方法。概念是思維的基本單位，其內涵是反映在概念中的對象的特有的屬性；其外延是指概念所反映的一切事物。概念分析法主要是基於概念之間的全同關係、屑種關係、種屬關係、交叉關係、全異關係等各種關係及概念的內涵和外延，來表示概念[15]。

5. 調查分析法

調查法是指研究者通過實地面談、提問調查等方式收集、了解事物詳細資料數據，並加以分析的方法。這種方法通常用來探測、描述或解釋社會行爲、社會態度或社會現象，較多被社會科學和人文科學研究人員大量使用。根據調查手段和方式的不同，可以把調查方法分爲郵遞調查、面談調查、電話調查、網絡調查等；根據調查對象的不同，又可以分爲個案調查、重點調查、抽樣調查、專家諮詢法（德爾菲法、頭腦風暴法）等。不同的調查方式在調查費用、訊息反饋速度等方面存在著一定的差異[16]。

分析工作是設計概念發軔的前奏，從分析當中可發掘如何解決所面對問題的辦法。這辦法就是對某一問題解答的概念。分析可以澄清問題，並可以使目標更加明確[17]。我們可以說分析是找出問題與解決問題的第一步，如果無法針對主體事物的核心與本質去探討，我們將無法一探全貌而

---

[15] 出處：https://translate.google.com.tw/translate?hl=zh-TW&sl=zh-CN&u=http://baike.baidu.com/view/3190916.htm&prev=search。

[16] 出處：https://translate.google.com.tw/translate?hl=zh-TW&sl=zh-CN&u=http://baike.baidu.com/view/627831.htm&prev=searchhttps://translate.google.com.tw/translate?hl=zh-TW&sl=zh-CN&u=http://baike.baidu.com/view/627831.htm&prev=search。

[17] 建築設計方法論，王錦堂著，台隆出版社，民88，P145。

落入瞎子摸象的窘境，也無助於後續工作之進行。

關於「問題」本身，最重要的是，我們必須了解到沒有任何問題是單獨存在（也就是說，任何問題都會有潛力，而且是以線性方式呈現）。每一個問題至少會有一種複雜的前後關係存在。為了要好好地解決問題，而不是僅止於解決問題的表象，我們就必須徹底了解問題的前後關係[18]。然而，愈是深入問題的根本與本質，我們就會發現，其實很多問題的面向其實已經不是建築這領域可以論述並解決的，隨之而來的還有「那建築能做什麼？」的疑惑；關於此點，雖然我們大致上都承認無法藉由建築的解決方案來解決社會問題[19]，但誠如 Edith Cherry 所言：從建築的演進史裡我們也得知，雖然實質的建築解決方案無法解決社會問題；然而，建築的解決方案還是能夠對社會問題造成一定程度的影響—加重或改善。了解問題的前後順序，就能確保我們能夠改善社會問題，不會讓它變得更糟[20]。

上述的觀點差異在於，一個是充滿雄心壯志想藉由建築「解決」某些社會結構性的問題，一個則是較為實事求是地企圖在改善社會問題的某些狀態。這裡亦指涉到一個關於設計決策上的價值觀呈現，社會如同一個

---

[18] 建築設計計畫 - 從理論到實務，呂以寧譯，六和出版社，民 94 年，P30。

[19] 近年來臺灣學界在建築相關科系的學生畢業設計題目方向與類型中，一直居高不下的是以關懷社會弱勢或探討公共環境議題等為題型，多數這些問題的本質所牽涉的面向通常不僅是單純的空間向度或硬體的解決方案，所以當設計者無法透過一個強而有力的哲學辯證作為後盾，再轉化為空間操作的論述文本與實踐脈絡，最後成果容易呈現形式的操作快感或烏托邦式的自我療癒功能。

[20] 建築設計計畫 - 從理論到實務，呂以寧譯，六和出版社，民 94 年，P31。

完整的生態體系的表現，當我們企圖以建築的方式解決、提供或改善某些社會課題時，勢必也會影響到與之觀點相左的反彈，當介入的力道愈大，其反彈的力道也愈大；以臺灣社會當前火紅的社會住宅或公營住宅措施爲例，公部門專責單位分析出臺北市的住居需求的數量，因而決議以新建的方式解決這個需求與社會問題；相反的觀點則是，爲何公部門不向大臺北地區的空屋持有者以合理價格承租或購買，再以適合的價格轉租或轉賣給眞正有需要的居民。前述兩者間最大的利基點，簡言之在於，前者因爲新建工程可在一定期間內提供一定數量的工作機會、可刺激市場交易與活絡資金流動，是一個看得到的有效建設（政績）；後者則是可以避免不必要的工程與資源耗損，可藉機消化房地產市場上的既有空屋數量，又可落實居住倫理與土地正義，但卻是一個無法歌功頌德的隱形政績，同時也牽涉到某些位處精華區段的住戶或類豪宅區域的居民，對影響房地產價格及管理安全上的爭議。相信大多數民眾均贊成公部門對於伸張居住公平正義的空間策略，但作法上除了上述兩者，仍然有更多可能性的解決之道，差異就在公部門決策的「價值」觀點取捨。

價值系統會影響我們將資訊系統化的方法，就如同它會影響我們的決定以及提出問題的方式一樣。重視最大獲利的人，針對品質與有效花費的相關資訊，會把前者放在較低的位階。重視維持個人健康的人，則會把健康食品與運動等的相關資訊置於階層體系的最上層，而將垃圾食物與香菸放在非常低的位階上[21]。

[21] Cherry, Edith 著。呂以寧譯（2005）。建築設計計畫：從理論到實務。頁 35，臺北：六和出版。

（一）全球環境課題的分析

環境通常是指圍繞人群的空間和作用於人類這一對象的所有外界影響與力量的總和。簡言之，所謂環境，即我們每個人在日常生活中面對的一切，及陽光、空氣、水、大地與人、事、時、地、物。我們可將環境分爲兩大類：一類是天然的自然因素總體，也就是人們通常所說的自然環境，其特點是天然形成，無人工干預；一類是經過人工改造的自然因素總體，即在天然的自然因素基礎上，人類經過有意識地勞動而構造出的有別於原有自然環境的新環境。如人文遺跡、風景名勝區、城市和鄉村等。每個學科領域均有其對環境的定義約略如下：

(1) 對生物學來說，環境是指生物生活周圍的氣候、生態系統、周圍群體和其他種群。

(2) 對文學、歷史和社會科學來說，環境指具體的人生活周圍的情況和條件。

(3) 對建築學來說，是指室內條件和建築物周圍的景觀條件。

(4) 對企業和管理學來說，環境指社會和心理的條件，如工作環境等。

(5) 從環境保護的宏觀角度來說，就是人類的家園地球。

1. 物理環境的變遷

1988 年 6 月，全球各國科學家聚集於加拿大的多倫多市，召開「改變中的大氣：對全球安全的意義」國際會議（International Conference on the Changing Atmosphere: Implications for Global Security）。會議結論之一：人類正在從事一項毫無計畫、無法控制、而且又廣被全球的實驗，其嚴重後果僅次於全球核子戰爭。由於人類活動的汙染，低效率而且又浪費地使用石化燃料，許多地區的快速人口成長，這些均使得地球的大氣成分產生了史無前例的改變。這些改變對國際間的安全造成巨大的威脅，而且事實上已經在許多地區造成了重大災害。全球增溫和海平面上升已經愈來愈明顯，這是大氣中二氧化碳和其他溫室效應氣體含量增加後造成的後果，全球增溫和海平面上升的影響將異常深遠。其他重大的影響尚包括目前正在進行的臭氧稀釋，其結果將增加紫外線輻射的傷害。

1989 年 7 月 14 日至 16 日，西方七個主要工業國家在法國巴黎召開高峰會議，會後發表聯合公報，其中一項結論為：全世界已日益察覺到必須設法維護全球生態環境平衡。目前世界重大環境問題包括空氣、湖泊、河流和海洋的汙染，其中空氣汙染更可能造成未來全球氣候的巨變。

根據以上所述，可知地球的大氣組成成分正在改變，造成的全球氣候變化也日益顯著。例如侵襲臺灣的颱風次數比往年多，英格蘭和不列顛這兩年的夏季乾旱特別嚴重，數年前美國也發生了 1940 年代不景氣以來的最嚴重乾旱等，都是地球在變遷中的證據。溫室效應增強，地球平均溫度升高，因而海洋平均溫度也會上升。海水受熱膨脹，故海水體積會增大。此外，地球溫度上升，將使兩極地區的冰融解。海水在這種雙重作用下，海平面於是上升。

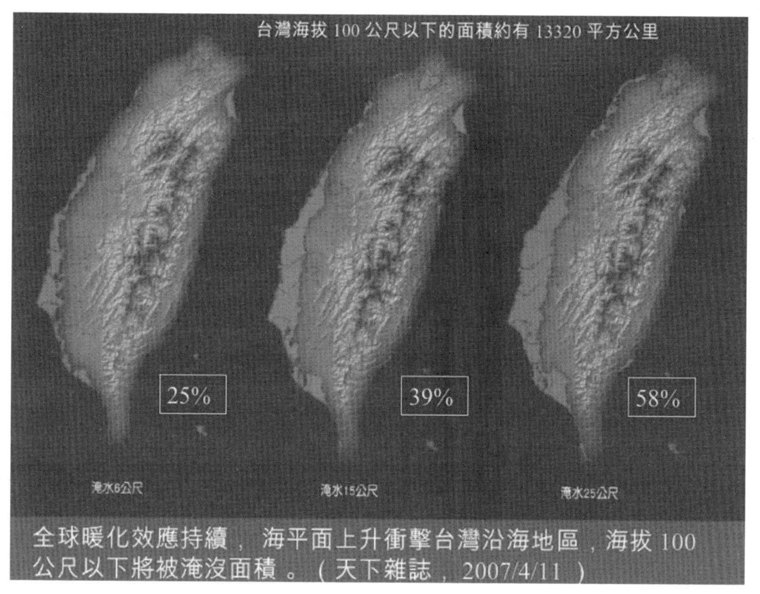

▲ 臺灣海平面上升之趨勢示意圖（摘錄自天下雜誌）

海平面上升將會淹沒沿海低窪地區，使河口三角洲和海岸平原下沉。三角洲是大河的沖積平原，土壤肥沃，常常都是人口密集的農業精華地區。沿海低地及三角洲沉沒海中，將使原來居住其上的居民流離失所，變成難民，因而可能導致社會、經濟及政治的動盪不安。地球持續增溫對生態系統的平衡也有極大影響。例如今天在熱帶地區的許多寄生蟲，將因溫室效應增溫而會擴散到南北溫帶地區，屆時將在溫帶地區造成麻煩問題。

2. 溫室效應

地球陸地將所吸收之太陽能以長波方式向天空輻射，大氣層中之水汽、雲層及微塵物，可吸收來自地球表面之長波輻射能，使地表上之熱量不致無止境的散失。尤其當天空為雲層遮蔽時，更可防止地面熱量的散逸，大氣層具有這種保溫作用，如同玻璃的溫室，具有保溫作用，因此我們稱大氣這種特性為溫室效應（Greenhouse Effect）。

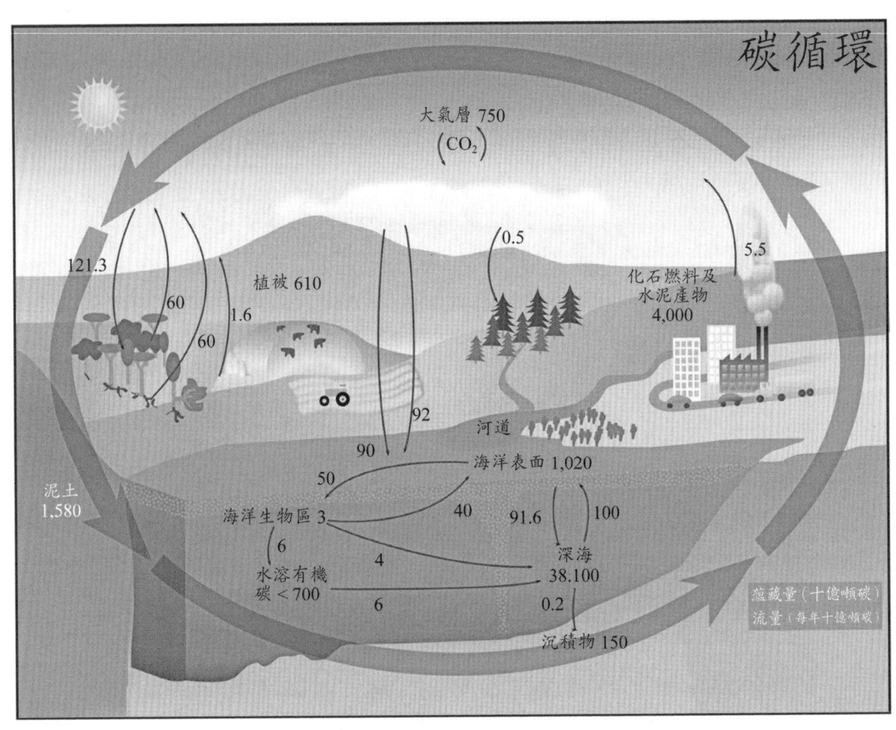

▲ 環境氣體循環圖（摘錄自維基百科）

近年來由於人類經濟活動的快速成長，所製造之化學品及產生之空氣汙染，正以空前未有之速度，改變大氣結構。其中特別是化石燃料燃燒後所產生之二氧化碳（CO_2）氣體，大量排放進入大氣後，吸收地表之長波輻射，造成之人為溫室效應使地表溫度逐漸增加。至目前為止，僅增加少許溫度（過去 100 年只增加 0.3℃至 0.6℃），海平面則持續上升（10 至 15 公分）。工業革命後二氧化碳濃度增加 28%，科學家預測若不採取任何防治措施則於西元 2100 年時，地表溫度將較目前增加 1℃至 3.5℃，海平面將上升 15 至 95 公分，此種溫室效應對於整個生態環境（包括地球、海洋與人類的經濟、社會等）及全球氣候，將有深遠而不可知之影響。

自從工業革命以來，人為活動如工廠與汽機車排放廢氣所產生的溫室氣體濃度明顯增加。根據聯合國氣候變化政府兼專家委員會（IPCC）的第 3 次評估報告指出，20 世紀全球平均地表溫度已增加 0.6℃，海平面已上升 0.1 至 0.2 公尺，若再不採取任何防制措施，到了 2100 年，全球平均地面氣溫將比 1990 年增加 1.4～5.8℃，海平面將上升 0.09～0.88 公尺，對於地勢不高的沿海低窪地區及島嶼國家，將造成嚴重威脅。另外，溫室效應對於整個生態環境及全球氣候，也將造成深遠而不可知的影響。

▲ 溫室氣體（摘錄自科技部高瞻自然科學教學資源平台）

全球暖化造成的影響包括：極地冰原融化，海平面上升，淹沒較低窪的沿海陸地，衝擊低地國及多數國家沿海精華區，並造成全球氣候變遷，導致不正常暴雨、乾旱現象以及沙漠化現象擴大，對於生態體系、水土資源、人類社經活動與生命安全等都會造成很大的傷害。

若是溫室效應氣體濃度不斷增加，則將使地表溫度增加，進而導致氣候的變化，其影響包括：

(1) 北半球冬季將縮短，並更冷更濕，而夏季則變長且更乾更熱，亞熱帶地區則將更乾，而熱帶地區則更濕。由於氣溫增高水汽蒸發加速，全球雨量每年將減少，各地區降水型態將會改變。

(2) 改變植物、農作物之分布及生長力，並加快生長速度，造成土壤貧瘠，作物生長終將受限制，且間接破壞生態環境，改變生態平衡。

(3) 海洋變暖、海平面將於 2100 年上升 15～95 公分，導致低窪地區海水倒灌，全世界三分之一居住於海岸邊緣的人口將遭受威脅。

(4) 改變地區資源分布，導致糧食、水源、漁獲量等的供應不平衡，引發國際間之經濟、社會問題。

上述 (1)～(4) 項的影響，其所牽涉的是跨領域的課題與息息相關的環境政策，在我們進行建築計畫與建築設計的同時，所必須深入了解與分析的嚴肅課題。環境意識是一個哲學的概念，是人們對環境和環境保護的一個認識水平和認識程度，又是人們爲保護環境而不斷調整自身經濟活動和社會行爲，協調人與環境、人與自然互相關係的實踐活動的自覺性。也就是說，環境意識包括兩個方面的含義，其一是人們對環境的認識水準，即環境價值觀念，包含有心理、感受、感知、思維和情感等因素；其二是指人們保護環境行爲的自覺程度。這兩者相輔相成，缺一不可。

另外一個我們必須嚴肅正視的便是起始於 2019 年底迄今（2021.04）的 Covid-19 全球性蔓延的疫情，當然建築物的安全、健康與舒適性課題一直都是建築設計最基本也最根本的課題之一，然而有鑑於全球人口大量集中與城市化的空間擁擠現象日趨嚴重，過去主要的建築物安全觀念（耐震與保全）在疫情席捲之下已經不敷使用，除了住宅建築的居住行爲的改變，同時商業、辦公與教育行爲的改變（網路視訊化）也開啓了未來城市地景與空間環境規劃的數位時代新面貌。對建築師而言，認識環境（抑或是「閱讀」環境）是希望透過各種方式或手段以融入該環境場域的脈絡與氛圍，了解其深層的生態體系運作機制與遭受破壞後的影響範圍與程度；對設計者而言，對於環境認識的深度，往往表示其對環境脈絡的掌握程度，同時也會直接或間接地反映在設計作品的深度與空間意涵。至於分析，我們必須清楚表達對環境的態度／看法，沒有態度／看法的分析將無助於後續設計作業之延續，尤其是設計課題與創意部分的發展，這多少帶有主觀的見解。我們的社會需要的是一個對所屬環境有態度、有看法的建築師，相信這也是建築師未來無可避免的社會責任。認識環境的方式其實無需拘泥於形式，關鍵在於是否融入某個環境場域的脈絡與情境，以下羅列若干媒介以供參考：

(1) 地圖：街道地圖、地理地圖、圖底理論、GIS 地理資訊系統等。
(2) 多媒體：網際網路、文學、影像、繪畫、音樂、電影等。
(3) 參觀：以外來旅遊者的角色參觀等。
(4) 歷史：正史、野史、偏史等。
(5) 參與的方式（田野調查）：生活在地方、參與當地社團的起居生活、問卷調查等。
(6) 過文獻資料：研究、報章雜誌、書籍等。

（二）閱讀環境的方式

1. 圖底理論

爲都市空間設計相關理論中的一脈，圖底理論（Figure-Ground

Theory）係研究地表構造物實體（圖／黑色）和開放空間虛體（底／留白）之間的某總空間關係於連結（如相對比例、序列、節奏）。在每個都市／區域環境中，實體與虛體都有一個可被閱讀的模式，閱讀圖底關係的目的在於建立不同的空間層級，釐清都市內或地區內的區域空間結構與關係的呈現。

2. GIS 地理資訊系統

地理資訊系統（Geographic Information System, GIS）是一個綜合的學門，它並不是一個獨立的研究領域，而是資訊處理（Information Processing）與其他利用到空間分析技術之各個不同領域間的共同基礎。GIS 屬於資訊系統的一類，不同在於它能運作和處理地理參照數據。地理參照數據描述地球表面（包括大氣層和較淺的地表下空間）空間要素的位置和屬性，在 GIS 中的兩種地理數據成分：空間數據，與空間要素幾何特性有關；屬性數據，提供空間要素的資訊。

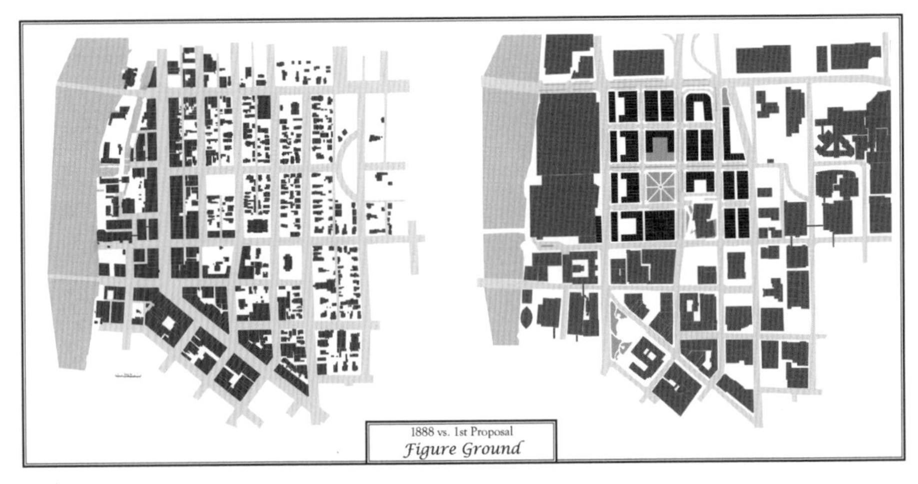

▲ Figure Ground（摘錄自 Experiments in Architecture 網站）

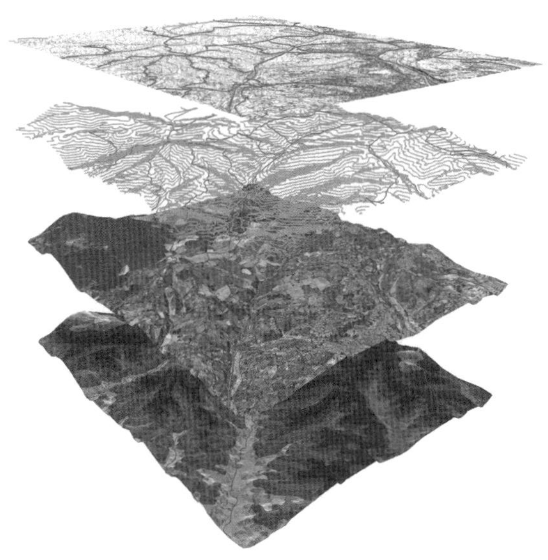

▲ 地理資訊系統圖例（摘錄自 Syntecx 網站）

3. 多媒體呈現

以時間軸的時序來看，多媒體方式來閱讀環境通常是指「過去狀態」的總和氛圍的再現，這是透過影像（如電影、MV、短片等）、音樂（純演奏、歌詞、歌唱等）或文字（詩、詞、小說、短文等）的方式，以他者的角度進行閱讀；例如知名的電影「悲情城市」（A City of Sadness），是一部 1989 年發行，由侯孝賢執導的反映臺灣歷史爭議「二二八事件」的電影，該片帶動起拍攝場景新北市瑞芳區九份的第二次繁榮，讓金瓜石地區成爲臺灣民眾與國外旅行團的遊覽勝地之一。此種閱讀的模式可以有三個類型，其一是以紀錄片的方式將過去的人事地物進行記錄與呈現；其二是站在作者的史觀與詮釋，進行該場域或地方（Place）的社會文本與空間脈絡的認識，也就是在作者眼裡或心智的事件／場所全貌與氛圍；最後是強調閱讀者的閱讀自由與心智詮釋，關鍵不在作者要提供何種的全貌與氛圍，而是聚焦在閱讀者透過自感官的輸入與輸出後所得到的影像與再詮釋。

▲ 電影「悲情城市」劇照

4. 田野調查

田野調查（Field Research）是來自文化人類學、考古學的基本研究方法論，即「直接觀察法」的實踐與應用，也是研究工作開展之前，爲了取得第一手原始資料的前置步驟。其所應用的領域包括民俗學、考古學、生物學、生態學、環境科學、地質學、地形學、地球物理學、古生物學、人類學、語言學、哲學、建築學及社會學等自然或社會科學領域，都可透過田野資料的蒐集和記錄，架構出新的研究體系和理論基礎。一般田野調查紀錄的方式有採訪記錄、拍攝記錄、翻製記錄與測繪記錄；其調查的方法則有口述訪談、問卷設計法與參與觀察法。世界上有許多國際知名的建築師對於基地規劃設計的線索與靈感都是來自對基地田野調查的仔細觀察與對環境線索的敏銳度，紮實且深入的田野調查對設計深度與品質有非常直接又深遠的影響。

（三）基地環境的課題

透過前面敘述，我們知道環境包含生活於地球空間中的所有有生命的動植物族群與無生命的有機體。狹義的「基地」意指構造物所占據方寸之地的一定範圍，廣義的定義則是：人類目的之所在。環境本身是有生命的，除了人類之外還包含生活於此空間中的所有動植物族群，即使只考慮人類之使用目的，都必須顧及該基地對實質環境、人類社會、生活及記憶與範圍內物種之平等生存等的重要影響。

在進行基地分析前，我們必須先進行大量的資訊收集，而資訊必須經過解讀與分析後才會是具有價值的資料，而這個動作的廣度與深度會直接影響我們的分析結果，進而影響到我們進行設計判斷的精準度。基地分析的項目在彼此間同時也是互相牽引與互爲因果的關係，這樣的脈絡（Context）是無法以單一觀點加以檢視。

一個以建築規劃設計爲主之基地分析（田野調查）有以下的種類：(1) 物理環境分析、(2) 實質環境分析、(3) 人文環境分析、(4) 工程環境分析、(5) 使用需求分析與 (6) 營建法規分析；而另一種分類方式可以是：基地的上面、下面、內部、外部、法規與工程，分類方式不同但是其內涵是相同的。然而，每個基地都擁有其獨特性，也就是沒有一個標準的分析方法是適用在任何一個基地的；因此，進行基地分析除了要有建築、環境與景觀等相關的專業知識外，更需要的是對土地有一份認同與參與感。確實與認眞投入的基地分析態度，往往會直接或間接地影響設計策略與判斷，進而影響設計構想的創意與設計成敗。

1. 物理環境分析（陽光、空氣、水與土壤）

(1) 日照

關於日照的基本觀念是，我們需要陽光進入室內，但要阻隔或降低它的熱能進入室內，目的是充分利用陽光以滿足室內光環境和衛生要求，同時防止室內過熱影響人體舒適度與耗能量（空調與照明）。陽光可以滿足建築採光的需求；在幼兒園、療養院、醫院的病房和住宅中，充足的直射陽光還有殺菌和促進人體健康等作用，在冬季又可提高室內氣溫。有的地方還可用太陽能作能源。陽光也有不利的方面：如夏季的直射陽光能造成室內氣溫過高；在直射陽光照射下，會引起眩光。此外，直射陽光還能加速一些物品老化、退色和變質，甚至引起有些易爆物爆炸。因此，在博物館、展覽館、畫廊、書庫、紡織車間、精密儀器車間、恆溫恆濕車間和危險品倉庫等處都應採取措施，防止陽光直接照射。

(2)雨量

全球陸地的年降雨量平均值約 900 毫米，臺灣地區年平均降雨量達 2,500 毫米左右，約為全球平均的 2.8 倍，是單位面積降雨量相對較多的國家。然而，臺灣看似雨量豐沛，但每人可分得的平均用水量卻只有世界平均值的六分之一，臺灣仍屬於缺水地區。雨水資源善加利用，建築規劃設計部分首重雨水貯留、雨水回收循環再利用與降低水資源的浪費。

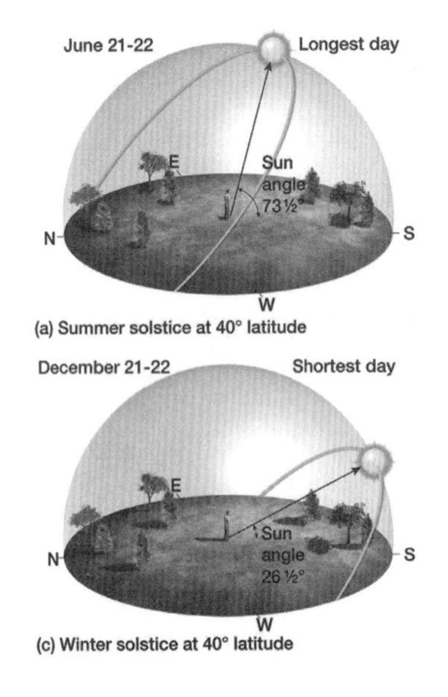

(a) Summer solstice at 40° latitude

(c) Winter solstice at 40° latitude

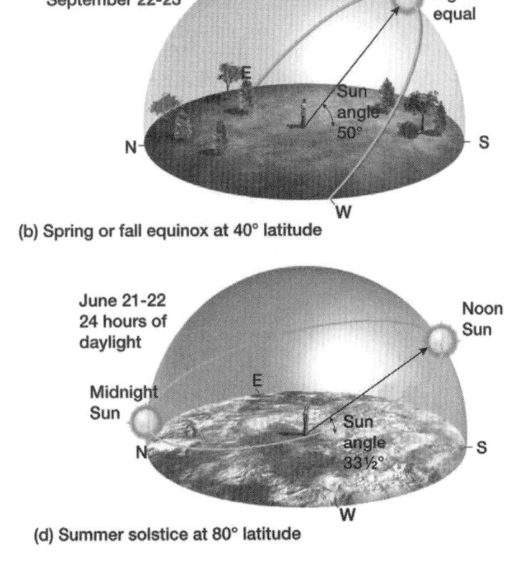

(b) Spring or fall equinox at 40° latitude

(d) Summer solstice at 80° latitude

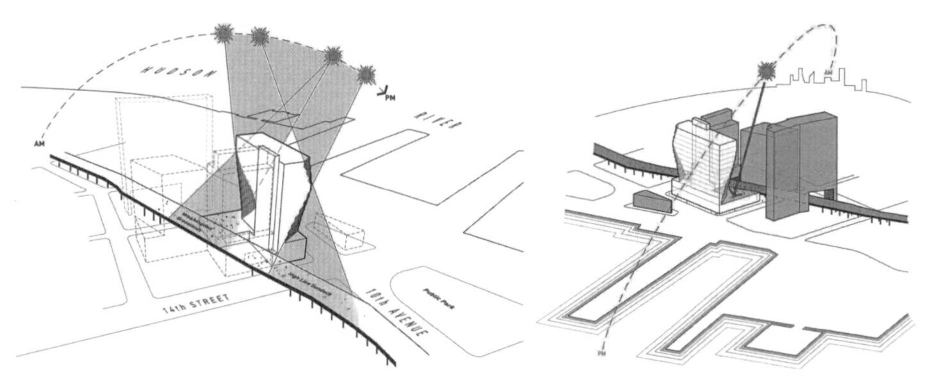

▲ Solar Carve Tower/Studio Gang Architects（摘錄自 ArchDaily 網站）

(3)風向

關於風向的基本觀念是，我們需要將冬天寒冷的東北季風予以遮擋與導除（僅以臺灣大致上的風向而言），在其他較爲適宜的季節則是將風導入室內，以維持室內通風舒適與乾爽的室內空氣品質。我們藉由了解基地區域範圍之季節風向應用在建築物通風設計之策略，在高層建築（一般爲 25 層上下）設計上更是用來檢討結構設計及構造型式之主要依據。我們通常以所謂風玫瑰圖（Wind Rose）做爲季節風向之判讀，風玫瑰圖係指一個地方的風速和風向頻率通常是用風花圖來表示，風花圖又稱爲玫瑰圖。用來簡單描述某一地區風向風速的分布，可分爲風向玫瑰圖和風速玫瑰圖。在風玫瑰圖的坐標系統上，每一部分的長度表示該風向出現的頻率，最長的部分表示該風向出現的頻率最高。風玫瑰圖通常分 16 個方向，也有的再細分爲 32 個方向。這些輻射線即代表風向，線的長短代表該風向頻率的大小。線的粗細是代表風速（以風級爲標準）。

建築通風（Building Ventilation）是指建築物內部與外部的空氣交換、混合的過程與現象，爲影響室內空氣品質的最主要因素。通風可依其驅動力來源區分爲自然通風（Natural Ventilation）與機械通風（Mechanical

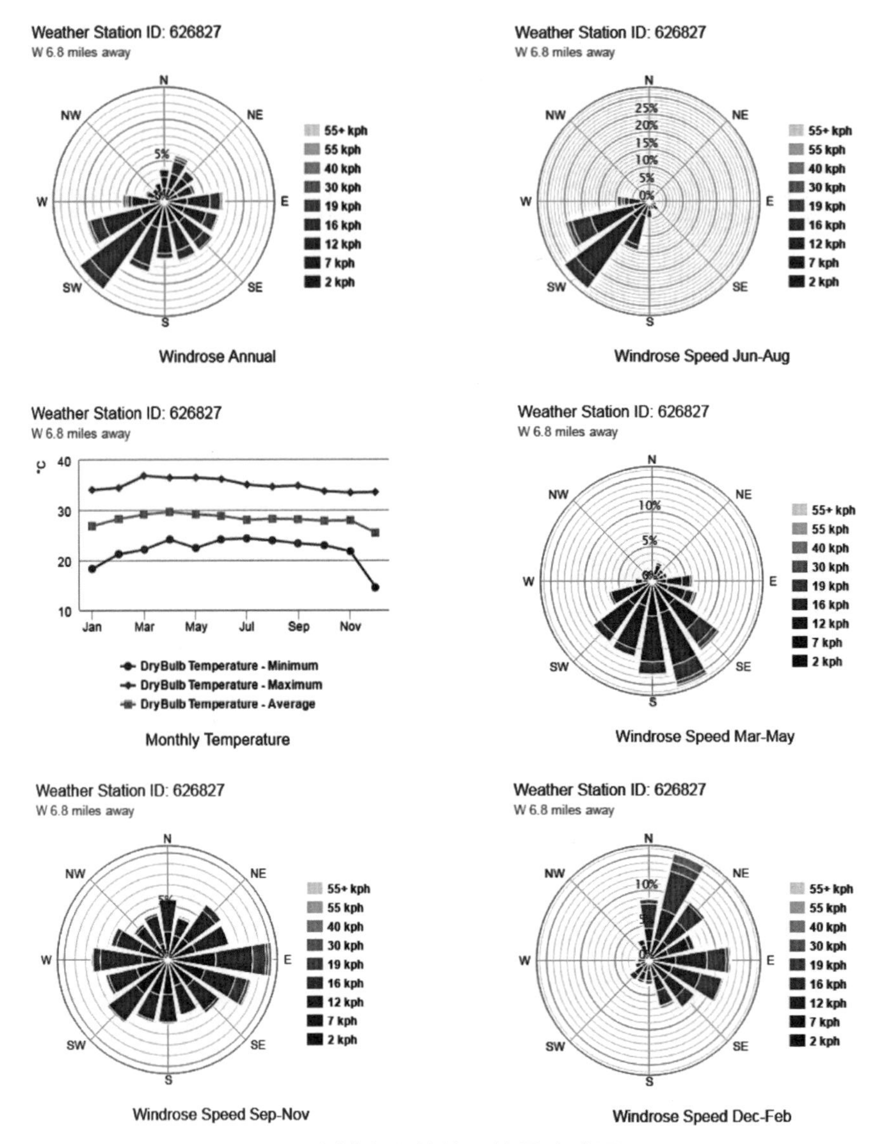

▲ 柬埔寨暹粒地區的風玫瑰圖

Ventilation）。自然通風是依靠建築物內外的氣壓差異或溫度差異所造成的空氣流動；機械通風又稱爲強制通風（Forced Ventilation），利用通風機械（風扇、送風機、抽風機）產生的動力促使室內外的空氣交換和流動。

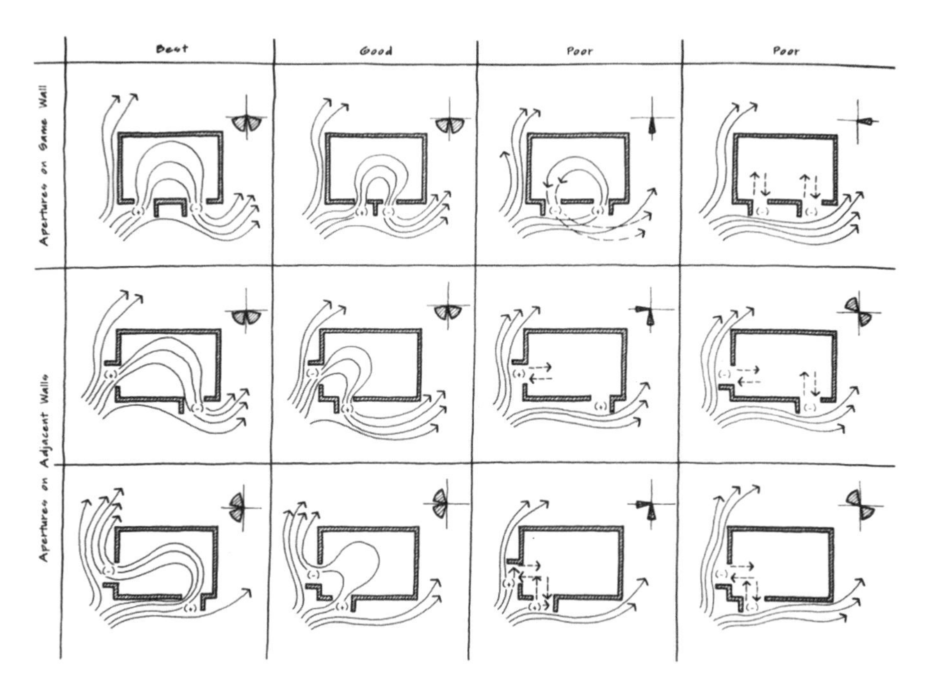

▲ 室內開口通風圖例（摘錄自 AUTODESK EDUCATION COMMUNITY 網站）

(4)溫、濕度

適當的溫濕度控制主要來自對日照與風向的有效掌握與規劃。例如臺灣東北角地區的高濕度，在規劃之初便會結合風向考量建物配置座向、立面開口部的大小與形式選擇、降低外觀金屬建材的等級與使用量、採用地面防滑建材與強化建築物的通風設計；而夏季高溫現象亦會影響建築物通風設計、室內空調設計與外部遮陽系統等。除了在規劃設計層面上需有所著墨外，我們還可以在構造類型、複合牆面構件與開口類型予以檢討。

2. 實質環境分析

(1)水文

水文因子包含基地區域範圍下方之地下水位、地下河流、洪泛區、地表逕流量、流向、集水區、洪水高程等。主要影響在於基地區域範圍的地下水高度、可能涵蓋範圍與容量，當地下水位過高、量多且涵蓋範圍過廣時，此時對於建築物基礎的開挖深度與形式則必須深入檢討與規劃。另外在地表逕流量大的區域，則必須結合公共排水系統的容量檢討，強化在基地範圍內的排水管道路徑、數量與深度之規劃，以免在暴雨影響下輕則淹水造成財產損失，重則引發土石流造成性命危害。

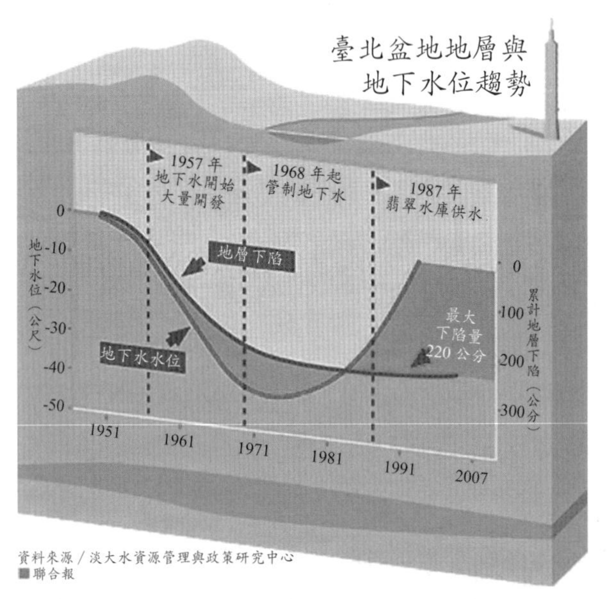

▲臺北盆地地層與地下水位走勢（摘錄自淡江大學水資源管理與政策研究中心網站）

(2)地質與土壤

2016 年 2 月 6 日，發生南臺灣大地震，在臺南市永康區一帶的維冠金龍大樓倒塌，死亡人數達 115 人，生還者 175 人，其中 96 人受傷，成爲臺灣史上因單一建築物倒塌而造成傷亡最慘重的災難事件。在此事件之後，相關臺北市公部門隨即公布市內潛在土壤液化地區分布範圍，對位處於地震帶的臺灣而言，土壤液化的潛在因素會在地震發生時對構造物造成加乘的破壞與生命威脅。我們可以透過相關公部門的官方網站調閱查詢可靠有效的地質與土壤圖資，例如經濟部中央地質調查所或內政部營建署的環境敏感地區單一窗口查詢平臺，或者是臺北市政府土壤液化潛勢查詢系統。同時，一個建案在進行規劃設計時也會委請專業廠商進行地基調查，地基調查之目的，旨在取得與建築物基礎設計、施工以及使用期間相關之資料，包括地層構造、強度性質及鄰近地形、地物、地震、水文狀況與周圍環境等，配合建築物規劃設計與施工之階段，擬定調查計畫，進行調查並作出報告。

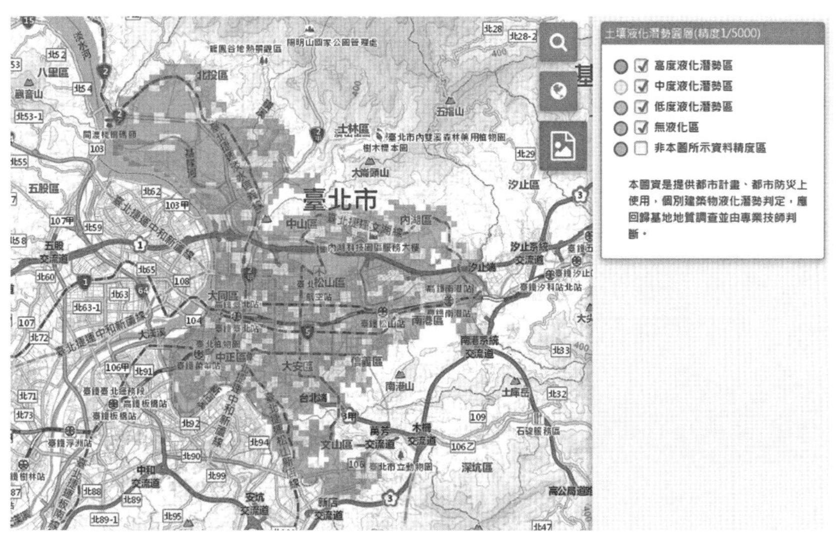

▲ 臺北市土壤液化潛勢圖（摘錄自臺北市政府土壤液化潛勢查詢系統）

(3)地表與地貌

對於地表地貌的調查與分析，通常主要以實地田野調查，同時輔以文獻圖說資料爲輔進行，調查的項目大致上有地形（坡度走向與等高線）、河流（流量與流速、枯水期、河岸狀況）、湖泊、動植物分布（保育類物種、棲息範圍、生態環境因子）、既有構造物（如地下坑道、民宅、雜項工作物）等。

(4)活動與行爲

係指基地四周場域內相關的常設型或週期性的組織或非組織活動，其使用類型、空間形式、活動性質、活動量、活動分布範圍、活動時間、活動周期、行爲模式等。例如基地四周一座廟宇的廟埕空間中，在其日常生活時段的活動行爲分布中，從早晨 6～10 點的時段可能是土風舞、太極拳、遛狗等的活動類型，10～16 點的時段可能是老人家下象棋談天說古的活動屬性，16～19 點可能是阿公阿嬤帶著孫子來溜搭、學生下課路過停留、黃昏市集等，到了傍晚可能是居民飯後散步、倒垃圾、傳統戲劇表演、播放電影等，抑或是在一年中的某些時段有神明繞境、迎神慶生、選舉造勢、婚喪喜慶、節慶里民活動等大型活動；這些均有可能影響建築的規劃設計，大到決定建物配置座向與機能配置，小到開口形式與隔音方式的採用。這部分多數取決於建築物的類型，若是住宅類型，噪音與外部活動則是主要的干擾源（負面因子）；若是里民活動中心或派出所，這部分對住宅來說的負面因子可能就會轉變成公共類型建築物的正面因子。

(5)交通狀況

對於基地四周的交通狀況調查與分析，通常主要以基地四周道路系統等級、尖、離峰期人與車的流量、公共運輸系統（高鐵站、火車站、捷運站、客運站、公車站、UBike 站等）、停車空間分布、人行步道系統等。若基地四周有鄰近上述公共運輸的出入站口，可能的規劃設計影響在於基地的開放空間的留設位置與建築物量體的相對關係（在此亦有住宅與公共類型建築物之差別，以商業建築來說，人潮等於錢潮），同時也會影響建築物主要人員與地下室停車的出入口位置決定。

(6)基地四周空間使用狀況

這部分包含了基地四周土地使用分區現況、公共開放空間分布（含公園綠地、廣場、人行步道等）、地下管道（地下鐵或公共設備管道）、基地四周基礎設施條件（下水道設施、供電、供水瓦斯幹管、交通運輸站等）、四周都市計畫使用分區（住宅區、商業區、工業區、文教區、風景區、農業區、機關用地、公園用地等）、使用密度、建築物密度等。我們在從事設計分析作業時，必須把範圍擴大到基地以外來處理，基地並非單獨存在於環境當中，而是融入整體環境脈絡中方得以彰顯基地之性格。當我們分析基地四周環境於都市計畫規定之使用分區情形時，關鍵在於了解公私土地使用的關係、動態與靜態的關係及人潮多寡與行進方向等，這些都會影響我們在進行量體配置、開放空間留設與種類與人車出入口地等的判斷與決策。

3. 人文環境分析

(1)風俗民情

基地所屬一定範圍區域內特殊的生活起居型態、宗教活動、地方文學、地方藝術、地方戲曲、地方音樂等。例如在一個著名的美國南方爵士樂之都紐奧良（New Orleans），整個城鎮的建築風格均散發著自由、熱情、奔放的空間氛圍，這會使得規劃設計者很難不去面對並回應這樣一個充滿濃郁地方感（The Sense of Place）的場域，同時這也是一個可以著力的設計切入點。另外一個就是住家大門進入後的第一個空間的差別，在歐美可能大多數進門後的空間會是廚房與用餐區（通常是一個區域），有些地方因為緯度較高，需要裝置暖氣，所以各個居室空間是封閉的，僅走道空間自成一單元；在臺灣則是少有例外的以客廳為優先（玄關的設置並非主流），除了廚房與臥室外，其餘是開放型空間，但是臺灣位屬亞熱帶，夏季氣候多需要冷氣供給，無形當中，此空間型態造成一定程度的能源浪費。另一個在臺灣住家的空間現象是，早期住家的客廳或某處會供奉祖先牌位（有些甚至在透天厝頂樓設置佛堂），但隨著時代的演進，此類空間的設置在大都會區已逐漸消逝，取而代之的是集中供奉牌位的空間型態，例如金寶山等禮儀場所。上述的幾個現象也就是隨著風俗民情的轉變，在住宅規劃設計上會有著相對應的改變的可能性。

(2)歷史、事件或活動

基地所屬一定範圍區域內特殊的歷史、事件或活動，例如：中和潑水節（緬甸華僑集居區域）、迪化街歷史街區、寶藏巖聚落、臺南維冠金龍大樓倒場事件（地震）。例如美國著名的颶風卡崔娜（Hurricane Katrina），在 2005 年 8 月出現的一個五級颶風，在美國路易斯安那州紐奧良（New Orleans）造成了嚴重破壞。事後，由知名藝人布萊德彼特（William Bradley Pitt）成立了基金會募款，幫助災民重建房屋，布萊德彼特當時就承諾，絕不會提供粗製濫造的臨時屋，基金會提供了美觀又節能的房屋，1 間造價 450 萬臺幣。這些屋子是高效能的，可節省 75% 的電費，建材是無毒的，而且屋子的採光良好。重點是該事件之後，災害影響範圍內的建築物規劃設計上都相當注重在瞬間暴雨量造成淹水時，建築物的設計如何回應此等氣候因素，以確保住戶的人身安全與財務保障；另一個重點是，紐奧良是一個美國南方著名的爵士樂之都，整個城鎮散發著自由、熱情、奔放的空間氛圍，因此，當一個建築師受委託於該場域執行業務，相信上述這兩個因素會是建築設計的思考脈絡中具有關鍵性的一環。

▲ 紐奧良颶風災後重建住宅（摘錄自 MAKE IT RIGHT 官網）

另一個顯著的案例則是 2016 年的臺南維冠金龍大樓倒塌事件，此事件影響的範圍已擴大到屬於地震帶的臺灣地區，除了公部門會針對既有的相關耐震設計法規有所檢討外，相信建築師會更注意避免造成軟層與弱層的設計，同時也會要求依法複委託的結構技師在進行結構設計時，將長期忽略 RC 外牆於地震力作用時的實際牽制作用一併納入傳統梁、柱、板的結構模型重新檢討計算（歐美的建築物外牆一般多爲外掛帷幕系統，其本身沒有結構作用，故在地震力影響的檢討時可以忽略牆面的作用影響），並強化監造實務中每一個現場查核的設計細節的施工正確性。

(3)公部門政策

公部門土地使用政策（特定目的使用區劃分、容積移轉、容積獎勵等）、公部門城市發展策略（如限制開發地區）、都市更新地區、都市設

▲ 維冠金龍大樓柱圍束箍筋接頭脫開（摘錄自土木技師公會官網）

計審議地區。當基地四周有被公部門劃設爲某特定目的事業使用分區之範圍（例如：交通運輸轉運站、公營住宅、生技園區），其未來之開發會帶來的環境衝擊大致有人車流量增加、道路服務等級不足、民生商業行爲增加、就業機會增加等；另外，當設計基地位於需都市設計審議區域範圍內，在規劃設計之初則必須了解其相關規定，例如：退縮牆面線、高度比、屋頂形式、建築物色系、屋頂天際線、開放空間留設等。這些限制與規定都會影響一個建築基地進行規劃設計時的主要決策參考與依據，例如在臺北市討論度頗高的社子島開發案。社子，臺灣臺北市士林區所管轄的一個次分區，而「社子島」只是其中的一部分。最早開始係由基隆河與淡水河交匯而成的一個沖積平原。1953 年超級颱風克蒂穿越臺灣陸地期間，臺北社子地區當時發生淹水的情況，將軍黃杰曾下令協助整治淡水河與基隆河氾濫問題。因爲最裡面的中洲埔、溪洲底等地區（後來被稱爲社子島）被臺北市政府下令長期限建、禁建的影響，使得這附近的十個里成

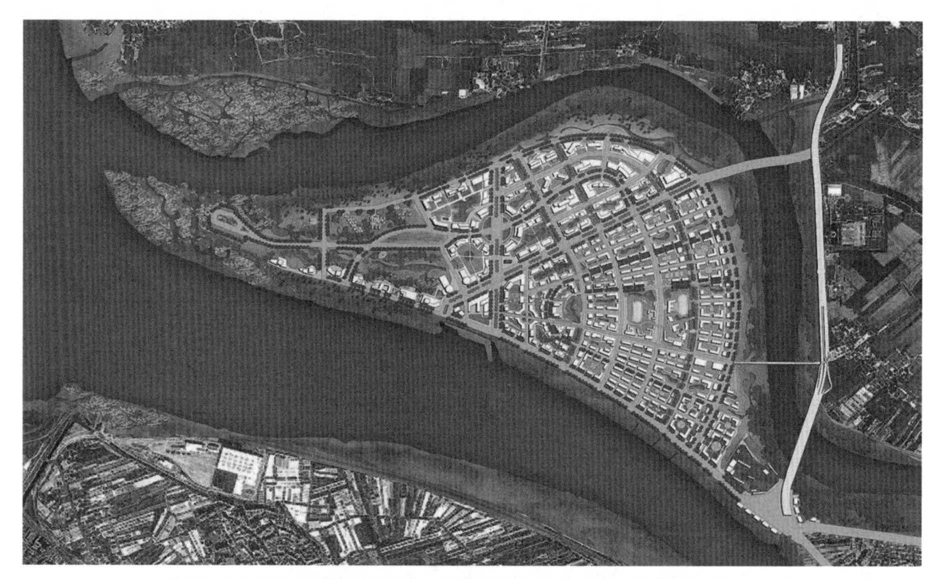

▲ 臺北市社子島開發計畫（摘錄自臺北市政府都市發展局）

爲臺北市內少數開發緩慢的社區。這個案子在每任臺北市市長選舉時幾乎都是會被提出的一個重要市政問題，這問題的懸而未決，直接影響該區域居民的權益與住居品質的不斷下降。

(4)其他

基地所屬場域的都市意象、基地四周的建築風格及語彙、基地四周建築量體、基地四周環境色系及地區材料等。

4. 工程環境的課題

對設計者而言，工程環境的課題分析是最常被忽略的，設計是需要被實踐的，也就需要採用適當的工法與構法，同時配合上適當的施工機具，因此，我們不得不正視在設計階段對於工程課題的檢討，以採用適當的工程方式，以合理的工程經費達成設計的預期效果。相關課題如下：

(1)營建水準

每個區域的營建水準會直接影響建築師設計的品質與完整度，以臺灣爲例，人口密集度最高的大臺北地區的營建需求與規模會大於其他地區，且較具營建規模的廠商也會有聚集效應，因此相同的規模在其他區域進行營建工程時，在規劃設計之初就要將當地的營建水準的因子納入考量，才可避免爾後發包施工階段造成流標或工程糾紛事件。

(2)工法與構法

臺灣大多數是採用鋼筋混凝土造的構造體，近年來節能減碳的環保意識不斷抬頭，相關建材之應用也逐漸被採用，例如：鋼骨構造、輕量鋼構、木構造、竹構造等。例如在 U.S Tall Wood Building Prize Competition 的競圖中，可以知道木材在使用上的極限與在高層建築之應用，同時也回應了綠建築設計及綠營建的時代趨勢。在這個競圖中，有分爲美國東岸與西岸兩組，眾所皆知在美國西岸有地震因素的考量，從此亦可得知此競圖的另一個重要趨勢指標在木構造建築在耐震上之設計應用。另外，還有關於樓板類型的選擇，除了傳統的 RC 樓板外，還有鋼構的浪型鋼承板、中空瓦楞板與無梁版等的選擇。根據不同的需求選擇適合的方式進行，例如停車場之樓層採用無梁版規劃設計，可有效降低樓層高度與結構體尺寸，可降低樓層高度以節省傳統梁柱系統的梁下方空間與工程數量（混凝土、鋼筋與模板等），對規劃設計的主要影響在於，若停車空間位於地下樓層，則可減少地下室開挖深度進而降低成本，若停車場位於地面層以上樓層（東協國家的普遍做法），則可將節省下的高度回饋到建築物的居室（依建築技術規則的定義爲：供居住、工作、集會、娛樂、烹飪等使用之房間，均稱居室。門廳、走廊、樓梯間、衣帽間、廁所盥洗室、浴室、儲藏室、機械室、車庫等不視爲居室。）樓層使用，亦可爭取較多樓層數之設計。

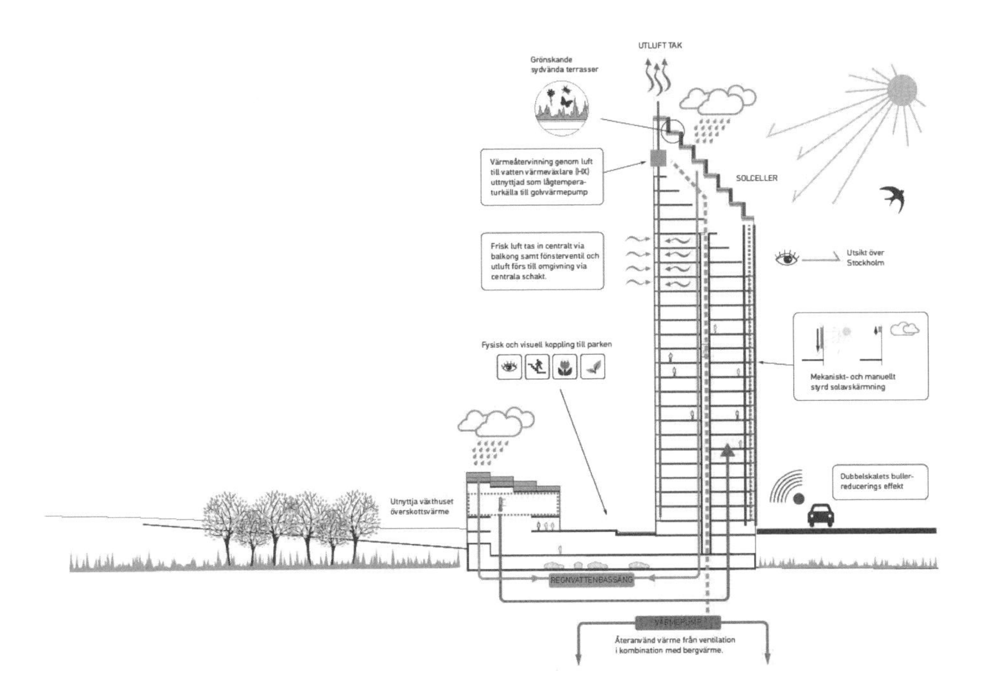

▲Wooden Skyscraper, Stockholm, Sweden / Berg | C.F. Møller Architects with DinnellJohansson（摘錄自 ArchDaily 網站）

(3)營建材料

營建材料的選擇，雖然不至於影響整體規劃設計的布局，但也是會影響規劃設計的開展與細節，例如隔間牆的種類與選擇，其考量點就包含隔音效果、隔熱能力、牆面構成與自重（結構載重檢討）、施工便利性與品質、工程單價等。例如，臺灣的住宅工程除了隔戶牆或剪力牆，一般會採用約 15 公分的 RC 牆，其餘隔間牆的選擇類型也已逐漸多元化，並非常見的 10～15 公分的 RC 牆或紅磚牆（1B 或 1/2B）。另一個案例，當基地位置座落於臺灣東北角一帶，由於該區域潮濕多雨，致使許多採用 304 不鏽鋼等級的門窗框料都還是產生鏽蝕的情形，在此種情形下就要考量其他材料特性與價格之間作價值分析。

(4)營建機具種類

在不同經濟水平與生活條件的區域中（開發中與已開發國家），其營造施工的機具種類與型號有著明顯的落差，例如我們在東協緬甸仰光市的一個高層鋼骨辦公樓規劃設計案，由於是跨國承接設計案（甲方為當地華人），因此之前累積的臺灣工程環境經驗必須重新建立與調查，像是地下連續壁開挖的機組尺寸能否滿足設計需求、樁基礎施工機組與精度、地質鑽探與實驗報告的正確度等，這個案調查範圍含括整個城市，而這些看似理所當然的部分，其實都必須在設計階段予以釐清與確認，否則當進行到工程階段時，因為施工機具或技術無法配合，導致必須進行變更設計的時候，這時所需付出的會是無以計價的時間成本與可觀的費用。

5. 營建法規分析

無可諱言，真實的工程設計案中，相關營建法規的檢討會先於規劃設計的開展，這部分大多是基地內及建築物外的法規限制內容的釐清與判別，例如：建蔽率、容積率、牆面退縮線、開放空間形式與範圍、開放空間留設區位、前、後院與側院的留設寬度、高度比規定、消防逃生規定、地下室車道留設區位規定等。通常會先將各種規定的數據轉換爲圖面，製作成開發量體配置圖，這可以是 2D 平面式的，而最理想的是 3D 的量體示意圖，因爲這樣可以很清楚地表達基地範圍內允許規劃設計的量體規劃範圍（高度與容積）。若從法的位階來看，無庸置疑地是從基地所屬地區之相關國土計畫法[22]規定先進行檢討，接著才是所在地隸屬的都市計畫法，如該區位的都市計畫案與細部計畫書圖或各縣市的都市計畫法施行細則（如都市計畫法新北市施行細則）的相關規定，若是前者未有規定，才會回歸都市計畫法或都市計畫法臺灣省施行細則內的相關規定辦理。其他可能影響建築物量體規劃配置的規定尚有：

(1) 都市設計審議地區
(2) 劃定都市更新地區
(3) 設置騎樓或無遮簷人行道地區
(4) 大眾捷運系統禁限建辦法（臺北捷運）
(5) 獎勵民間參與交通建設毗鄰地區禁限建辦法
(6) 公路兩側公私有建築物與廣告物禁建限建辦法
(7) 航空站飛行場助航設備四周禁止限制建築物及其他障礙物高度管理辦法

6. 市場需求分析

在臺灣，多數案子（房地產）的需求都是業主／甲方（代銷公司）所提供，建築師接收相關訊息後，通常是不加思索地將其反映在設計上，這中間的過程暴露出兩個主要課題，其一是臺灣多數建築師無法就自身專業提出適合設計專案的建築計畫；其二，長期因爲前述原因之惡性循環導致對空間需求的分析能力與環境的敏銳度逐漸流失。這裡的需求分析，以住

22 已於民國 105 年 5 月 1 日公告實施。

宅案來說包含社會家庭結構的轉變、當代住居行爲之轉變、居住空間內容與型態的轉變、當代「家」的核心再定義等。家庭結構的轉變會影響空間單元數量與尺度，以及空間單元間的關係，例如目前結婚生育率降低，兩人的住居關係（頂客族）已經是趨勢，其所需要的居室面積與非居室面積相對縮小，區位的選擇則以鄰近各大公共運輸系統爲優先。因此，我們可以發現臺北市各個主要交通節點（尤其是捷運）四周的小坪數住家空間產品如雨後春筍般冒出。

透過對時代趨勢與社會脈動的解讀與分析後，我們方能掌握到確切的資訊與空間需求，在透過分析後得以有擬訂空間定性與定量的基礎；身爲建築師必須要能夠提供我們的業主／甲方一個合理且貼近眞實脈動的建築計畫，而不是對於業主／甲方所提出的各項需求都照單全收，畢竟這是建築師的專業表現之一。

找出市場需求的方式一般有以下幾種調查方式：

1. 市場調查

市場調查就是指運用科學的方法，有目的地、系統地搜集、記錄、整理有關市場營銷訊息和資料，分析市場情況，了解市場的現狀及其發展趨勢，爲市場預測和營銷決策提供客觀的、正確的資料。市場調查的內容很多，有市場環境調查，包括政策環境、經濟環境、社會文化環境的調查；有市場基本狀況的調查，主要包括市場規範，總體需求量，市場的動向，同行業的市場分布占有率等；有銷售可能性調查，包括現有和潛在用戶的人數及需求量，市場需求變化趨勢，本企業競爭對手的產品在市場上的占有率，擴大銷售的可能性和具體途徑等；還可對消費者及消費需求、企業產品、產品價格、影響銷售的社會和自然因素、銷售渠道等展開調查。

2. 觀察法

分爲直接觀察和實際痕跡測量兩種方法。所謂直接觀察法，指調查者在調查現場有目的、有計畫、有系統地對調查對象的行爲、言辭、表情進行觀察記錄，以取得第一手資料，它最大的特點總在自然條件下進行，所得材料眞實生動，但也會因爲所觀察的對象的特殊性而使觀察結果流於片面。實際痕跡測量是通過某一事件留下的實際痕跡來觀察調查，一般用於對用戶的流量、廣告的效果等的調查。

3. 訪談

是將所要調查的事項以當面、書面或電話的方式，向被調查者提出詢問，以獲得所需要的資料，是最常見的一種方法，可分爲面談調查、電話調查、郵寄調查、留置詢問表調查四種，它們有各自的優缺點，面談調查能直接聽取對方意見，富有靈活性，但成本較高，結果容易受調查人員技術水平的影響。郵寄調查速度快，成本低，但回收率低。電話調查速度快，成本最低，但只限於在有電話的用戶中調查，整體性不高。留置詢問表可以彌補以上缺點，由調查人員當面交給被調查人員問卷，說明方法，由之自行塡寫，再由調查人員定期收回。

4. 問卷調查

問卷調查法也稱問卷法，它是調查者運用統一設計的問卷向被選取的調查對象了解情況或徵詢意見的調查方法。問卷調查是以書面提出問題的方式搜集資料的一種研究方法。研究者將所要研究的問題編製成問題表格，以郵寄方式、當面作答或者追蹤訪問方式塡答，從而了解被試者對某一現象或問題的看法和意見，所以又稱問題表格法。問卷法的運用，關鍵在於編製問卷、選擇被試者和結果分析。

前述的需求範圍屬於人的需求，在確認人的需求後，隨後便會引出滿足這些需求的空間硬體課題諸如：空間的需求、設備的需求、衛生的需求、安全的需求等，而後轉化爲設計需求。這也就是一連串從行爲需求到設計需求再到空間的定性定量的進展。就建築的觀點而言，需求係表示從生理層面、社會層面等多方加以分析，去學習如何以建築空間來滿足各類需求的學問。也就是說，我們要將上述的各類需求轉化並反映在建築設計的 Program 內，亦即空間定性與量化的過程。空間的定性即對物理空間性質與品質的描述，空間的定量即對空間大小尺寸的檢討。

（四）分析與結論：界定設計的課題

分析的目的是要從中取得有價值的線索，也就是我們所說的結論或課題，沒有結論的分析不過就是資料的收集與現況的表達能力，而做爲一個建築專業者，應該培養前述若干課題的分析過程中找出結論或課題的能力。我們將相關課題（或可稱之爲設計的關鍵因子）簡述如下：

1. 人的課題——行爲需求

生理上的需求：呼吸、水、食物、睡眠、生理平衡、分泌等。

安全上的需求：人身安全、健康保障、資源與財產所有權、道德保障、家庭安全、工作保障等。

情感和歸屬的需求：友情、愛情、性親密等。

尊重的需求：自我尊重、信心、成就、對他人尊重、被他人尊重等。

自我實現的需求：道德、創造力、自覺性、問題解決能力、公正度、接受現實能力等。

2. 環境的課題

陽光：東西日曬、直接日照、間接日照、穩定光源等。

空氣：通風（後疫時期住家空間的計畫重點）、氣流循環、空氣汙染等。

水：強降雨、暴雨、地下水、給排水、土石流、水汙染等。

噪音：交通工具、人群活動、動物叫聲、機械噪音等。

風：颱風、季節風、大樓風、風害等。

地形地貌：坡地、地表狀況、地下管道、汙染程度等。

生態：生態物種的保存、生態體系之維護等。

其他：全球暖化、天然資源耗損、人口數爆炸、新能源開發、極端氣候現象等。

3. 文化的課題

歷史：戰爭、事件、古蹟、文物等。

城鎮發展：如何形成、發展過程、特殊事件等。

族群／風土民情：食、衣、住、行、育、樂之行爲差異（左駕右駕）等。

全球化：人口流動與傳染病疫情之蔓延、知識流通與分享等。

性別與價值觀：如廁需求、使用習慣、空間尺度、豪宅＝居住品質等。

社會階級：學生、白領、藍領、管理層級、政治人物等。

宗教：空間觀、信仰、思考與行爲模式等。

社會事件：政府政策、重大事件（天災人禍）、社會經濟條件等。

4. 工程技術與材料的課題

地區工程水平、施工機具種類、地區材料的限制、結構設計觀念差異、新材料應用、施工技術與難度等。

5. 時程進度的課題

專案企劃、規劃設計、執照審查、工程施工、完工驗收、地域氣候條件、施工人數與水平、建材進口時程、拆除新建等。

6. 工程預算的課題

一個案子是擁有足夠預算的（如何在一定預算下做出一定水準作品）等。

7. 節能減碳與綠建築

設計上的應用：南北坐向、自然通風、採光、空氣循環、擋風、遮陽等。

技術上的應用：空調、風力與太陽能、水力與潮汐、智慧型控制、當地法規等。

8. 通用設計的課題

通用設計係指無需改良或特別設計就能爲所有人使用的產品、環境及通訊。它所傳達的意思是：如何能被失能者所使用，就更能被所有的人使用。「通用設計」源自人類結構的改變，高齡化社會的來臨，以及人本關懷逐漸受到重視，衍生自無障礙空間設計及廣泛設計等之理論，通用設計的觀點考慮不同族群間差異程度和需求性，並提倡使用者之公平性原則。

9. 跨領域的可能課題

材料學：記憶金屬、鈦合金、智能凝膠等。

心理學：環境心理學、色彩、空間認知等。

電腦科技：多媒體感知與模擬運算、B.I.M 整合應用等。

物理加化學：例如 Magnus Larsson 結合了細菌與砂，延遲固結了沙漠化的近程，也將沙丘變建築。

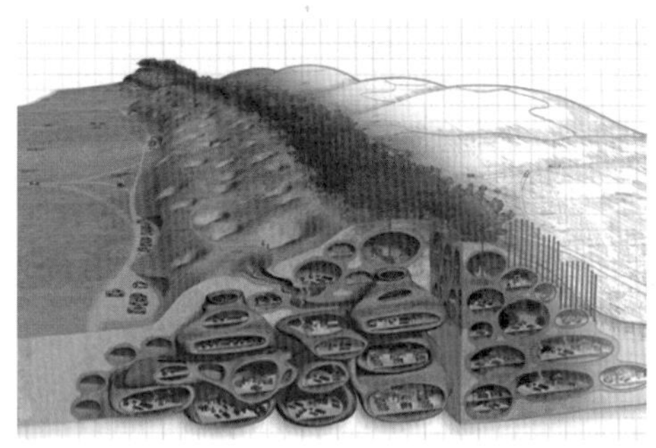

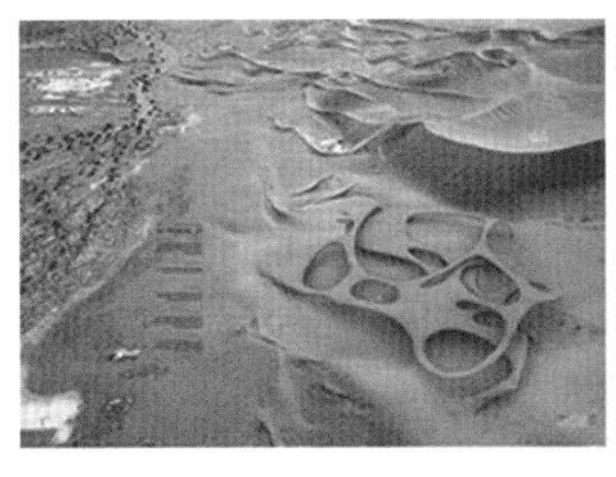
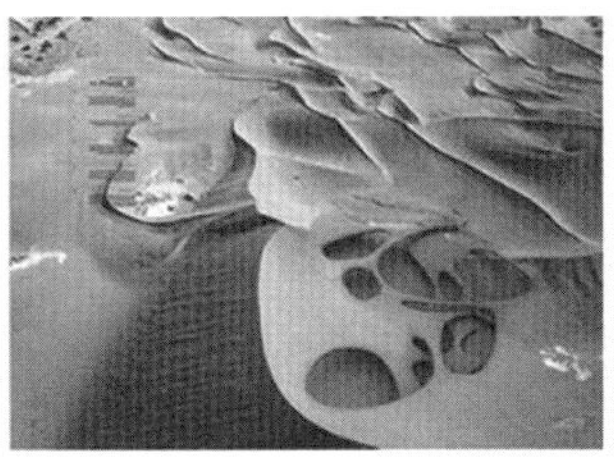
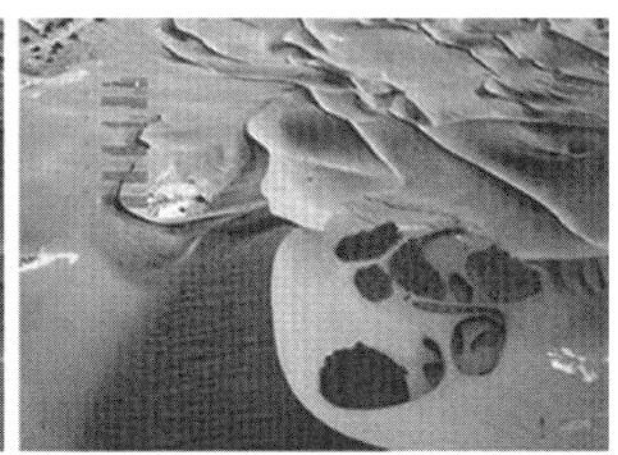

▲ Turning dunes into architecture（摘錄自 Popular Science 與 design boom 官網）

（五）課題的來源：潛力與限制

潛力就是潛在的能力和力量；內在的沒有發揮出來的力量或能力也就是人類、事件或物件原本具備卻被遺忘或忽略了的能力。限制就是：(1) 規定的範圍：出入沒有時間限制。(2) 約束：舊的關係限制了其他發展的機會。「限制」與「潛力」常是一體兩面，具有創意思考的人，他們會從種種限制中看到無限的可能性，他們將限制當作反轉的無限爆發力，將潛力做更徹底的發揮。因此，如何增進我們生活中對環境的敏銳度與觀察的習慣，無疑是十分重要的訓練。

若僅針對各別個體進行分析，有時候會得出一般性常識的現象，無法發掘出有意義的結論，例如太陽日照（東、西）的現象、冬季東北季風與夏季西南季風（臺灣地區一般情形）或潮濕多雨之類的。通常是將一個基地調查的完整資訊結合在一起進行檢視時，就會解讀出一些具參考價值的結論。例如，某基地環境說明如下：

1. 形狀呈現南北長條型，此時東西日曬的關係就變的對設計影響程度提升（遮陽與隔熱）。若基地寬度有限，建築物的配置就勢必面臨東西日曬問題的南北長向配置。

2. 當該基地四周多爲低矮建築內，且建築物使用機能爲住宅類型建築時（非空調型建築），此時季風的影響方顯得加劇（擋風與導風）。建築物使用類型、季風影響與南北長向配置這三個因子，隨之而來的是外殼節能與開口形式的分析檢討。

3. 若同時加上基地某長向面對 30 公尺寬的交通幹道與對側的鄰里公園或類似開放空間時，由於長照空間需求屬性對寧靜與乾淨的要求較高，因此，此時設計者面對的可能就要處理的是噪音、風沙灰塵、機能配置與視野面的衝突與取捨，抑或是採取其他方式達到兩全其美的解決提案。

藉由以上情境說明可以得知，基地建築類型與基地分析加以整合後的判讀，會直接到建築物配置座向、外牆開口形式、遮陽與隔熱、擋風與導風、機能配置方位等的課題。當我們誠實面對基地環境的真實處境與進入基地四周每日生活脈動的同時，我們將會清楚地發現某些環境表徵其背後的關聯性，這些關聯性實則幫助我們界定出關於基地環境所面臨的設計層面的課題。一般來說，我們可以從對基地相關課題的限制與潛力中，藉由一定的科學機制或者所謂的經驗，提供一個判斷的參考依據，並從中探索出可能的設計方向。

四、建築案例分析與類型學簡介

案例研究（Case Analysis），一種科學研究的方法，是對某個領域或專業項目具有代表性的樣態或現象進行詳實的研究從而獲得總體認識的一種科學分析方法。

案例研究一詞來自醫學及心理學的研究，原來的意義是指對個別病例做詳盡的檢查，以認明其病理與發展過程。這種方法的主要假設是對一病例做深入詳盡的分析，將有助於一般病理的了解。在圖書館學或資訊科學中的個案研究，是指在某圖書館或資訊中心，對其發生的特殊問題進行研究，並提出解決之道。個案研究的成功與否，大多賴於調查者的虛心、感受力、洞察力和整合力。這所使用的技術包括仔細的搜集各種記錄，隨機式的訪問或參與觀察。個案研究的優點包括：(1) 為研究質的、精密的、深度的一種分析方法，以原始資料為著手，並運用調查表、會談的方式，了解被調查者各方面之狀況。(2) 因資料幅度大，資料層次深，故能提出有效而又具體的處理辦法。而其缺點則有：(1) 是非科學性的研究。因資料兼有直接資料與間接資料，倘研究者忽視研究設計及慎用資料的原則，而過於相信自己的結論，難免會有偏差。(2) 研究雖有深度，但搜集資料耗費太多時間。(3) 選樣不易，資料不一定具有代表性。如誤以某偶發問題而做概括的結論，則難免以偏概全之弊。個案研究與統計研究之爭，在社會學史上為時甚久。但目前大家都已同意兩種方法在研究過程中均有合法的地位。個案研究提供統計上所需的變數與假設的資料，而統計分析所發現的重要關係可經個案研究獲得確認。兩種研究相輔相成，關係密切。[23]。

案例（Case）是一個內涵化的部分知識以表示一種經驗能夠提供學習成果來達成推理目的（Kolodner 1993），一個案例即是將關於問題、針對問題的回應，與自應所產生的結果等各種知識連結在一起。這是因為有效地再利用一個過去的經驗，通常需要比較與對比新與舊的狀況，以決定過去的經驗是否對新的狀況有所幫助，同時案例也必須具有足夠的內容，當以後回顧時才有用並且部分內容才能夠被擷取使用[24]。

我們希望透過案例分析來剖析一個或一組已存在或被執行的決策、設計或機制，為何會被採納、如何來執行以及所呈現的結果，也就是由最後呈現的「果」回溯分析其所導致的「因」的動作；這是不同於設計思維的

[23] 圖書館學與資訊科學大辭典。

[24] 案例式設計：一種類比推理之設計方法的探討，設計學報第 3 卷第 1 期，邱茂林，87.06.19，P73。

因果關係的邏輯辯證。我們可藉由分析特定建築師或經典建築物的案例，學習建築設計中所具備的基本需求與步驟；並由不同建築師的設計手法中，了解並體會其特殊對空間、機能的獨特個人詮釋。簡言之，案例分析的目的是在深入了解所分析物件其外觀形式呈現的背後所隱藏的構成要素與決策考量；在建築計畫的撰寫過程中，案例分析的部分通常占有舉足輕重的角色，投資方都希望能藉由成功案例的分析，擷取對專案計畫有關聯的部分做為決策參考。

案例分析的目的：

1. 提供成功或失敗的建築經驗以供後續相關設計課題之參考。

2. 透過具有代表性或主題性的設計案例，發展出一套具有邏輯探究的途徑。

3. 可從旁釐清設計思維盲點與建立自我設計風格。

4. 學習多元的設計思路，可有效深化設計與方案評估依據。

建築的案例分析種類（參考）：

1. 完整設計分析：收集引用之案例通常與設計案為大致相同的條件。

(1) 建築類型：幼稚園、大專院校、體育館、辦公大樓等。

(2) 建築規模：通常以樓地板面積、樓層高度、醫院床數等。

(3) 基地環境：山坡地建築、都市街廓開發等。

(4) 社會環境背景：災區重建、安養中心、宗教信仰等。

優點：可得到較為完整有效之設計資訊，也可較深入了解需求、課題、對策與設計成果之間的因果關係。

缺點：案例之完整資訊不易收集完整，不易另求課題／對策而承襲原有盲點、錯誤，構想檢討易受限而不自知。

2. 局部設計分析：針對設計案中之局部課題、需求及目的進行分析探討。

(1) 建築造型語彙：出入口形式、牆面開口部、扶手欄杆、屋頂形式、陽臺造型、裝飾、雨遮等。

(2) 建築材料：通常以樓地板面積、樓層高度、醫院床數等。

(3) 構造形式：鋼筋混凝土、鋼骨鋼筋混凝土、鋼骨構造、汙工構造、輕量鋼構、木構造等。

(4) 中介空間：基地外、基地外部廣場、基地內庭院、建築物出入口／建築物外牆等。

(5) 地景植栽：植栽選取（耐候、誘鳥誘蝶等）、地景形式、鋪面形式、複層綠化等。

(6) 空間機能：實驗室、圖書館、醫院病房、醫院診間、教育空間、辦公空間等。

(7) 結構形式：耐震方式、結構形式與系統、柱梁尺寸效益評估等。

(8) 設計概念：概念發展與形成、概念空間化的過程、概念與成品之落實度等。

(9) 特定行爲需求：老人、幼兒、學生、行動不便者等。

優點：◆ 可節省資料收集時程，直接針對特定目的。
◆ 案例數量增加，可提升設計視界與幫助設計判斷。
◆ 可增加設計提案之可靠度。
◆ 可輔助說明新設計觀念、新工法與新材料之推廣。

缺點：◆ 易有瞎子摸象，對分析項目缺乏整體因素之考量。
◆ 若經驗不足或對設計案件需求不明，易造成所有資料無法整合連貫。
◆ 易淪於局部之表現，失去整體設計焦點。
◆ 主觀意識較強烈，較缺乏整體客觀之分析。

類型學（Typology）的起源於 19 世紀末、20 世紀初，作爲一種分組歸類方法的體系，通常稱之爲「類型」，在語言學和邏輯思想的影響下，類型的觀念在思想界獲得一種新的中心地位。當時產生的是非常抽象和一般的類型理論，類型的觀念在諸多不同的領域裡，形成了一種系統化的學問。簡言之，廣義的類型學是對兩個或更多的典型的社會結構進行分類的社會學分析方法。典型社會結構是對個人或社會群體中的現象分析之後抽象出來的概念，有言道：「物以類聚」，就是類型之意。

類型學在當代建築理論中稱得上是討論度高的專業流派之一，在當代西方思想中佔有相當重要的位置，建築上的類型學理論，初期還不在於具體的建築設計的操作應用，而主要作爲一種認識論和思考的方式。在十八世紀，把一個連續的、統一的系統作分類處理的方法用於建築，因而有建築類型學。建築類型學作爲一個涵蓋非常廣泛的知識領域，其與建築史、城市形態學、城市規劃、考古學、建築批評學、語言學，甚至哲學（實證主義、存在主義和結構主義等）都有著一定程度的鏈結。建築類型學的觀點主要來自與現代結構主義的思想，結構主義的兩個共通特點：一是認爲研究領域裡要找出能夠不向外面尋求解釋說明的規律，能夠建立起知識主體自身的論述結構；二是實際找出來的結構能夠形式化，並成爲公式而作演繹法的應用。結構的三要素就是整體性、轉換規律和自身調整性[25]。

Typology 由兩部分構成：「Type-」意爲類型、種類、範本、原型、字體。意象可能源於印刷術中使用的雕版或方塊狀字模（印刷術英文：Typography）；而「Logic」意爲邏輯、推論、規律，希臘語的原意爲帶有理性和智慧地交談。將「Type-」和「Logic」兩個單詞組合在一起的Typology，其含義不辯自明，分類之道，即爲類型學；它是對事物帶有邏輯地進行分類的科學，而這種分類過程，又常常伴隨著對含義的比較分析

---

[25] 出處：http://www.jianshe99.com/lunwen/qita/zh1504157344.shtml。

和定義。另外，中國大陸學者汪麗君在其《建築類型學》一書中提到，建築類型學不是一種設計方式，而是一種對建築的一種新的思考方式。建築類型學包括三個方面：1. 類型學繼承了歷史上的建築形式；2. 類型學繼承了特殊的建築片段和輪廓；3. 類型學是在新的文脈中將這些片段重組的嘗試。[26] 若以類型學之理論基礎應用在建築設計實務上，其尺度可大到城鎮、各類園區、都市開放空間或街廓的開發，亦可小到建築的單元物件（例如遮陽系統、雨遮等）。建築設計實務操作的程序至少包括案例篩選、案例分析、案例檔案建置、案例疊圖與分析等主要步驟：

(1) 先進行相關案例的收集與資料庫（Database）的建立，在收集案例資料的同時，也進行案例資料的分類、定義與篩選，篩選的標準通常取決於規劃設計者的喜好、風格或業務取向等，除此之外的關鍵便是案例資料本身的設計品質是具有一定水準的。

(2) 接著進行案例分析的步驟（內容請參考前述）。

(3) 將篩選後的案例資料予以圖面化（以 jpg 與 png 檔案爲主）以及向量化（cad 等其他相關可編輯的設計繪圖檔案）並建檔儲存。

(4) 接著是以有尺度（In-Scale）的進行疊圖，將實際項目基地的圖面與經挑選適合該案尺度的案例圖面進行疊圖的動作（一般建築師事務所常用之軟體均可進行，例如 Archicad 或 Revit 等），將每個案例的疊圖結果進行優、缺點分析與評估。

(5) 依據前述優、缺點分析與評估的結果，可作爲整體項目開發量體配置的原則性（或可行性）之參考，後續動作則可按照個別設計者的慣用方式進行執行。

目前業界在實質設計項目上的應用而言，筆者過去在紐約期間曾服務

[26]「建築類型學」，汪麗君，2005 年，天津大學出版社。

於 EEK 建築師事務所（現已併入 Perkins. Eastman）便常以此操作方法進行篩選大型開發規劃案的敷地配置計畫的可行性構想。而小尺度可以到局部的建築語彙（如出入口意象及遮陽裝置等）與室內空間器具等，從尺度到形式再到顏色與材質都是可以進行分類的項目，以下列舉應用機會較高的分類項目與定義，而這些分類項目中的案例通常具有多重的定義：

1. 大、中、小尺度的開放空間／廣場

依據使用性質有交通與都市人潮聚散（如臺北捷運忠孝復興站 SOGO 新館站前廣場）、校園主要出入意象廣場（如臺灣大學新生南路與羅斯福路口之廣場）、儀式型活動廣場（如臺北市中正紀念堂自由廣場）、市民活動場域（如臺北市政府面前廣場與國父紀念館四周開放空間）、運動設施四周開放空間（如臺北市南京東路小巨蛋）、大學圖書館前面廣場（如臺灣大學總圖書館）、鄰里公園居民活動廣場等。

2. 街廓型開發的量體配置

依據使用性質有商業類型、住宅社區、住商混和類型、複合型運動設施園區（如臺北市忠孝東路的松菸巨蛋園區）。

3. 基地形狀（範圍）

方整街廓、長方形、狹長型、沿街型、不規則形、山坡地、低地型、沿海區等。

4. 開口形式

帷幕牆形式、古典形式、圓形、天窗形式、出入口門、商業櫥窗等。

5. 牆面材質

耐候塗料、奈米塗料、石材、玻璃帷幕、金屬帷幕、各類面磚、清水模等。

6. 空間造型風格

極簡風格、裝飾風格、後現代風格、普普風格、混搭風格、復古風格等。

7. 街道家具

座椅（休憩型、短暫型、可移動式等）、垃圾桶、字報攤、旅客中心（Info-Centre）、照明形式、候車亭等。

8. 樓梯形式

造型（轉折梯、直通梯、旋轉梯、坡道等）、構造形式（混凝土、鋼構、木造等）、次要構材（扶手欄杆形式、材料、無障礙設計、止滑方式等）、地面材料（止滑磚、止滑 PVC、地毯、石材、清水混凝土、木板、鋼板、玻璃等）等。

9. 室內器具

浴廁（馬桶、面盆、水龍頭、淋浴組、隔間形式、毛巾架等）、電視牆、天花、燈具、衣櫥、隔間、廚具等。

此建築類型分析的設計應用主要在提供設計者一個先驗的設計軌跡[27]，顯著的優點有下列幾項：

1. 避免與降低設計過程中的失誤

可以透過類型的分析進行類似案例的分析檢討，可避免因設計經驗不足而影響最終設計構想之呈現效果。

2. 爭取設計作業的時間

因為降低了設計失誤的機會或頻率，也因此可以縮短構想與實踐兩者間一來一往的往復時間，進而爭取設計作業的時間。

---

[27] 有些關於此方式的評論是較缺乏設計的創意思維，然我們認為，所謂設計的創意係在於透過設計的展現／服務／體驗下，提供客户／使用者一個愉悦／舒適的經驗與價值創造，是設計構想的創意呈現，而非僅侷限於形式呈現的創意。

3. 強化設計成果的呈現

可藉由對已知設計案例的分析進而一定程度的掌握設計成果的呈現。

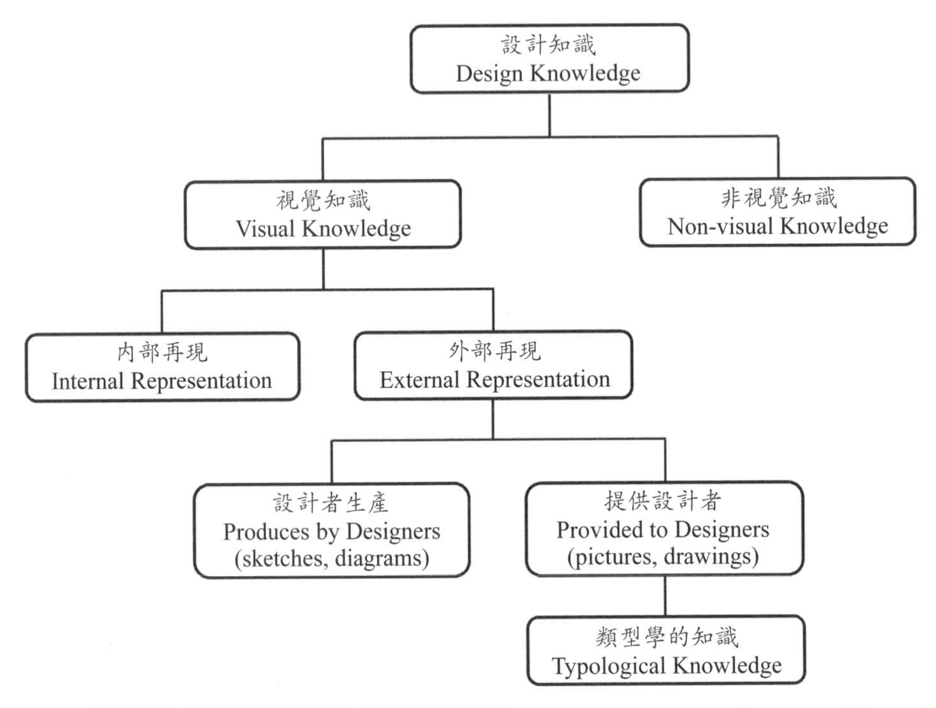

▲設計領域中的視覺類型學（摘錄翻譯自 https://www.researchgate.net/figure/Visual-typology-in-the-design-domain_fig2_220306573）

五、設計思考的意涵與操作

（一）各類課題的設計思考

在透過前述的設計分析與類似建築類型的案例分析後，我們應該能夠從中發掘與釐清相關設計專案的一些課題，諸如：行爲的課題（人的需求）、環境的課題（實質與人文）、法令與政策的課題（限制與潛力）、文化的課題（文教類建築）、工程技術的課題（地質條件或時程急迫）、工期進度的課題、經費的課題、節能減碳與綠建築的課題、跨領域的課題（建築物機能性質）等，而這些課題就是此設計專案能否順利執行的重要關鍵之一，我們必須針對這些課題進行設計思考，並從中得出解決這些課題的可行之道（亦可稱作規劃設計構想），以作爲擬定後續建築計畫內涵的各項實質內容之依據。然而，雖然這些課題的規模、範圍或程度有大有小，無法等齊而觀之，但是考量課題彼此間的潛在關係與其複雜度，我們建議可將諸多課題與排序方式編號，再進行設計思考階段的探討範圍，而在後續的對策擬定的階段再一併進行價值評估。

建築設計所要面對的課題大多數來自這眞實世界的脈絡，無疑的，建築設計是一個解決眞實世界問題的一個實用學科，這個眞實世界林林總總的現象與課題是無法用單一方法或系統予以看待與解釋。同時，在設計實踐的過程中，爲了確保執行成效與客戶之權益，通常無可避免地在眾多互相衝突的情形下必須取得一個當下的權衡處置方式。況且，每一個具規模或以設計型著稱的建築師事務所，均有其對建築設計的操作方法或設計程序，有的聚焦在解決空間機能與工程界面的問題，有的則是強調造型美學表現，有的是靠建築師的設計靈感與經驗決定設計方向，有的則是透過腦力激盪的會議方式以集體決議的方式訂出設計方向，各有其特色。

（二）思考的面向

我們鼓勵一個開放式的建築設計思維模式，一個能夠提供以空間實踐的方式解決相關課題的設計創意思維，這裡所強調的是解決問題的空間創意，我們認爲臺灣社會環境該是時候脫離基本生存需求滿足的狀態，進而邁向更高的層次，意即環境美學與公民環境意識的提升。以下摘錄若干常見的關於開放式與收斂式思考模式的學理說明：

1. 擴散性思考

擴散性思考是指個人在解決問題時，同時會想到數個可能解決的方法，而不囿於單一答案或鑽牛角尖式的探求。按基爾福（J.P. Guilford, 1897～1987）的理論，擴散性思考代表人類的創造性能力，在此具有創造性能力的擴散性思考之內，包含著下列四種因素：(1) 流暢性：心智靈活順暢，能在短時間內表達多個不同的觀念。(2) 變通性：思考方式變化多端，能舉一反三、觸類旁通、隨機應變，並且不墨守成規。(3) 獨創性：思想表現卓越，對事物處理能提出創新辦法，對疑難問題能提出獨特的見解。4. 精密性：慣於深思熟慮，遇事精密分析，力求完美周延的地步。[28]

2. 水平思考

水平思考法（Lateral Thinking）是指在思考問題時擺脫已有知識和舊的經驗約束，跳脫常規，提出富有創造性的見解、觀點和方案。這種方法的運用，一般是基於人的發散性思維，故又把這種方法稱爲發散式思維法。水平思考法是一種促使創意產生的創造性思維方法，是指擺脫某種事物的固有模式，從多角度多側面去觀察和思考一件事，善於捕捉突然發生的構想，從而產生意料不到的「創意」。區別於垂直思維，水平思維不是過多地考慮事物的確定性，而是考慮它多種選擇的可能性；關心的不是完善舊觀點，而是如何提出新觀點；不是一味地追求正確性，而是追求豐富性。水平思考法的特點即在擺脫既有框架的制約，追求全方位地思考，尋找解決問題的創意，對於偶然一閃的構思，當下應該予以記錄，可在事後進行評估與判斷。

3. 聚斂性思考

聚斂性思考（Convergent Thinking）係利用已知的知識和經驗，由已

---

[28] 教育大辭書。

知或傳統方法獲知結果，也是一種封閉的思考。每個個體在運用記憶和想像從事思考時，必將因個人的認知結構不同，或因引起思考的情境及原因有別，而有不同的思考方式。聚歛性思考層次的問題通常都需要經過分析和整合的步驟，目標是引導到你期望的結果或解答。這種問題大部分是問：爲什麼？如何？什麼方法？聚歛性思考時個人能用已有的經驗把事實統合於邏輯的或和諧的順序之中，並遵循傳統的方法與已存的知識，進行有條理又有組織的思考。

4. 垂直思考

垂直思考（Vertical Thinking），又稱直向思維、線性思維，由亞里斯多德首先提出，按照一定的思維路線或思維邏輯進行的、向上或向下的垂直式思考方法，其思考方式主要爲單線定義問題，必須遵守既定流程，在問題解決前並無其他更改方式或途徑。其與水平思考相互對應，以思維的邏輯性、嚴密性和深刻性見長。

這種思考方法適於對既定問題作更加深入、細致的研究。講求按部就班、循序漸進，因此不僅要求每一步驟及每一階段都必須是絕對；而且要求推論過程中的每一事物都需接受嚴格的定義及推論正確無誤。順乎人的自然本能，因爲垂直思考法重視高度可能性，而人在面對問題時，往往會被可能性最高的解釋吸引住，立刻沿其繼續發展[29]。

（三）設計思考與空間操作的程序

我們認爲建築設計的程序是針對分析後的課題所進行的一種循環往覆式的尋求解決特定或關鍵課題的創意發想，並進行價値判斷、篩選與決策的行爲歷程。有道是，好的開始是成功的一半，於建築設計的程序而言，

---

[29] MBA 智庫百科。

至為關鍵的便是在初始的階段，我們提供一個可普遍應用於建築設計的設計程序：

1. 建築類型與背景
2. 分析與結論：界定課題
3. 設計思考工具應用（擴散與收斂）
4. 相關案例分析與評估
5. 對策擬定與決策——設計構想的形成
6. 擬定規劃設計空間需求項目
7. 空間的定性及定量
8. 空間組織架構及矩陣圖
9. 相關規劃設計準則

這一系列的心智行為是建築設計在創意方面實踐的依據與靈魂所在，同時也是設計案執行成功與否的關鍵與核心。在這個程序裡呈現的並非是一個線性序列的操作步驟，而是每一個單元內部各自的循環（重複與檢視），以及每個單元間（外部）循環（重複與檢視），這個程序的特性就在於不同單元彼此間的不斷循環。

建築設計的過程我們希望透過設計思考的工具做為尋找創新的設計構想，而這個「創新」是建立在解決問題的創意 + 可行性 + 創造價值的總和呈現，三個因子缺一不可。設計分析的「結論」即建築設計實踐的「大方向」或「構想」（Ideas）的來源，也是所謂創新的基礎，這是經由一系列由專案目標、預期成效設定、資料收集、基地田野調查、分析與結論、課題與設計思考、案例分析、對策擬定與評估、設計管理等程序及具體結論（擴散與收斂的往覆辯證），任何的分析與探討都必須有其結論與後續行動的建議，這是一種對設計專案裡相關議題的一種反饋與專業態度的展現；構想（Ideas）/ 概念（Concept）則作為解決專案課題的一個總和氛圍的描述（Description）或論述（Statement）。

建築的設計思考工具，我們通常建議採用擴散性思維（Divergent Thinking）進行開發各種可能性的關鍵字，再透過聚斂性思維（Convergent Thinking）的方法進行回饋與篩選（以其他因素檢視構想的實踐效益，例如：法規限制、場址工程水平、施工難度、工程預算、節能減碳效益、創造的空間價值、公益的效益等），主要的思考工具簡述如下：

1.心智圖法

又稱爲思維導圖（Mind Mapping），是一種全腦式學習方法，它能夠將各種點子、想法以及它們之間的關聯性以圖像視覺的景象呈現。非常典型的是一些與中心概念線形連接關鍵字、短語或圖像，它能夠將一些核心概念、事物與意象等透過大腦的結構傾向及運作組織起來，輸入我們腦內的記憶樹圖，並且允許我們對複雜的概念、訊息、數據進行組織加工，以更形象、易懂的形式展現在我們面前。它是從被設定的中心概念及問題的準確描述入手。非常典型的是一些與中心概念線形連接關鍵字、短語或圖像。

心智圖法是一個突破性的學習和思考系統，更是一個開啓大腦潛能的金鑰匙。它運用視覺化技巧及左右腦全部的功能，包括右腦的節奏包括右腦的節奏、色彩、空間、圖像、想像力、總覽，及左腦的序列、文字、數字、清單、行列及邏輯。它是結構化的放射性思考模式，充分發揮左右腦的天賦智能，附合的方式，將所要學的東西相互產生聯想。心智圖被譽爲強力的學習記憶和思維訓練方法；更被譽爲是一種學習革命，能大幅提升學生的學習能力。無論在學習、腦力激盪、創意思考、解決難題等方面都能促進成效。[30]

---

[30] 心智圖的概念及應用，許麗齡，2009.1。

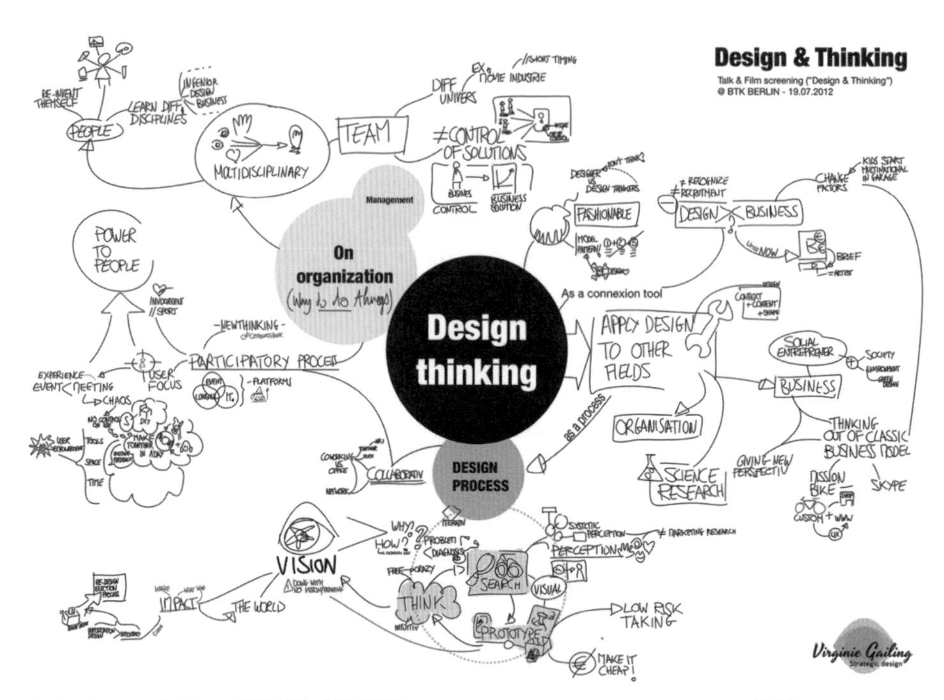

▲Design Thinking 心智圖（摘錄自 Innovation through design? PPT 檔案 _Dr. Gavin Melles）

心智圖之作業程序，便是要保持輕鬆的心情隨手塗鴉，輕鬆寫下內心的想法——任何想法。心智圖法的優點有：(1) 簡單、易用、(2) 每一個關鍵字／構想都可能有聯繫、(3) 視覺化，容易記憶、(4) 線狀輻射，允許從各個角度展開工作、(5) 提綱挈領幫助我們立足全局把握問題之間的聯繫。以下提供製作心智圖的七個步驟[31]：

(1)從空白頁面中心開始

◆將頁面轉成橫向

◆你的大腦有更多的自由去向四面八方展開

[31] 出處：http://actsmind.com/blog/archives/4719。

(2)使用圖像或圖片作爲中心思考主題

◆一張圖片勝過千言萬語

◆它會刺激你的想像力

◆這會是比較有趣的

◆它使你聚焦中心

◆它幫助你專注集中

(3)全面運用顏色

◆顏色對大腦會產生刺激

◆色彩給你的心智圖增添鮮活生命力

◆色彩會在創意思維上添加能量

(4)把主要分支連接到中心影像

◆連接第二層、第三層各個分支

◆大腦經由關聯思考來運作

◆大腦喜歡把各個東西連結在一起

◆各個分支連結建立起整個架構

(5)作成彎曲的線條型式

◆直線型式是很無聊的

◆彎曲線條的分支會有吸引力

(6)每條上使用一個關鍵字詞

◆單一關鍵字詞會給你的心智圖更有力量和靈活性

◆每個字詞或圖像創立出自己的關聯和連接

◆每個關鍵字詞是能夠引發新的點子和想法

◆片語詞句則會抑制這個觸發作用

(7)全面套用圖像效果

◆每張圖像含義相當於一千個文字

◆十張圖像就會給你十萬個文字

2. 腦力激盪法

1939 年，BBDO（全名爲 Batten, Barton, Durstine & Osborn，全球第四大廣告公司）共同創辦人亞歷山大·奧斯本（Alexander Osborn）有鑑於當時製作廣告，多由業務人員接下廣告主委託，將案子交給文案人員編寫，再由設計人員完成。於是奧斯本絞盡腦汁，思考如何將不同角色的工作人員，以團隊合作的方式進行「創造性解決問題」的方法，因此開發「腦力激盪法」。腦力激盪法（Brainstorming），是一種爲激發創造力、強化思考力而設計出來的一種方法。可以由一個人或一組人進行。參與者圍在一起，隨意將腦中和研討主題有關的見解提出來，然後再將大家的見解重新分類整理。在整個過程中，無論提出的意見和見解多麼好笑、荒謬，其他人都不得打斷和批評，從而產生很多的新觀點和問題解決方法。主要利用「靈機一動」與「集體創作」方式思考，運用此法刺激思考。強調集體思考及激發創意，著重互相激發思考，鼓勵參加者於指定時間內，構想出大量的意念，並從中引發新穎的構思。

在腦力激盪會議前，事先擬定好課題是必需的。提出的課題一定要表述清楚且具體，不能範圍太大，而是要落在一個明確的問題上，比如「現在手機裡有什麼功能是無法實現，而人們又需要的？」如果論題設的太大，主持人應將其分解成較小的部分，而分別提問。腦力激盪四原則：

(1) 延遲判斷——不馬上做評斷。

(2) 自由奔放——什麼都可以提。

(3) 大量發想——大量提出想法。

(4) 廣角思考——多元化的思考。

(5) 結合改善——結合各種想法呈現最佳結果。

▲ 腦力激盪示意圖（摘錄自 ironpostmedia 官網）

3. 概念合成法

概念合成法是將已知兩組或多組的資訊、概念、構成、元素等，透過拆解、消去、重複與再重組的程序，找出其在本質、屬性、原理或模式等彼此間的相似處的連結與其關係之創造，這是設計思考中最重要的一環，也就是愛因斯坦所稱之「合併性思考法」。一個原創的點子並不只是將幾個想法相加而已，如何將不同事物的模式相互解構重組與融合。以下提供若干概念合成法的幾種類型：

(1)同類組合

同類組合是若干相同事物的組合，參與組合的對象在組合前後基本原理和結構一般沒有本質上的變化，往往具有組合的對稱性或一致性的趨向。例如：雞尾酒、雙排訂書機、多缸發動機等。

(2)異類組合

異類組合是兩種或兩種以上不同領域的技術思想的組合、兩種或兩種以上不同功能物質產品的組合。組合對象（技術思想或產品）來自不同的方面，一般無主次關係。參與組合的對象從意義、原子、構造、成分、功能等任一方面和多方面互相滲透，整體變化顯著。異類組合是異類求同的創新，創新性很強。也就是被組合的元素是舊的，組合的結果是新的，把舊變新、由舊出新這就是創造。

(3)重組組合

重組組合就是在事物的不同層次分解原來的組合，然後再按照新的目標重新安排的思維方式。重組作為手段，可以更有效地挖掘和發揮現有技術的潛力。如飛機的螺旋槳裝在尾部就是噴射式飛機，裝在頂部為直升機。企業的「資產重組」等說明重組可以引發質變。例如：積木、變形金剛、七巧板等玩具，都有利於兒童建立重組意識，培養重組能力。

(4)共用與取代組合

共用組合是指把某一事物中具有相同功能的要素組合到一起，達到共用之目的。例如：吹風機、卷髮器、梳子，共用同一帶插銷的手柄。取代組合是通過對某一事物的要素進行摒棄、補充和替代，形成一種性能先進、效果強大且實用的新事物。撥號式電話改為鍵盤式、銀行提款卡取代存摺。

(5)綜合

綜合是指為了完成重大課題，在已有的學科、原理、知識、方法、技術不能解決時，創造出新的學科、新的原理、新的方法和新的技術，並對其進行重新組織和安排的思維過程。

這方法最著名的案例是傳統打字機的發明問世，即是透過此方法無意間發明出來，主要是在無意中將「筆」與「鋼琴」進行合併性的思考，兩者間在本質、屬性、原理或模式面向的共通點是產出「符號」，原本是鍵盤＝音符／筆＝文字的關係，在有了共通之處後，便打破了兩者原本看似毫無關聯的界線，於是建立了混成的「鍵盤＝文字」的關係，於是乎發明了傳統的打字機。

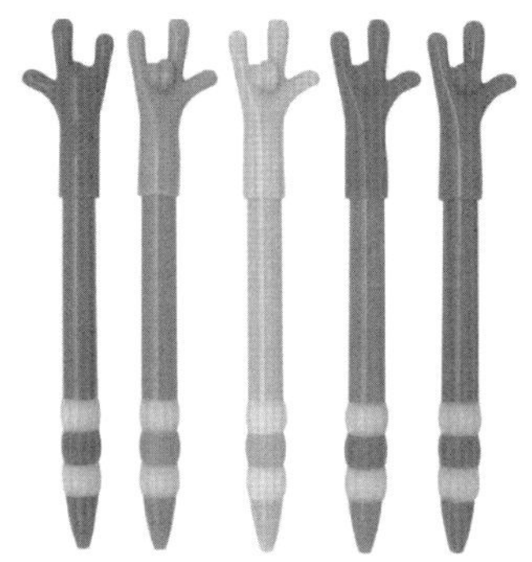

▲ 筆與鋼琴

4. 系統創意思考

很多時候，我們在思索創新時，往往陷入創新的迷思，認爲一定要漫無目的、跳脫框架，有時候只是反轉思維就能夠創造出更適合的產品。自嬌生公司退休的行銷創新老將德魯 · 博依（Drew Boyd）與哥倫比亞大學行銷學教授傑科布 · 高登柏格（Jacob Goldenberg）在《盒內思考》一書中證明，創新並不是企業預算與人力的軍備賽，而是反轉思維的挑戰。在人員、財力、資源都有限的經營環境裡，本書論述的「系統性創新思考」（Systematic Inventive Thinking），將是企業以創新突圍的利器。他們並提出五大創新思維的原則：簡化、分割、加乘、任務統整、屬性相依，如下簡述：

(1) 簡化，將目標物之條件列出後，刪減條件，如：缺乏黏性的膠水→便利貼、湯沒有水→粉末沖泡湯料。

(2) 分割，將目標物之部件（功能、外形、保存）分割後，重新組合，如：輕薄型筆電，將光碟機硬碟等分割出來，需要時才接上。

(3) 加乘，將目標物之某些特性重複，如：單面膠帶變雙面膠帶。

(4) 任務統合，目標物之某項要素，加諸額外功能，如維基百科，將讀者賦予編寫任務。

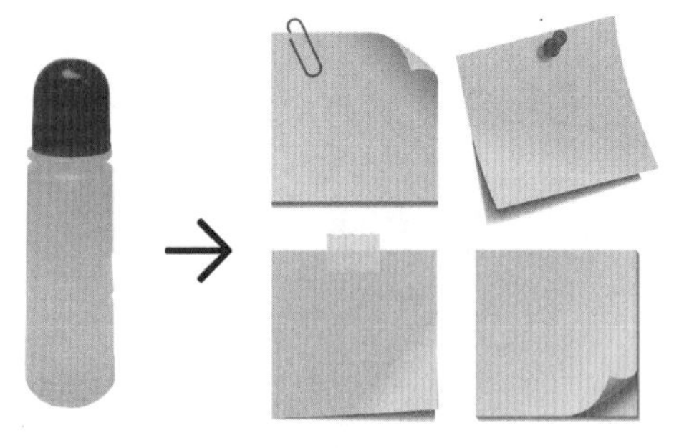

▲ 膠水與便利貼

(5) 屬性相依，找出目標物內原本各自獨立的屬性，建立相關性，如：會隨溫度變色的奶瓶，將「溫度」與「顏色」建立相關性。

設計是一個需要被操作實踐的心智行爲的具體化，因此，無論是哪一種大師級的方法或理論，均需要設計者親自操作它，再根據個人學養與喜好，從中調整或修改以建構符合自己操作的設計方法與空間論述；設計方本身無所謂好壞，因爲完美與無懈可擊的設計方法是不存在的，觀點不同答案自然不同，通常我們都需要在不同階段結合若干方式才得以建構你我心中的建築藍圖。

以下列舉若干年曾參與中研院環境變遷大樓新建工程競圖[32]中，對於相關課題進行設計思考的過程簡述：

1. 規劃設計背景說明

基地位於南港區中南段三小段 318-2 地號等 20 筆土地，基地面積爲 7,700 m²，興建地上 8 層、地下 2 層，總樓地板面積爲 24,273 m²之「環境變遷研究大樓」，並計畫以跨領域合作研究方式，結合統計科學研究所及

32 該競圖由喻台生建築師事務所爲投標廠商，由李峻霖建築師操作設計概念發想與基本設計的執行，該競圖結果爲第二名。

地球科學研究所建置本院數理組跨領域研究平臺，以因應全球環境變遷相關議題、培育臺灣專業研究人才、保育臺灣生活環境及全球永續發展。空間需求概述如下：

(1) 進駐單位：環境變遷研究中心、地球科學研究所、統計科學研究所及院方空間。

(2) 主要使用人員：行政人員、研究人員、訪客或維修人員。

(3) 空間機能需求：

◆ 實驗工作空間：含實驗室、大特殊實驗室、小特殊實驗室、公共儀器空間及動植物研究中心。

◆ 研究空間：含 PI 研究室、博士後研究室、研究助理室、研究生研究室及其他研究人員室。

◆ 行政空間：含主任辦公室、副主任辦公室及行政人員辦公室。

◆ 輔助空間：含公用電腦室、圖書資料室及儲藏室。

◆ 共同使用空間：含會議室及研討室（兼交誼室）。

◆ 公共服務空間：含門廳、走道空間、衛生設備、各類機械空間、附屬建物（陽臺、平臺）及停車空間等。

基地現況概述：

(1) 基地現況

基地環境及既有設施現場呈南高北低緩坡地形，基地範圍內有一露天停車場與 2F 鐵皮屋建物，目前爲地科所出借環境變遷研究中心做爲實驗室使用，待本案興建完成全數遷入新大樓後拆除，其餘空地爲綠地、喬、灌木等植栽及籃球場一座。基地內現有一棟地球二館，計劃以先建後拆方式辦理。基地北側爲 4～6 層樓之地球所一館、東側爲四分溪、南側部分爲私人土地（農舍）、西側爲 4F 之綜合體育館。未來可望與基地南側生命科學群組之相關研究大樓配合，亦有助於跨領域科技研究大樓設置後之資源供給與服務工作。

(2)生態工程、資源再利用與維護管理之策略及因應措施：

① 本工程基地內現有樹蛙（臺北樹蛙屬於第三級保育類）棲息地，基本設計階段應針對樹蛙棲息地之影響及復育作業進行評估，若需遷移樹蛙棲息地應於基本設計定案後提出復育計畫，於規劃設計階段先行辦理相關復育工程，避免施工後影響周邊樹蛙之生長及棲息。

② 本工程所採用之鋪面，應盡可能採用透水性材料；綠化植栽則應結合現地景選用當地原生樹種，並以生態工法規劃設置相關水土保持設施。

③ 本案應以獲得綠建築九大指標系統至少 5 項（含）以上指標，並取得銀級（含）以上「綠建築標章」爲目標。

④ 爲落實資源再利用及節能規劃，本工程使用省水器材與省電節能照明系統，以節約能源。

⑤ 完工後由施工廠商負責各項水電機設施（備）操作訓練，並提送維護手冊，以利爾後管理。

⑥ 上述策略列爲本案規劃設計原則，納入工程招標文件或契約內辦理。

(3)工址地上、地下物：

① 地上物：

計畫需拆除現有建物 1 棟，爲地上 2 層鋼構之臨時建築（地球科學研究所二館），該館目前使用人員爲本案使用單位之一，未來擬配合「環境變遷研究大樓新建工程」整體規劃，朝依法完成部分建築或全部建築，並可供該館使用人員合法遷入後拆除。

② 地下物：

設計單位應於規劃設計階段辦理地下物調查作業，確認是否有地下物影響本工程施工之疑慮，如有經本院確認與同意後應配合「環境變遷研究大樓新建工程」整體規劃予以拆除。

2. 設計分析結論與課題

(1) 原有研究室空間缺乏軟調性的中介空間，作爲工作人員在情緒上的舒緩與休憩。

(2) 基地四周開放空間尺度、建築群量體比例與鄰棟間距差異大。

(3) 基地之設計範圍形狀崎嶇，不利完整量體配置。

(4) 基地四周局部範圍有保育類蛙群的棲息地。

(5) 基地內原有臨時性構造物之拆遷計畫。

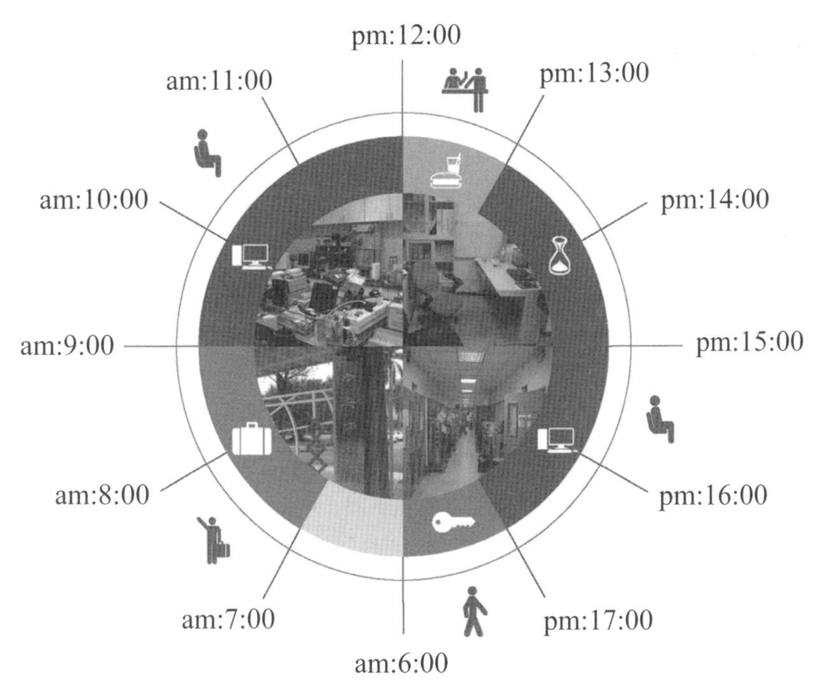

▲ 研究人員每日工作情境（作者提供）

3. 設計思考與決策判斷

在基地調查之初，我們特別針對原使用單位的研究工作同仁，進行隨機訪談與觀察其一天的活動概況，我們初步判斷會花費人力與時間進行此項調查的建築師事務所不在多數，加上此等建築類型與空間需求，基本上有設計技術上的基本門檻。因此，除了上述 2～5 項是每個建築師事務所均容易發現的課題外，我們大膽決定針對第一項進行設計思考，所採取的方法是腦力激盪法，進行人員有 6 位。

在天馬行空的接力發想過程中，產生出了許多有趣又看似無關的想法，當會議進行到「萬物皆可行，只缺臨門一腳」的膠著狀態時，我們重新檢視會議室白板上密密麻麻的文字或圖案，發現了下列三個事件的狀態，那就是「地球環境是多麼惡劣，呈現一個缺氧的狀態」、「使用單位的研究工作同仁的工作壓力大，忙到連喘口氣的休憩空間都很缺乏」與「關在會議室裡都開了快 3 個小時的設計會議（傍晚 7～10 點左右），在密閉空間又很晚了，大家都哈欠連連」，這時便有一位年輕同事隨口說出大家都「缺氧」當中，此時會議主持人靈機一動便說道：我們的確需要注入新鮮的氧氣。突然間，大家都眼睛一亮（或許是因爲討論太晚，大家在想終於可以回家休息了吧！）覺得「氧 ‧ 生」（因同養生）跟這個設計案的基本調性很符合，從基地四周的自然環境到建築物的內涵背景，再到目前使用人員的工作環境，因此便無條件通過 O_2「氧 ‧ 生」作爲此設計提案的設計概念。

上述發想過程的案例的心得如下幾點：

(1) 進行發想的課題要有精準描述，發想的構想會較爲具體與有效率。

(2) 在設計發想中對各種可能均保有一視同仁的心態。

(3) 每位參與人員需要放開心胸、不帶成見與不被既有價值觀所制肘。

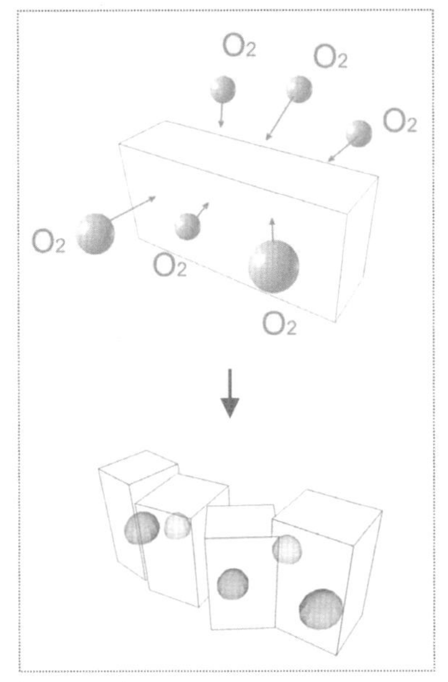

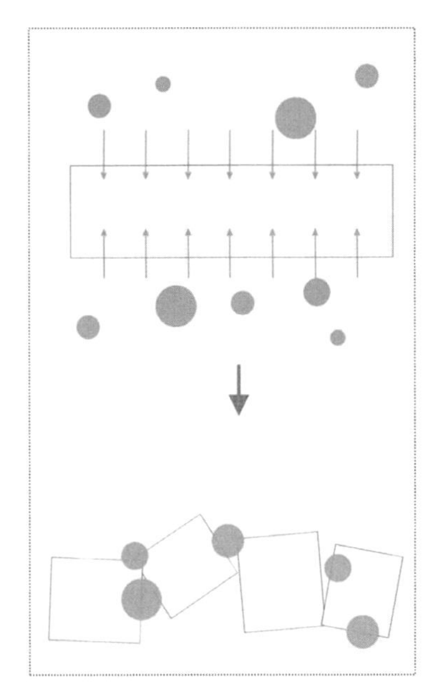

量體自地面層提高
2 公尺以防範水患

1. 置入活性元素 O_2，原大型量體順應基地形勢開始進行裂解。
2. 裂解後之量體配置呼應自然環境，增加生態棲息機會，降低視覺壓迫感。
3. 裂解後之量體配置可增加建築物之補風機會，提升室內環境的空間品質。

▲ 設計概念圖例（作者提供）

▲ 外觀效果圖（作者提供）

(4) 會議中至少有一人（一般是會議主持人）具有中止、判斷、收斂與整合的能力，以避免會議時間過長，致使參與會議人員無法集中心思與造成過於發散而無法收斂之情形。

六、對策擬定與決策——解決問題的可行之道

我們透過設計分析，於是乎得到了一些關於設計專案與基地環境的一些課題；接著再透過設計思考的工具應用，我們可以得到一些具有創意的解決之道（亦可稱爲規劃設計構想），再來就必須針對這些有創意的解決之道進行評估與篩選，這各階段的決策會影響後續建築計畫的擬定方向與整個設計專案執行的風格與型態。

臺灣當前正處於所謂的由政府主導與企業壟斷的資本主義兩者間搖擺的政經狀態，是一個以資方主導爲主的市場環境。在此種大環境使然的情況下，建築師更應當以服務業的身分切入市場爭取業務，以提供建築專業的服務；而設計專業的服務是協助甲方／業主爭取最大利益及創造更大的價值（例如爭取最大容積利用、合理成本與工期等），同時還要執行與護持由建築法與建築師法中賦予建築師的公義道德與社會責任（如維護公共安全、公共交通、公共衛生及增進市容觀瞻等）。

一般工程而言，設計評估項目權重的慣例不外乎工程經費與工期掌控爲主，而後續的重點則依甲方或工程類型的不同而有所差異。同樣的，在課題解決方案的可行之道（設計構想）的篩選及決策上，也同樣是以工程經費與工期掌握爲多數的前提。因此，誠如前述以一個服務業的角度思考，當我們面對若干具創意的空間解決之道，我們的態度應該是以在合理的整體工程經費與不增加工期爲前提之下，針對相關設計專案的課題採取合適且具有創意的解決之道（設計構想），再透過設計實踐的「成果」以增加我們設計專業的「價値」。在此，要強調的是，對策擬定／決策的主

軸或目標應該是判斷哪一個設計可行之道（設計構想）可以「創造」並提供甲方／業主、所屬環境與設計團隊彼此間最大的「共同價值」或「商業價值」。

實務上的評估方法是將若干具有創意的解決之道（規劃設計構想）與影響設計專案執行的各項環節（如預算、工期、法規、價值創造等）進行優缺點分析，例如以下幾點：

（一）法規與工程可執行性

近年來臺灣有舉行若干大型公共工程徵選建築師的國際標案，最後入選的建築師均是世界級的一流規劃設計團隊，在執行過程中常發生的可能錯誤樣態有：

1. 原設計方案無法滿足或通過臺灣相關營建法規的審查檢討（諸如都市設計審議、綠建築審查、建築執照審查、山坡地審查、特殊結構外審、消防審查）而導致需辦理變更設計而延宕時程與浪費公帑。

2. 原設計方案的施工精度超過臺灣當地營建水平，而導致變更設計以符合當地施工水平，或者是以增加工程預算的方式滿足額外的施工要求，兩者也是延宕時程與浪費公帑。

由此可知，在計劃或規劃設計之初，設計構想之於當地法規與工程可行性的確實討論是十分重要且影響深遠的，動輒浪費民脂民膏與影響環境建設，另外更是影響公部門在國際間的公信力與名聲，不得不慎。

（二）工程預算合理性

接續上述的內容，另一個更爲常見的是錯誤樣態是工程預算不斷增加，從已經停止的臺灣塔新建工程（藤本壯介）到近期的金門港水頭客運中心新建工程案（石上純也），都有追加工程經費未果的情形發生。問題的癥結點可能是設計團隊在設計之初對臺灣當地工程費用的掌握度不佳，而造成編列費用失眞；另一個常發生在公部門的情形則是在競圖決標後才調整修正建築計畫[33]，而要求設計團隊必須進行變更設計（有時甚至重新設計），最後導致工程經費的增加。

（三）創造價值

1. 相關法規檢討精準且執照審查程序流暢度佳（法規面向）。
2. 基地最大容積的爭取利用（商業面向）。
3. 良好且有口碑的設計品質有利建築物後續之銷售或租賃價格的提升（商業面向）。
4. 後續變更或擴張空間使用之高彈性（通用設計面向）。
5. 提升投資方優質的企業空間形象（公益面向）。
6. 建立高識別度的優質城市空間美學（公益面向）。
7. 整體風格與四周環境協調，地面層開放空間與鄰里空間互動性及延續性佳（公益面向）。
8. 採用綠建築設計與綠營建工法，降低建物興建時之能源損耗與汙染（公益及商業面向）。
9. 採用節能減碳的設計原則，有效降低日常使用之能源損耗（環保及商業面向）。
10. 採用先進作業軟體與大數據分析，將設計資訊與工程界面於設計階段進行需求與定位之整合（執行及商業面向）。

33 臺灣建築類公共工程在比圖決標後再修改建築計畫需求之情形可謂十分普遍、以服務業的精神而言建築師均會配合進行設計調整或修改，然而公部門卻鮮少會給予合理的作業時間及凍結合約作業時間之計算。

（四）整體作業進度之影響

尤其當設計專案是開發規模大，建築物使用類型複雜（如醫院、學校或商業綜合體）時，大多數的甲方／投資方均希望能在一定期限內完工，早日驗收並進行營運，此類案子的重點多數是在討論如何有效掌控整個工作進度與相關法規審查時程的掌握（時間的進程），例如合理的規劃設計原則、合適且風險低的工法、合理且簡潔易施工的建築造型、合理的分期分區開發計畫等。因此，當我們的設計構想勢必要與前述諸點中能夠相對應，那才會是一個有效且符合專案需求的設計構想。

（五）基地及四周環境的和諧度

有些設計構想、形式或造型，單從自身來檢視或許是一個很棒的狀態，一旦放大視野，將其置入基地中與其四周眞實環境有了眞實的關係時，或許會發覺整個建築與其四周環境缺乏了某種連結或歸屬。當然，臺灣多數城市風貌是欠缺整體風格美學的呈現，雖然如 Zaha Hadid 曾表達過類似觀點：「我的建築爲何要配合四周欠缺都市美學呈現的環境」，這也不無是個硬道理。然而，建築本就是環境的一分子，我們實在無法將其抽離四周環境而孤芳自賞，在這樣的情形之下，在思索可行之道的同時就必須要納入基地環境的時空脈絡，才能萃取出適合基地環境的構想思路。

除了前述的評估方法外，亦可結合較科學及實務的 SWOT 分析法（即態勢分析法或道斯矩陣）進行評估篩選，此法於 1980 年代初由美國舊金山大學的管理學教授韋里克提出，經常被用於企業戰略制定、競爭對手分析等場合。我們將其轉換爲建築與規劃設計的用語，意即分析設計構想的優勢（Strengths）、劣勢（Weaknesses）、機會（Opportunities）和威脅（Threats）。我們可以藉由 SWOT 分析，針對每一個潛在的可行之道（設計構想）進行綜合和概括，進而分析設計構想的優劣勢、面臨的機會和威脅。

無論我們採用何種方法作為解決設計課題的判斷與決策依據，沒有一個方法是完美的，判斷與決策的主體是人類而不是方法本身，科學的方法本身大多被設計成有理性的、有邏輯的與有數據事實的（科學知識指覆蓋一般眞理或普遍規律運作的知識或知識體系，科學知識極度依賴邏輯推理，尤其指通過科學方法獲得或驗證過的）；弔詭的是，建築是一個兼具理性與感性的產業及學科，我們可以發現世界各地文明的開展均可以看到偉大的建築物件隨而之，作為一個空間歷史的眞實存在與記憶，像是埃及古文明之於金字塔與人面獅身像、柬埔寨的吳哥王朝之於吳哥窟古蹟（毗濕奴神殿）、印度河流域文明之於摩亨佐—達羅（Mohenjo-Daro）與窣堵波（Stupa）等。因此，再次拉回建築之於服務業的觀點，建築師基於專業職責提供符合甲方／投資方最大利益的提案（即設計構想），這個提案勢必經過雙方的討論、溝通與協調，方得做為一個最終的解決方案。

▲ 埃及人面獅身像（摘錄自維基百科）

▲ 埃及卡夫拉金字塔（摘錄自維基百科）

▲ 柬埔寨暹粒吳哥窟毗濕奴神殿（摘錄自維基百科）

▲ 位於巴基斯坦的摩亨佐—達羅（摘錄自維基百科）

▲ 桑吉大塔（摘錄自維基百科）

第4章 建築計畫的廣義內涵

一般而言，計畫的擬定是爲了控管建築設計的實踐水平，而建築計畫擬定的內容項目則視項目屬性及著重目標而有所不同；換言之，若該計畫對工期限制及耐震要求較高，則會特別在計畫中說明採取的構造形式（如SC鋼構造）及工法（如雙順打工法）等。

建築計畫在臺灣一直呈現妾身未明與可有可無的狀態，在業界也不見重視；同時在學院裡也並非每所建築相關科系均有開設相關課程。以國內民間的房地產而言，普遍的情形是由建設公司／開發商內部或委請代銷公司進行市場調查、評估機制與企劃後取得產品定位，再委請建築師進行規劃設計，此時的建築計畫則是隱身在兩者之間；而建築師也不再僅是設計者與計畫執行者的身分而已，理所當然地還兼具行銷（Marketing）與擬訂計畫（Programming）的角色，但弔詭的是在現今強調專業分工的時空背景下，在臺灣的建築相關領域裡，建築師卻是必須承擔更多的專業服務，而這些專業學科在學院內的養成教育裡卻也少見著墨。

另外是公部門的公共工程情況，一般則是進行可行性評估與先期規劃報告的採購標案後，再上網公告遴選設計監造建築師；弔詭的現象是，多數的公部門工程案之先期規劃報告（或可行性評估）仍舊是將土地最大容積予以滿載使用爲空間需求擬定的標準，空間需求的擬定過程中（Programming）也多缺乏「需求與效益」以及「空間定性與定量」此兩者間互相影響的評估檢討[1]；因此，在缺乏驅動原件的前提與創造相關需求

---

[1] 若非是公部門（其使用單位）缺乏尊重專業評估機制的素養，否則便暴露出國內在空間專業上缺乏健全且完整的整合型訓練。

的公部門政策配合下，終究造就了許多蚊子館的空間現象。

透過上一章節關於設計思考程序與篩選所擬定之設計構想後，接著要將此一構想反饋回在設計之初的甲方需求與環境課題上，藉此檢視該構想是否能滿足需求與解決相關課題；並且透過文字或圖像的方式將前因後果之關係清楚記載。在確認彼此間的關係是被建立且經由甲方／投資方確認後，後續的作業便是著手擬訂空間需求的定性定量[2]。我們將「建築計畫」與「建築設計」視爲一組互爲前後文的時序關係，此處要強調的是建築計畫的內涵是建構在以設計分析、設計思考與設計決策爲基礎並據以擬定將其付諸實踐的各項行動計畫；建築計畫之架構仍需根據使用需求、撰寫者的背景、實際工程特性與條件等，再進行順序之調整以及內容物之增減。以下章節，將普遍性地簡介其內涵，輔以臺灣建築類公共工程的競圖實例配合的方式進行輔助說明（局部節錄，完整競圖資料可在行政院採購網自行購買下載），希望藉由實際案例的開展與解說，讓讀者能較爲容易了解與直接切入的擬定內容。

一、緒論

一個建築計畫的緒論主要說明的不外乎整個項目的始末、架構與工程內容等，至少包含 (1) 計畫緣起與目的、(2) 計畫定位與願景與 (3) 計畫範圍與基地環境現況，以下列舉【2013 年金門港水頭客運中心國際競圖】

---

[2] 臺灣民間房地產案的做法，一般是由甲方／投資方由其內部的企劃單位或代銷進行市場與基地的分析與評估，後再委請建築師進行實質規劃設計工作而取代建築計畫的過程。其二爲公部門的公共工程作法，大多先委請建築師、專業廠商或法人團體進行所謂的可行性評估（類似企劃案）及先期規劃報告（內容性質大致上接近建築計畫）後，再行招標遴選設計監造建築師進行規劃設計。

的部分資料作爲範例：

（一）計畫緣起

金門縣位於臺灣本島西方約 190 公里之海域，過去一直扮演衛戍臺澎地區之前哨基地。自民國 90 年兩岸互動逐步密切後，金門地理區位結構已迅速由國防前線轉化爲兩岸小三通旅客之交通中轉平臺。兩門港於民國 89 年 12 月 4 日奉行政院核定爲國內商港，包括料羅、水頭、九宮等三港區。自從民國 90 年起實施兩岸小三通政策以來，作爲主要客運港口之水頭港區客運量即不斷成長，致現有小三通旅客服務設施容量已漸飽和，故金門縣政府正加速建設水頭商港區，進行包括「港池浚挖暨陸域填築工程」之基礎建港工程、小三通浮動碼頭擴建工程，以及「大型旅客服務中心興建工程設計案」、「整體規劃及未來發展計畫（101 年至 105 年）暨水頭港區整體細部規劃」等營運設施建設前置作業。目前已完成水頭港區整體細部規劃，確立港區發展方向、定位及近期建設工程，擬於陸域填築工程陸續交地後緊接展開。

金門港水頭港區（以下簡稱本港區），不僅爲目前金門地區最重要之小三通海運旅客進出門戶，亦被賦予結合觀光及親水性港口之發展重責大任，其建設腳步亦攸關金門地區觀光遊憩產業轉型發展中之旅運服務品質良窳。由於「水頭港區港池浚挖暨陸域填築工程」計畫於民國 102 年 11 月完成港池水域設施及港區新生土地後，港內碼頭及陸上公共設施，均將陸續展開興建工作，以營造優質之投資環境吸引公民營企業進駐，進而帶動港區周邊，甚至金門地區之整體發展。

金門縣政府自 90 年 1 月 1 日試辦「小三通」及 97 年 6 月 19 日「擴大小三通」政策，且因 100 年 6 月開放陸客自由行、7 月開放陸客離島自由行等措施，加上許多重大建設之持續推動，致使觀光發展潛力與日俱增，統計至 100 年實際客運量已達 147 萬人次，致既有客運服務設施已趨飽和，因此港埠功能及旅客服務中心必須適當擴充方能因應金門地區未來發展需求及擴大小三通後旅客流量遽增，以目前小三通所使用之旅客服務設施係位於水頭港區聯合辦公大樓一樓，整體空間容量僅能容納 200～300 人次／時，當有大型旅遊團體到達時，現有旅客服務設施及空間嚴重不足，若發生旅客通關不順之糾紛現象，將影響國家門面形象。基此需要，金門縣港務處經評估在水頭港區內規劃一處旅客服務中心設施有其急迫性，乃積極辦理金門港「水頭客運中心」新建工程，期能提升港埠服務品質，增進兩岸間之互動交流，促進觀光產業之發展，並進而提升國家形象。

（二）水頭港區發展定位及目標

1. 使命與願景

(1)使命

① 規劃現代化之國際級客運及觀光休閒港口。

② 加速港內各項軟硬體公共設施建設。

③ 爭取中國及國際客輪航線設點彎靠。

④ 積極招商、吸引民間投資港區內觀光休閒商務產業。

(2)願景

① 成爲國際級客運、休閒、商務、購物之海港城園區。

② 輔助金門地區實現國際休閒觀光島、精緻購物免稅島、優質環境居住島，以及兩岸免稅經濟貿易特區等縣政目標。

2. 港區發展定位

多功能發展將主導本港區之未來發展定位，初步擬定本港區功能定位如後，並據以規劃相關港埠設施：

(1) 金門地區海上客運港口。

(2) 發展結合購物、商務、休閒之國際經貿港園區。

3. 港區整體發展遠景

(1) 作為帶動金門地區產業發展之火車頭，以供給導向積極建設港埠設施，吸引民間企業至金門地區投資。

(2) 充分利用港埠資源，建設多功能港區，發展觀光遊憩船靠泊基地，並配合營運發展港埠商圈，促進金門地區觀光遊憩產業發展，營造港埠永續發展環境。

(3) 提升商港營運目標，滿足金門地區客貨運輸需求。

(4) 建設優質港埠景觀，樹立優質港埠營運環境。

（三）計畫目標

1. 建設具備國際級航廈水準之現代化客運中心，提升旅運服務品質，重新塑造金門及國家海運門戶形象。

2. 擴大旅運市場商機，帶動民間投資者進駐開發購物、商務、休閒等周邊產業，滿足旅運消費者多方面需求。

3. 創造多元且便捷之服務設施，提供旅客優雅舒適之出入環境與親水空間，結合金門觀光旅遊資源，奠定吸引國際郵輪進港之發展基礎。

4. 落實綠色內涵之節能減碳設計理念，樹立現代化綠色港口新典範。

（四）計畫內容

1. 計畫位置

金門港「水頭客運中心」基地位於水頭港區緊鄰南碼頭岸肩後側，基地面積約 5.2 公頃。

2. 建設目標

「水頭客運中心」第二期將以年通關旅客量達 500 萬人次為目標。考量民國 120 年之客運量成長及與機場擴建對接服務等需求，第一期工程將以滿足 350 萬人次之小三通旅客運量爲設計目標；以民國 105 年 6 月驗收完成爲執行成效要求。

3. 空間內容

本案預定興建多目標使用之「水頭客運中心」，主體空間包括：國內線入境區、大陸航線入境 / 出境區、港務空間、商業空間、服務空間、設備機房、必要之行政辦公空間等，第一期總樓地板面積約 36,080m^2，第二期擴建面積約 6,400m^2，合計（第一期 + 第二期）總樓地板面積約 42,480m^2。

（五）基地現況

- 基地位置及面積

本案基地位於水頭港區緊鄰南碼頭岸肩後側，基地面積約 5.2 公頃。

二、空間計畫：空間需求說明及定性與定量

要將前述之計畫願景與目標等構想付諸於建築計畫的第一步即是擬定空間需求說明書與將空間進行所謂的定性定量的動作[3]。空間需求說明書的功用在於清楚的將甲方（資方）/ 使用單位（實際使用者）的各種需求予以整合，同時需配合設計基地的最大允建容積進行合理性之檢討。從使用者的角度多半是空間愈大愈好，設備愈多愈好，而從甲方（資方）的角度而言，可能是從一個精簡與滿足使用行爲最基本標準即可，這兩者之間是需要來回討論、檢討與修正。

---

[3] 此需求之確定已在其先期規劃階段或企劃階段有所分析檢討。

1. 定性分析（Qualitative Analysis）

原始的定義是一個化學上確定物質性質的分析。衍生出的涵義則是指從質的方面分析事物。要在各種研究的現象中掌握或觀察事物的本質，以辯證唯物主義和歷史唯物主義作實際的檢視方式，然後用正確的觀點對這些事物的本質進行去蕪存菁、去僞存眞、由此及彼、由表及裡的全面分析和綜合，才能從現象中找出其規律性[4]；即本質的東西，只有這樣才能正確地描述一個事物，揭示事物間的相互關係。這種分析對人們鑑定和判別事物屬性具有一定的參考價值和評估使用。但只能分辨出事物指標的高與低、長與短、大與小等概念標準。

定性分析則是主要憑分析者的實務經驗及學院背景，憑分析對象（即空間）過去和現在的延續狀況及最新的訊息資料，對空間的性質、特點、氛圍或設備需求作出判斷及描述的一種方法。二者相輔相成，定性是定量的依據，定量是定性的具體化，二者結合起來靈活運用才能取得最佳效果。

2. 定量分析

定量分析起源於分析化學的一個分支，理論基石是實證主義。定量分析往往比較強調實物的客觀性及可觀察性，強調現象之間與各變量之間的相互關係和因果聯繫，同時要求研究者在研究中努力做到客觀性和倫理中立。衍生的涵義則是指對社會現象的數量特徵、數量關係與數量變化的分析[5]。定量分析指分析一個被分析對象所包含成分的數量關係或所具備性質間的數量關係；也可以對幾個對象的某些性質、特徵、相互關係從數量上

4 出處：http://www.baike.com/wiki/%E5%AE%9A%E6%80%A7%E5%88%86%E6%9E%90。

5 出處：http://baike.baidu.com/view/180744.htm。

進行分析比較，研究的結果也用「數量」加以描述。定量分析方法很多，但各種方法在應用時往往都有一定的程序化。如實驗法、觀察法、訪談法、社會測量法、定量分析圖、定量分析圖、問卷法、描述法、解釋法、預測法等。

3. 空間的定性與定量

分析與定量分析應該是統一的及相互補充的，定性分析是定量分析的基本前提，沒有定性的定量是一種盲目的、毫無價值的定量；定量分析使之定性更加科學、準確，它可以促使定性分析得出廣泛而深入的結論。定量分析是依據統計數據，建立數學模型，並用數學模型計算出分析對象的各項指標及其數值的一種方法。

空間的定性有著非常重要的角色在後續建築設計的執行，是關係著建築設計的整體風格及空間氛圍的準確執行。大多數的學院教育均忽略此部分，久而久之，學生對空間性質的認知便脫離日常生活的本質，同時對空間毫無想像能力；諸如客廳之於家，是一個生活場域的行爲再現，曾幾何時這客廳只是一個沙發加茶几，再加一臺電視的地產銷售的制式組合。

定性分析與定量分析是人們認識事物時用到的兩種分析方式。綜合前述說明，就建築的角度可以將其定義爲，「定性」是用文字語言進行對需求空間在性質上與彼此間的關係上進行說明或定義；「定量」是用數學的方式進行空間的具體量化。原則性的空間量化是從單元空間的基本構成開始，即人體基本尺寸、人體動作尺寸、行爲對應尺寸與知覺尺度等的混合組成與檢討（參閱第 2 章）。

4. 空間組織架構與泡泡圖

進行基本空間配置時，通常有一組最基本的空間關係，稱爲「關聯圖」，又稱「關係圖」，是用來分析事物之間「原因與結果」及「目的與手段」等複雜關係的一種圖像，它能夠幫助人們釐清事物之間的空間邏輯關係。適用於多因素交錯在一起的複雜問題分析和整理・它將眾多的影響因素以一種較簡單的圖形來表示，易於找出空間關係間的主要衝突與矛盾，進而解決問題。

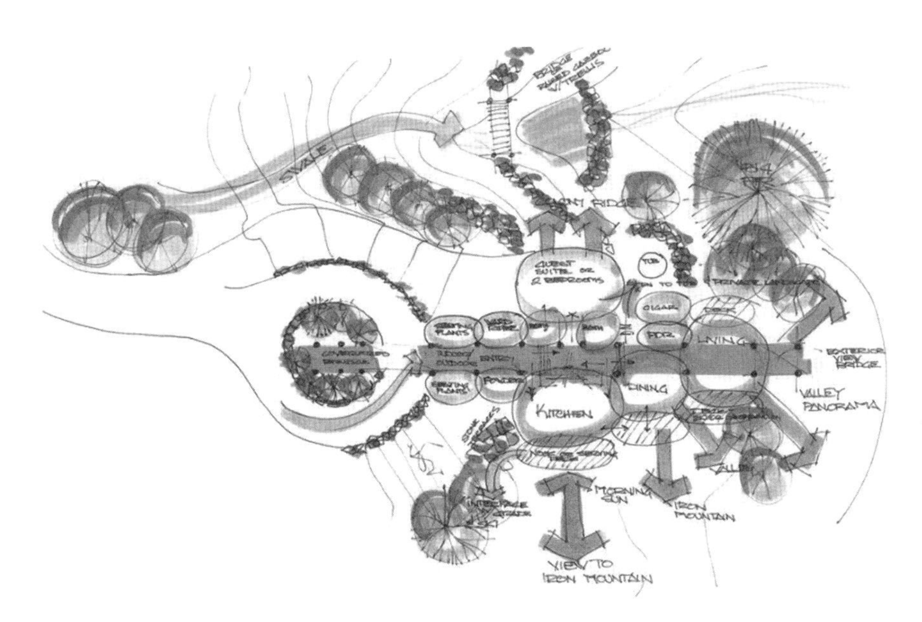

▲空間泡泡圖（摘錄自 http://homeinsurancequotations.com/）

由關聯圖衍生出的實例如「泡泡圖」（Bubbles Diagram），若干個圓圈主要用以表達各個空間的位置分布（大多用圓的類型，亦可用矩形等），呈現出複雜的空間關係，同時圈圈的大小也代表著整體空間量的比例關係。換言之，泡泡圖是基本的建築架構，概念式的空間初步定位與空間彼此間的關係建立，可養成圖釋思考（Graphic Thinking）的習慣，學會做草圖的技巧，將空間設計的初步概念融於簡易的圖示中。

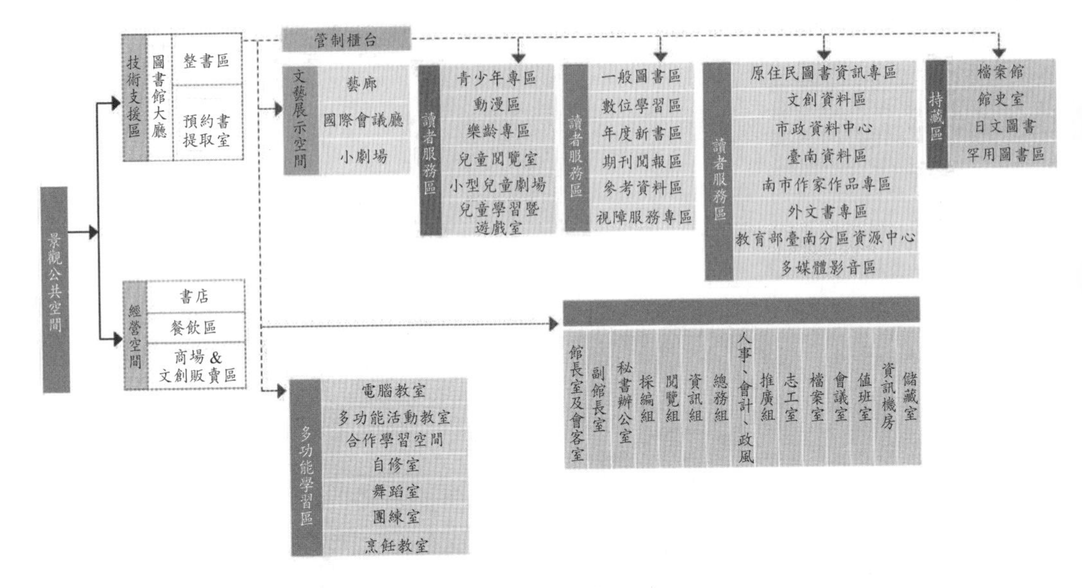

▲ 臺南市立圖書館新建工程競圖之空間組織表

5. 空間矩陣圖

矩陣圖就是從多維問題的事件中，找出成對的因素，排列成矩陣圖，然後根據矩陣圖來分析問題，確定關鍵點的方法，它是一種通過多因素綜合思考，探索問題的好方法。在複雜的質量問題中，往往存在許多成對的質量因素，將這些成對因素找出來，分別排列成行和列，其交點就是其相互關聯的程度，在此基礎上再找出存在的問題及問題的形態，從而找到解決問題的思路[6]。

在建築計畫的步驟中，最重要的就是分析建築物的機能，再以不同的圖面表現以表達建築物內部空間所必須滿足的機能關係。「空間矩陣圖」

6 出處：http://www.xingzuomi.org/%E7%9F%A9%E9%99%A3%E5%9C%96%E6%B3%95/。

（Space Matrix）可將所有空間和其他空間的相互關係（鄰近的程度和活動密切的程度）以不同的圓點大小、深淺或數字大小顯示其密切性，再以泡泡圖將所需的空間做出一基本但沒有方向性的布局。這個時候由於沒有任何環境、氣候、美感和哲理上的考慮，因此設計者能專心的把最基本而重要的內部機能關係分析清楚，並提出合理的方案[7]。

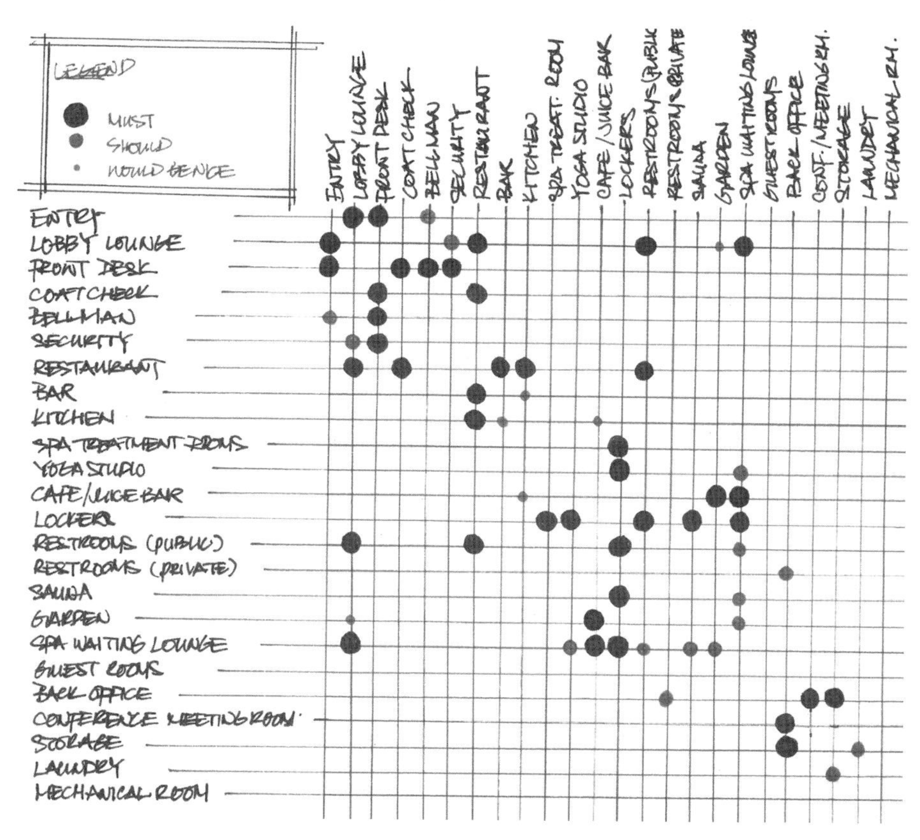

▲ 空間矩陣圖（摘錄自 2.bp.blogspot.com）

7　我們建議在作泡泡圖時能將其帶入基地範圍內考量，如此才能依據該基地條件調整出實踐價值（workable）的機能關係圖。

以下列舉【2015年臺南市立圖書館總館新建工程委託規劃設計暨監造技術服務國際競圖】的空間需求資料作爲範例：

（一）空間使用需求概述

1. 讀者服務區

類型	空間名稱	館藏	面積 m²	屬性說明
讀者服務區	兒童閱覽室	10萬冊	1300	1. 定義：打造適合兒童閱讀的空間與氛圍，引發幼童對閱讀的興趣。 2. 館藏量：100,000冊。 3. 閱覽席位：60席。 4. 提供陳列兒童圖書、期刊、多媒體資料之空間與閱覽服務空間，採開架閱覽方式，區內設置主題故事區、新生兒bookstart，另提供可作爲書桌、符合兒童分齡人體工學之座椅設備。 5. 設置服務臺、多媒體互動區（上網服務、視聽服務）、自助借還書區、育嬰哺乳室、親子廁所等空間。
	小型兒童劇場	0	120	可容納30人的小型室內劇場。
	兒童學習暨遊戲室	0	600	1. 定義：兒童專屬的遊戲探索學習空間。 2. 可容納至少50人空間。 3. 提供兒童認知、協調遊具與動手做的學習空間。 4. 至少一牆面採透視材料，供家長或管理員從室外觀察兒童活動，四周牆面或柱體設置120公分高之防撞軟墊。 5. 其他依相關法規及準則設置。
	青少年專區	0.5萬冊	600	1. 定義：青少年專屬的閱讀與資訊空間。 2. 館藏量：5,000冊。 3. 閱覽席位：50席。

類型	空間名稱	館藏	面積 m²	屬性說明
讀者服務區				4. 提供陳列青少年圖書、期刊、多媒體資料之空間與閱覽服務空間。 5. 提供討論室、上網區、網路遊戲區、多媒體視聽欣賞區等空間。
	動漫區	0.5 萬冊	250	1. 提供陳列漫畫書的輕鬆閱讀空間。 2. 提供動漫欣賞之空間。 3. 閱覽席位：30 席。
	樂齡專區（含學習的空間）	0.5 萬冊	300	1. 定義：銀髮族專屬的閱讀學習空間。 2. 館藏量：5,000 冊。 3. 閱覽席位：30 席。 4. 提供陳列適合銀髮族閱讀之圖書、期刊資料之空間與閱覽服務空間。 5. 設置服務臺協助讀者。 6. 提供學習空間，銀髮族可在此閱讀、聊天、下棋或小組研習（如：創意紙編、養生拍打功、電影導賞、馬賽克拼貼、壓克力彩繪、紙黏土捏塑等等相關玩美創藝及養生課程）。 7. 設置適合銀髮讀者使用的桌椅，提供檯燈放大鏡、彩色擴視機等輔具，全方位照顧樂齡讀者。 8. 電腦查詢均爲座椅式，考慮輪椅可使用之方式，並設置 24 吋以上顯示螢幕。
	數位學習區	—	200	1. 設置電腦資訊設備，供讀者上網與利用圖書館提供之各式數位資源。 2. 設置 24 吋以上顯示螢幕。 3. 閱覽席位：50 席。
	多媒體影音區	5 萬冊	600	1. 定義：提供視聽資料播放空間，帶給讀者寓教於樂的功能。 2. 館藏量：50,000 件（家用版 35,000 件、公播版約 15,000 件）。

類型	空間名稱	館藏	面積 m²	屬性說明
讀者服務區				3. 提供視聽流通櫃臺，以及個人、小團體之影片欣賞與音樂欣賞空間。 4. 閱覽席位：40 席 5. 採定向喇叭且不得互相干擾。
	一般圖書區	29 萬冊	7400	1. 提供圖書資料陳列空間與閱覽服務空間。 2. 館藏量：290,000 冊。 3. 閱覽席位：1,200 席。 4. 依業主提供分類劃分爲專區，每區設有館藏查詢電腦、影印室。 5. 閱覽區配置宜將閱覽席位安排在書架之間，以便讀者即時取書。 6. 入口與閱覽席位之間不應有高大家具阻隔，以開闊視野迎接讀者。
	年度新書區	0.5 萬冊	300	1. 單獨設置年度新書區，放置年度新書，供民眾方便取閱。 2. 館藏量：5,000 冊。 3. 閱覽席位：30 席。
	期刊閱報區	—	700	1. 陳列現行期刊及報紙。 2. 期刊因具新穎性與時效性，往往是全館讀者最多的地方，其配置宜位於主樓層並鄰近入口，俾便讀者到館瀏覽。 3. 館藏量：期刊 1,500 種、報紙 30 種。 4. 閱覽席位：50 席 5. 應鄰近樂齡專區。
	參考資料區	0.5 萬冊	200	1. 定義：放置不外借之參考資料，提供讀者諮詢與資訊檢索服務。 2. 館藏量：5,000 冊（含地圖）。 3. 閱覽席位：20 席。 4. 提供參考諮詢臺、資訊檢索設備與座位。 5. 設有影印室（需留設 A1 翻拍掃描設備之空間）。

類型	空間名稱	館藏	面積 m^2	屬性說明
讀者服務區	視障服務專區	0.2 萬冊	100	1. 放置點字書。 2. 提供盲用電腦（觸摸顯示器）、自動閱讀機。 3. 閱覽席位：10 席。
	原住民圖書資訊專區	1 萬冊	250	1. 陳列原住民相關圖書資料。 2. 閱覽席位：10 席。
	文創資料區	1 萬冊	300	1. 陳列文創相關圖書資料。 2. 提供展示空間。 3. 閱覽席位：30 席。
	市政資料中心	1 萬冊	300	1. 陳列各局處出版品。 2. 閱覽席位：10 席。
	臺南資料區	1.5 萬冊	400	1. 陳列與臺南相關之圖書資料。 2. 閱覽席位：10 席。
	南市作家作品專區	1.5 萬冊	350	1. 陳列臺南文學作家作品資料。 2. 閱覽席位：20 席
	外文書專區	2 萬冊	350	1. 陳列外文圖書。 2. 閱覽席位：10 席。
	教育部臺南分區資源中心	4 萬冊	800	1. 依館藏主題，分「多元文化」、「青少年」、「文化創意」、「知識性」四大主題專區陳列圖書資料。 2. 閱覽席位：40 席。

2. 樂活學習資源

未來圖書館內的學習教室除供市民一般時間自修研習，並可彈性配合規劃講習、展演等活動。

類型	空間名稱	面積 m^2	屬性說明
多功能學習空間	電腦教室	250	1. 提供電腦資訊設備、多媒體廣播系統、投影與音響設備，作爲電腦研習課程、數位資源推廣、館員教育訓練使用。 2. 閱覽席位：80席。
	多功能活動室	400	1. 提供閱讀推廣活動、研習及操作類型課程使用。 2. 採彈性組合隔間，可依活動人數調整空間大小。 3. 投影與音響設備，具隔音效果。 4. 可容納120人。
	合作學習空間	200	1. 提供民眾討論、互動學習使用。 2. 提供網路供民眾使用筆電或手提式投影機。 3. 可容納30人。
	自修室	500	1. 提供網路及桌椅設備，供民眾自修使用。 2. 可容納200人。 3. 應設專屬出入口，便於非開館時間之利用。
	舞蹈室	250	可容納30人。
	團練室	150	1. 提供樂團練團使用。 2. 可容納10人。
	烹飪教室	300	1. 提供烹飪設備。 2. 可容納30人。

3. 藝文展示空間

類型	空間名稱	面積 m²	屬性說明
藝文展示空間	藝廊	500	1. 展覽空間。 2. 附屬服務櫃檯、儲藏室。 3. 燈光、管線、資訊網路之設計應具彈性，配合不同使用之需。
	國際會議廳	580	1. 可容納 200 人。 2. 採階梯式及固定式家具設計（包含桌椅、桌上個人麥克風）。 3. 附屬空間及設備應包括： (1) 五種語言即時翻譯及翻譯室。 (2) 網路視訊會議。 (3) 網路連線。 (4) 燈光、音響控制室、放映室。 (5) 電視轉播。 (6) 電動螢幕。 (7) 講臺。 4. 應設專屬出入口，便於非開館時間之利用。 5. 設置接待準備室及交誼空間等。
	小劇場	680	可容納 200 人之多功能室內劇場。

4. 檔案資料服務區

類型	空間名稱	館藏	面積 m²	屬性說明
特藏空間	檔案館（臺南記憶館）	—	400	1. 收藏與臺南城市發展有關之文物資料。 2. 溫度、濕度均需加以控管。 3. 常設展示室。 4. 與臺南資料區結合。
	館史室	—	120	多元展示空間。
	日文書庫	1.6 萬冊	200	1. 典藏日文舊籍之空間。 2. 溫度、濕度均需加以控管。
	罕用圖書區（密集書庫）	40 萬冊	1200	1. 以電動密集書架典藏罕用圖書及過期期刊。 2. 採閉架式管理。

5. 經營空間

類型	空間名稱	面積 m^2	屬性說明
經營空間	書店（委外）	300	1. 提供專業廠商進駐經營。 2. 水、電、空調、資訊設備皆需能獨立控制與計費。
	餐飲區（委外）	400	1. 提供專業廠商進駐經營。 2. 水、電、空調、資訊設備皆需能獨立控制與計費。 3. 應遠離閱讀、藏書空間。
	商場 & 文創販賣區（委外）	400	1. 提供專業廠商進駐經營。 2. 水、電、空調、資訊設備皆需能獨立控制與計費。

6. 技術支援區

類型	空間名稱	面積 m^2	屬性說明
技術支援區	圖書館大廳	200	1. 含中央櫃檯區。 2. 設計應讓讀者入館即能對內部空間規劃一目了然，動線清楚簡捷。 3. 應考慮無障礙環境之設計，方便行動不便者及高齡讀者入館使用。 4. 應設置存物、置物室，還書空間，全館配置圖，數位布告欄，登記、詢問服務櫃檯及管制點，管制點（門禁系統）內設新書展示區、數位互動螢幕200吋以上。 5. 除法規規定之樓梯、電梯外應採用電扶梯或電動走道聯絡其他空間。
	整書區	200	整理通閱圖書之空間。
	預約書提取室	200	1. 供民眾自行取拿預約書之空間。 2. 有獨立門禁管理。 3. 預留自動取書塔約 10,000 冊，僅供預約書所用。

類型	空間名稱	面　積 m²	屬性說明
技術支援區			4. 流通櫃臺與自動取書塔連結。 5. 自動取書塔建議連結地下室，以利卡車運送書籍，並在地下室設置整書櫃臺做整書動作。 6. 應兼具 (1) 通閱車直接作業平台區、(2) 館方作業平臺區、(3) 館內作業平臺、(4) 館外免入館作業平臺區（類似「得來速」）。 7. 空間應挑高，並保留後續可擴充之彈性。

7. 行政作業使用

類型	空間名稱	面積 m²	屬性說明
行政空間	館長室及會客室	30	行政辦公空間。
	副館長室	20	行政辦公空間。
	秘書辦公室	20	行政辦公空間。
	採編組	240	行政辦公空間。
	閱覽組	120	行政辦公空間。
	資訊組	120	行政辦公空間。
	總務組	200	行政辦公空間。
	人事、會計、政風	60	行政辦公空間。
	推廣組	240	行政辦公空間。
	志工室	60	行政辦公空間。
	檔案室	150	行政辦公空間。
	會議室	200	行政辦公空間。

類型	空間名稱	面積 m²	屬性說明
行政空間	值班室	30	1. 櫃臺配置不得讓外人進入，以利管理，並於內部設置檔案暫存區。 2. 於內部留設可置放簡易摺疊床之空間。 3. 此空間可合併智慧型建築之監控系統。 4. 衛浴設備。
	資訊機房（含UPS室、控制室）	200	1. 應有3人以上之操作空間，提供資訊主機放置空間，以及UPS室、控制室。 2. 應提供空調設備24小時全天候恆溫、恆濕處理。 3. 採積架式放置。
			4. 設置高架地板，考慮無線網路相關設備、防輻射設置等。
	儲藏室	200	

8. 公共服務空間

除各層大廳櫃檯外，並含委外經營空間及開放空間，可提供讀者休憩、討論等功能，並可不定時舉辦小型演講或表演活動。

類型	空間名稱	面積 m²	屬性說明
	停車空間	10,260	1. 停車空間以地下層爲考量，以平面停車爲原則，汽、機車車道規劃避免交織，應依相關都市計畫及建築相關法規規定檢討法定停車位。 2. 車道出入口淨高≧2.7m，其餘淨高≧2.3m。 3. 依無障礙設施法規規定設置。 4. 設置CCTV安全監控管理設施及防撞設施。

類型	空間名稱	面積 m^2	屬性說明
其他公共服務空間（含法定空間）	公共服務空間	—	1. 一樓梯廳設置48吋以上顯示器，供圖書館相關資訊告示。 2. 至少3座客梯及1座貨梯，低樓層輔以手扶梯。 3. 貨梯並兼具大型劇場運送設備之功能，與服務電梯動線區隔。 4. 設置各樓層空間設施之指標系統。 5. 管道間設置維修門，該門具有防火功能。 6. 依無障礙設施法規規定設置。 7. 公共空間插座及開關均需附設管制蓋板及鎖扣裝置。
其他公共服務空間（含法定空間）	廁所	—	1. 男女廁內部設置大、小便器、洗手檯（內鑲式垃圾桶）、拖布盆一間、衛生紙架、明鏡、烘手機、掛衣鉤等；大、小便器均以隔間或隔板區劃，大便器隔間內部設置衛生紙架、掛衣勾等。 2. 蹲式便座以降版方式設置，且附協助起身之倒T型扶手。 3. 依公共廁所相關法規規定設置。
	醫護室／茶水間	—	1. 設置櫥櫃、洗手臺及冷熱飲水機。 2. 各樓層需設置至少一間茶水間。
	機房設備空間	—	1. 機房內若有機械裝置位置應設置混凝土基座，機械設備若會震動應配備防震設施。 2. 進排風機房、空調相關機房及發電機室之牆面及天花板設置吸音材料。 3. 電力相關機房上層空間不得設置廁所、廚房、茶水間等供水相關空間。 4. 所有機房內需設置地板、落水頭及相關排水設施。

三、基地環境分析

這個部分會就規劃設計的基地進行說明，一般包括基地區位、基地現況說明（照片）、自然環境、建成環境、人文環境與基地四周土地使用分區情形等作一圖文並茂的分析與說明。以下列舉【2015 年臺南市立圖書館總館新建工程委託規劃設計暨監造技術服務國際競圖】的基地環境概述作爲範例：

（一）基地位置

本計畫基地座落於臺南市永康區中山南路與東橋七路附近之陸軍砲兵訓練指揮部暨飛彈砲兵學校，基地四周均屬住宅區，是一兼具教育人文特質與低尺度的城市鄰里脈絡環境。基地原屬軍事用地，周邊商業活動強度較弱，主要以低樓層的住宅區形成整體的街廓形式與天際線變化。

基地聯外交通動線方面，北側以市區巷道中正二街與縱貫線火車地面幹道比鄰，因鐵道阻隔緣故，北側道路車行與人行交通流量較小，對基地交通衝擊較弱，但也對基地北側住宅區形成動線阻隔效應，較無法快速便利連結。南側則臨市區主要幹道中山南路，交通流量相對北側較大，但能夠快速地與東北側的國道一號永康交流道連結，是基地主要的對外交通輻軸。西側緊臨東橋七路連接中正二街與中山南路，主要作爲基地連結主要幹道的面前道路系統。除此之外，原砲兵學校內部正交格子的道路網格，未來也可做爲疏散交通的道路網格使用，使整體動線形成便利開放的交通模式。

N
0 300 600 1500
單位：公尺
永康
交流道
永康
車站
中正北路
中正南路
中華路
中山北路
計畫
範圍
中山南路
永大路
大灣路
圖例
計畫範圍

▲ 基地地理位置

(二)自然環境

1. 地形與微氣候

基地北側鄰鹽水溪，屬於「嘉南平原」地理區的最南端區域，地形廣闊平坦。受鹽水溪流經影響，易形成微氣候變化，產生河岸與基地間局部的自然對流通風以及夏日水氣上升所形成之降雨變化。規劃設計時需考量夏季午後局部雷陣雨以及熱對流所引起的風向變化，規劃遮雨與導風設施。

2. 日照與氣溫

依據中央氣象局氣象觀測統計資料顯示，基地所在地平均日照時數以六月份 11.55 小時最多、以十二月 8.73 小時最短，年溫度變化平均最低溫落在一月份約攝氏 17.6 度，平均最高溫度則落在七月份約 35.2 度。基地位處嘉南平原地形平坦開闊，夏季日照時數長且氣溫炎熱，規劃設計時需妥善設置遮陽與降溫冷卻機制，建築材料的選擇上也建議採用淺色系、隔熱性佳的環保建材爲主。

3. 降雨、濕度與通風

依中央氣象局每年觀測資料顯示，基地降雨集中於每年五月至九月之間，其月平均降雨量均在 100 以上；相對濕度變化從五月梅雨季開始至九月份其每月平均相對濕度均高於 75%，顯示其夏季雖高溫但降雨相對較多，屬炎熱潮濕氣候類型，冬季則降雨量少相對濕度較低，氣候較爲舒適；其每年最大陣風也多集中於夏季颱風季節，無盛行風向，建築規劃需考量颱風防風措施與結構安全。規劃設計時除需考量外殼隔熱與遮陽之外，仍需妥善規劃通風換氣設計，減少相對濕度較高所引起的悶熱濕黏之不舒適感，提高室內舒適。

（三）基地環境現況

本案爲配合創意設計園區開發計畫，所劃設中央主要幹道向北連結臺 1 省道之需求，並新闢立體道路設施連結鐵路南北兩側路網，再向北可通達臺南市怡安路及臺南都會區北外環道系統。加強原臺南市與永康區之連繫及創意設計園區開發完成後之可及性，並分擔原中華路與跨越鐵路陸橋部分之南北向交通車流。

（四）基地周遭土地使用現況

本計畫區主要計畫之公共設施劃設經貿複合專用區、創意設計園區專用區、公園用地、鄰里公園兼兒童遊樂場用地、綠地、園道用地、廣場用地（兼供道路使用）、停車場用地、停車場兼交通設施用地、變電所用地、機關用地及道路用地等公共設施用地。

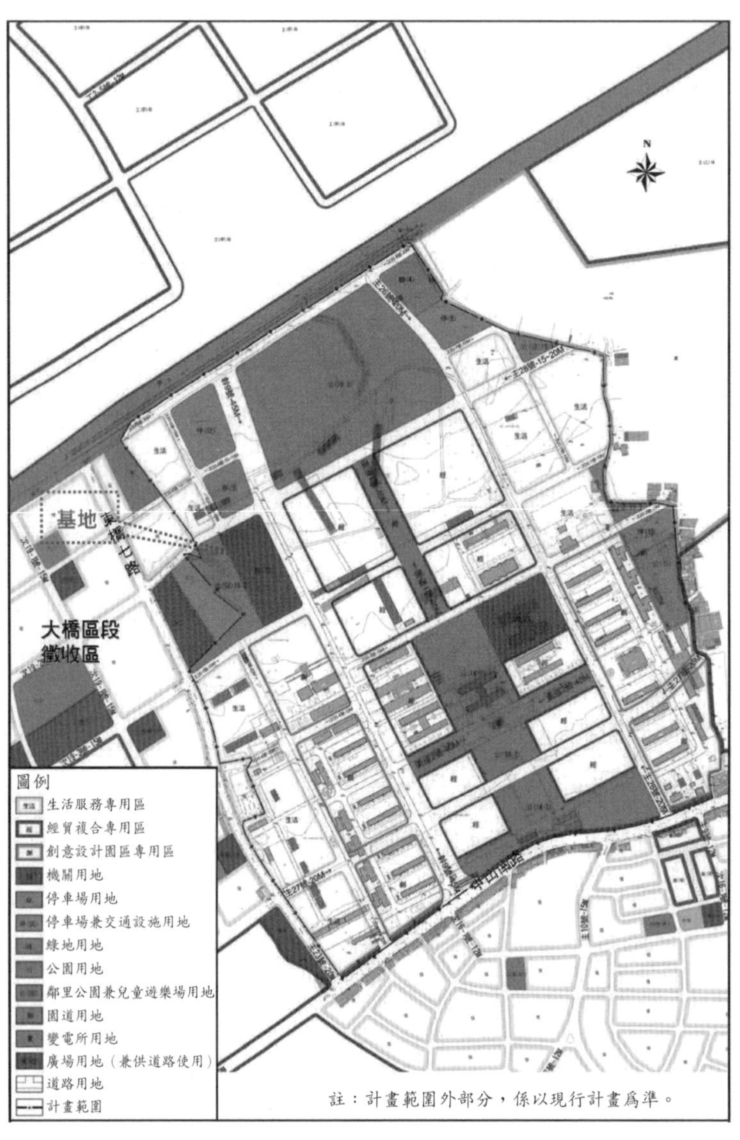

▲ 基地區域之都市計畫圖

（五）開放空間分布

本計畫周邊地區之公共設施包括基地西側鄰近之國立臺南高工、南臺科技大學及奇美醫療財團法人奇美醫院。北側鄰近之臺南應用科技大學。東側鄰近之國立臺南大學附屬高級中學，交通方面鄰近大橋火車站、永康火車站及永康交流道等主要交通設施，基地周邊之文教與休閒設施兼具。

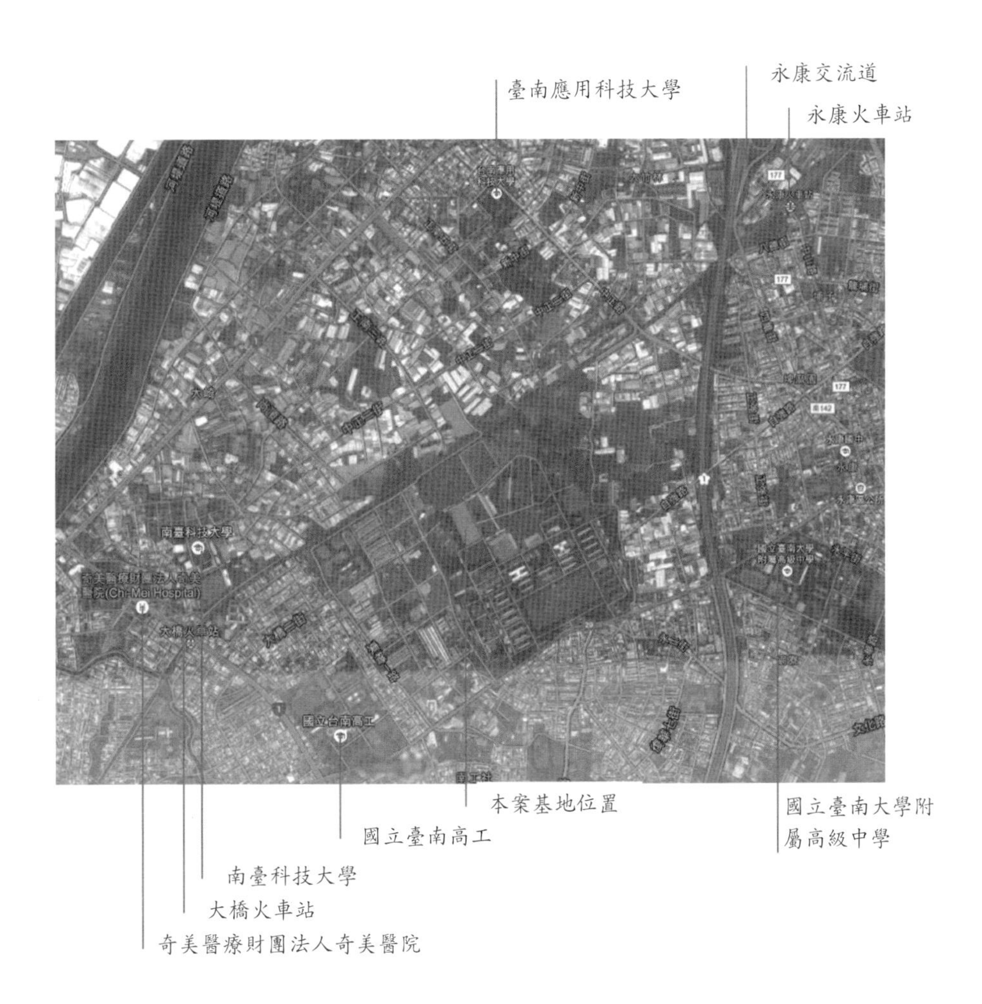

▲ 基地區域開放空間分布

（六）交通運輸狀況

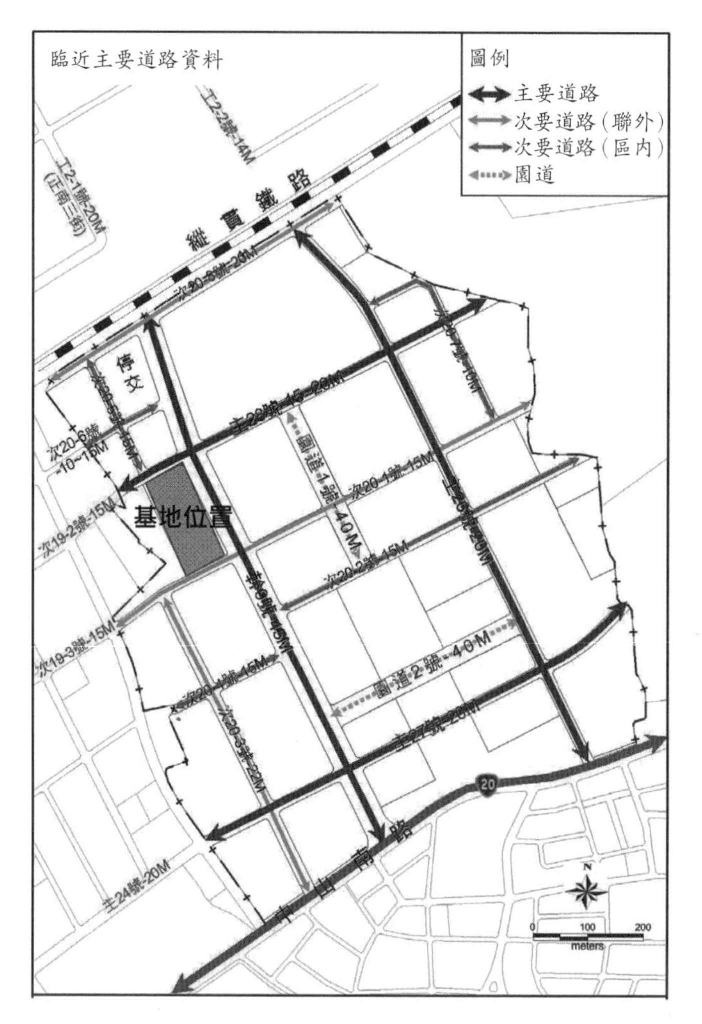

▲ 基地四周交通系統圖

1. 聯外道路系統

本計畫區聯外道路系統以計畫區南側省道臺 20 線爲主，而依據目前辦理中之「變更高速公路永康交流道附近特定區計畫（第四次通盤檢討）

案」變更計畫內容，高速公路永康交流道附近特定區內工 2-1 號 20M（正南三街）將延伸至現有鐵路周界並拓寬爲 30 公尺，與計畫區幹 9 號 45M 銜接後將形成通往省道臺 1 線之幹線道路，藉此可直接進入國道 1 號永康交流道，提升計畫區之交通便捷性。

2. 計畫區內道路系統規劃

本計畫區之道路系統架構規劃係以 4 條主要道路、8 條次要道路、以及 2 條園道分層建構。本案基地東鄰 45M 主要道路，北鄰 20M 道路，南鄰 15M 次要道路。

四、都市計畫與營建法規分析

這個部分包含（至少但不限定）規劃設計基地的退縮線規定（Setback）、允建樓地板面積（容積率／建蔽率）、建築物高度限制（高度比）、建築設計相關規範（建築、機電、結構、消防、空調等）、建築許可（建築執照）類型、審查內容、審查機制與審查期限、當地建築師與技師簽證制度及費用（含專業度了解）、建築物預售制度與時程等之項目。以下列舉【2015 年臺南市立圖書館總館新建工程委託規劃設計暨監造技術服務國際競圖】的都市計畫及相關法規作範例：

（一）都市計畫法規

1. 變更高速公路永康交流道附近特定區計畫（配合創意設計園區計畫開發）（第二次）（土地使用分區管制要點）書：本工程土地使用分區爲「機關用地」，法定建蔽率爲 60%，法定容積率爲 250%。

2. 臺南市都市設計審議原則。

3. 都市計畫法臺南市施行細則。

（二）建築相關法規

本工程未來規劃設計及執行內容，應依下列最新版相關法令規定辦理。

1. 建築規劃

- ◆ 建築法
- ◆ 臺南市建築管理規則
- ◆ 建築技術規則（內政部，民國 103 年 11 月）

2. 結構設計

- ◆ 建築技術規則（內政部，民國 103 年 11 月）
- ◆ 建築物耐震設計規範及解說（內政部，民國 100 年 1 月）
- ◆ 建築技術規則建築構造編—基礎構造設計規範（內政部，93 年）
- ◆ ACI Code 318，“Building Code Requirements for Reinforced Concrete and Commentary”
- ◆ 結構混凝土設計規範（內政部，93 年）
- ◆ 結構混凝土施工規範（內政部，93 年）
- ◆ 鋼構造建築物鋼結構設計技術規範：
  鋼結構容許應力設計規範及解說（內政部，民國 96 年 7 月）
  鋼結構極限設計法規範及解說（內政部，民國 96 年 7 月）
- ◆ 建築物耐風設計規範及解說（內政部，96 年）

3. 機電設計

(1)通用

- ◆ 中國國家標準（CNS）
- ◆ 建築技術規則（CBC）
- ◆ 噪音管制標準
- ◆ 環保署室內空氣品質標準（101 年 11 月 23 日公告）

◆ 臺南市低碳城市自治條例
◆ 政府採購單位或目的事業主管機關（構）公告之最新相關法令及解釋函

(2)電氣

◆ 經濟部頒訂之屋內線路裝置規則
◆ 中央空氣調節系統電表及線路裝置規則
◆ 臺灣電力公司營業規則
◆ 航空障礙物標誌與障礙燈設置規範
◆ 臺灣電力公司電表裝置補充規定
◆ 臺灣電力公司新增設用戶配電場所設置規範

(3)電信

◆ 建築物屋內外電信設備工程技術規範

(4)自來水

◆ 自來水法
◆ 自來水法施行細則
◆ 自來水用戶用水設備標準
◆ 臺灣自來水公司營業章程

(5)汙水

◆ 水汙染防治法
◆ 水汙染防治法放流標準
◆ 建築物給水排水設備設計技術規範

(6)消防

◆ 各類場所消防安全設備設置標準
◆ 消防機關辦理建築物消防安全設備審查及查驗作業基準

(7)國際及國外相關標準

◆ 美國國家標準協會（ANSI）

◆ 英國標準協會（BS）

◆ 日本工業標準（JIS）

◆ 國際電氣技術委員會（IEC）

◆ 國際電氣安全法規（NESC）

◆ 絕緣電纜工程師協會（ICEA）

◆ 美國國家電氣法規（NEC）

◆ 美國電子電氣工程師協會（IEEE）

◆ 美國電機製造業協會（NEMA）

◆ 美國材料試驗學會（ASTM）

◆ 美國防火協會（NFPA）

◆ 美國保險業實驗所（UL）

◆ 其他經機關認可之國際通行規範及標準

五、規劃設計課題

關於規劃設計課題的釐清與探討將會是設計專案執行的重要關鍵，一般可以在以下幾個部分得知其線索：

1. 來自於計畫緒論與需求的說明當中，以開門見山的方式將客戶的目標、願景或預期成效以文字或圖面方式說明。

2. 來自於基地環境的分析結論，諸如季節風（風玫瑰圖）、年均雨量、溫濕度、年日照時數與太陽角度、重要在地文化／地方感之保存與延續、未來生活方式的願景。

3. 專門章節羅列說明或競圖評選的評分標準說明

以下列舉【2016 年新北市 New SkyRider 新建工程委託規劃設計暨監

造技術服務際競圖】的設計重點作爲範本：

本次 New SkyRider 計畫示範路線案（以下簡稱本案）定位以高架通勤自行車道系統沿 60 公尺園道，含中環路、臺 65 線快速道路橋下空間及兩側未開闢約 10 公尺人行空間，連結溪北新莊區及溪南板橋兩大都心區。本案系統兼具自行車通行及重要節點之空中景觀設計，沿線得以自行車引道（牽引道）連結至平面未開闢約 10 公尺人行空間、公園、帶狀式開放空間及大漢溪水岸自行車休閒路網，再藉由既有平面自行車道連結至捷運站、學校、體育場等公有建築及設施及住宅區等。

主要任務至少包含提供市民綠色、智慧、低碳的高架通勤自行車道及空中地景，整合規劃沿線周邊重要公共場域及綠地系統，活化利用快速道路臺 65 線五股至土城橋下空間，引道連結至平面園道、公園、廣場及帶狀式開放空間等。

1. 主體構造之呈現

高架自行車道屬都市線性公共設施，且基地環境位於交通繁忙、空間擁擠的主要道路，主體構造具街道視覺展示焦點，故設計需呈現輕巧結構、簡潔構造及設計美學，並與地景融合型塑城市地標。

2. 綠能及智慧系統之應用

高架自行車道路線系統空間規劃需充分考量各項指標、附屬設備、支援、管理、營運、維護及救災系統的自動化系統控制，並能積極結合再生能源設計與科技的運用，實現綠色公共交通運輸系統。

3. 空間層次及介面創意

高架自行車道、引道、高架自行車道重要節點空中地景及快速道路臺 65 線五股至土城橋下空間等，因機能屬性及使用者使用目的不同，應考量不同使用者動線與需求空間層次之串聯、整合、區隔及界面處理，提供順暢的設計與創意空間。

4. **環境生態永續概念**

環境規劃應充分考量臺灣氣候與地質特性，以及基地所在之環境條件，尤其在低維護、低耗能材料、植栽的選擇及排水路的設計應用；並應結合空中地景、園道植栽、及沿線公園綠地開放空間，運用環境設計概念與方法營造具都市生態之環境。

5. **複合式附屬場域塑造**

整體規劃應考量快速道路臺 65 線五股至土城橋下空間、沿線未開闢約 10 公尺人行空間、河岸空間及公園等四大區域，提出智慧文創、景觀休閒及附屬設施等機能，塑造多元複合式空間場域。

六、相關案例分析

一般來說案例分析的項目有以下內容：

1. 環境條件與基地分析：鄰近環境脈絡、物理環境、人文環境等。
2. 機能與需求：一般需求、特殊空間行爲需求、業主企業形象等。
3. 敷地條件：山坡地、舊市區、新市區、郊區、環境敏感區等。
4. 法規限制：都市更新、都市開發、山坡地開發等。
5. 設計建築師：設計理念、設計操作與落實、規劃設計目標等。
6. 整體分析：

(1) 量體構成與語彙（色彩、元素、材料、比例等）、空間關係與中介空間。

(2) 空間層級處理（基地外至基地內）、綠建築處理手法、出入口動線處理。

(3) 空間組織架構、配置與量體計畫、既成環境脈絡呼應之處理手法。

(4) 量體配置計畫、平面計畫、立面計畫、剖面計畫等。

(5) 細部設計處理、敷地計畫與地景植栽、設備計畫、結構系統等。

案例分析之觀察項目可以分爲基地外部、基地內外之間的中介範圍、基地內部及建築材料與細部設計：

1. **基地外部**

(1) 基地周遭的環境脈絡，例如：住宅區、商業區、文教區、靜態區、動態區、道路層級、交通動線、人行動線、物理環境特徵等。

(2) 基地內的開放空間與基地周遭的環境脈絡的對應關係？例如：開放空間尺度與區位、建築物牆面退縮距離、建築物主要出入口位置、地下室車道或停車場出入口位置、動態區、道路層級、交通動線、人行動線、物理環境特徵等。

(3) 開放空間的氛圍、形式、街道家具與類型和建築物使用類型的相對關係，例如：百貨公司大樓、圖書館建築兩者在面前廣場的處理上的差異等。

(4) 建築物與地景呈現的整體總和氛圍。

(5) 外觀建築語彙、元素、色彩與外部環境或企業形象之對應關係。

2. **基地內外之間的中介範圍**

(1) 建築物外部開放空間與主要出入口的關係，例如：從基地對面的街口→基地四周的人行道→基地內的開放空間→建築物主要出入口等一系列的空間序列關係。

(2) 建築物外牆面與四周地景／物件的關係，例如：牆面線的退縮距離、地面層牆面的開窗形式、地面層與牆面間的地景元素或處理手法、地景元素的類型等。

3. **基地內部**

(1) 主要出入口、主要大廳、主要動線（通道）與垂直核心四者間之關係。

(2) 內部空間的組織架構（公共到私領域空間的關係與序列）。

(3) 主要大廳的尺度、形狀與建築物使用類型的關係。

(4) 室內主要空間的室內微氣候處理（通風、採光、遮陽、空調形式、開窗形式等）。

(5) 室內主要空間的形式與人的行爲之間的互動關係。

4. **建築材料與細部設計**

(1) 建築物外觀材料類型、質感與顏色和外部四周環境的對應。

(2) 建築物外觀夜間照明的空間氛圍。

(3) 建築物室內主要空間（天、地、牆）之材料類型、顏色、質感與燈光照明之間的氛圍呈現。

(4) 室內外不同材料間交界面的處理手法（陰角與陽角）。

(5) 外牆開口與室內照明形式之關係。

(6) 天花形式與照明之關係、廁所洗手台與地坪、扶手欄杆細部、天地牆材料分割線之對應關係、空間標識系統之形式與色彩等。

▲ 案例分析比較圖例（摘錄自 https://brandonro.com/2013/06/12/thesis/）

由於目標與功能是明確的，此部分的呈現方式建議以圖示（Diagram）、列表與條列方式將案例之優缺點比較作清楚的陳述，同時也容易讓讀者掌握重點表達。

七、規劃設計構想

此章節之重點係將前述分析與客戶之需求予以整合，並透過設計思考的程序或方法所得之結論，轉譯為若干可行之規劃設計的初步構想或定位（一種規劃設計方向或狀態的預期成效說明，會依據專案類型尺度而有所不同之分類），提供後續執行設計操作之建築師能夠以此為據進行空間實踐參考。以下列舉【2015 年臺南市立圖書館總館新建工程委託規劃設計暨監造技術服務國際競圖】的建築設計定位作為範例：

因應本市升格為直轄市之需求，首要之務即在規劃一符合需求之圖書館。預計未來新館舍兼具「生活休閒中心」、「數位學習中心」、「圖書資訊中心」、「研究資訊中心」、「文化資源中心」及「綠建築」等要素，期能成為市區文化之知識資訊中心，提升本市公共圖書館之使用強度與競爭力，並符合民眾對於直轄市圖書館的需求與期待，以下為臺南市圖書館總館定位延伸之設計手法：

概念	空間手法	空間設備
數位學習中心 ■ I-PAD、電子書、網路連線的行動裝置 ■ 圖書心得分享、互動 ■ 善用知識科技，不斷提升服務品質	■ 塑造空間的隨機性、互動性、循環性 ■ 創造不同空間之意義 ■ 流動性空間 ■ 視覺穿透性 ■ 量體虛實變化	■ 互動學習場所 ■ 提供無線網路設備 ■ 數位中心 ■ 電子書 ■ 自助取預約書 ■ 座位管理系統 ■ RFID 自動借還書系統

概念	空間手法	空間設備
生活休閒中心 ■ 容納多元年齡層（老人／壯年／青少年／兒童／新移民）	■ 多樣性的閱讀、休閒空間 ■ 半戶外空間塑造	■ 書店 ■ 藝術展示 ■ 數位資訊 ■ 展演空間
圖書資訊中心 ■ 資訊不斷擴充、延續、交流 ■ 每位讀者有其書，每本書均有讀者 ■ 全市市民的學習中心，推廣終身學習 ■ 符合 21 世紀新圖書館的規劃理念	■ 明亮、動態的空間組成 ■ 彈性空間的相互使用 ■ 空間的互動性	■ 分享空間（如小會議、學習教室） ■ 中介空間（如休憩空間） ■ 充足、多元的館藏空間 ■ 館際資源共享

另外再列舉【2016 年新北市 New SkyRider 新建工程委託規劃設計暨監造技術服務國際競圖】的都市設計要求作爲範例：

1. 地面公共開放空間系統

(1) 高架自行車道結構體應與鄰房及既有設施之間具有適當之間隔距離，避免影響居民之生活私密性及生活安寧；園道東側部分：園道邊即緊鄰建築線，自行車道結構體距建築線應保留至少 3 公尺以上之距離；園道西側部分：未來塭仔圳重劃區內，面臨快速道路臺 65 線五股至土城下方園道範圍，建築物須自園道境界線至少退縮 15 公尺以上。

(2) 自行車道結構體應與地面、河道堤頂之間有足夠之穿越淨高，並提供設施維護所需之空間。

(3) 進出引道與地面銜接處應考量自行車轉換牽引時之上下車行爲所需時間，提供充足之停等空間，且不影響車流順暢。

(4) 應配合高架自行車道造型，於自行車道下方地面設置沿街步道式與廣場式開放空間。

(5) 沿快速道路臺 65 線五股至土城橋下 60 公尺園道範圍及周邊公共設施用地請提出空間使用規劃構想，得設置與本案相關之設施。（請另詳：第 5 章、1.(2) 內容）

(6) 開放空間應具有公共性、開放性、服務性與可及性，提供非特定民眾休憩與使用爲原則，不得設置阻隔性之花臺、水池、穿廊、植栽（灌木）帶、通排氣墩等阻隔設施，並考量無障礙環境設計。

(7) 爲都市防災需要，請依據本計畫區土地使用分區管制要點規定退縮，設計應考量整體街廓之延續性，配置植栽槽及人行鋪面。

2. 橋下人行空間或步道系統動線

(1) 結合產業、藝術、文創，人行空間內綠帶與設施帶合併，整合設置綠化植栽、自行車停車位或街道家具、指示標誌、指標系統（如開放空間標示牌、車輛出入口警示燈、地圖、公車站牌）等。

(2) 人行步道或開放空間與鄰地銜接，須考量順平無高差處理。

(3) 具備燈光照明計畫，並應考量地區與環境之狀況統一設置。

3. 交通運輸系統

(1) 自行車路網規劃應考量周邊公共運輸系統包含火車站、捷運、公車、U-bike、行人轉乘系統等，並應串聯周邊自行車道系統。

(2) 引道設計應配合整體路網規劃，串聯大漢溪河堤內外既有自行車道。

(3) 應考量行人與自行車動線有適當實體區隔。

(4) 應妥爲規劃自行車停車位及 U-bike 放置地點，停車區出入口應避免影響行人通行。

4. 量體配置、高度、造型、色彩及風格

(1) 結構量體須達安全與強度之基本需求，並應考量以輕巧、輕量造型爲主，色彩風格以明亮、低彩度爲原則。

(2) 高架自行車道在夜間應以不同時點表達設計特色及夜間視覺景觀；高架自行車道、地面層公共開放空間及人行空間應有安全照明設計。

(3) 照明設計以能節省電力、減少眩光，燈泡宜採用 LED 或省電燈泡，並建議納入再生能源設計。

(4) 配合橋體外觀造型設計及節慶燈光控制等，納入夜間燈光計畫（如光雕等）。

5. 環境保護

(1) 爲本市之永續發展，高架自行車道工程範圍內請考量基地保水，將地面水匯集回收利用（作爲景觀植栽澆灌等），過多之逕流始可排入外部公共排水溝。

(2) 請綜合考量建造成本及經濟效益，評估適合本工程之綠能系統，擇路段適度採購，以增進公共工程形象。

(3) 設計單位應詳細調查周邊生態、景觀資源、自然條件、河川溪流及區域灌排水文等，研擬跨河橋梁之生態保護策略與方案，並落實至設計與執行。

6. 景觀計畫

(1) 橋體配合周邊景觀規劃，融合流動於都市空間美學。

(2) 考量各種天候及路段環境差異，部分路段得設計局部遮蔭空間，提供自行車騎乘者舒適需求。

(3) 考量周邊公共設施及環境景觀，於適當位置與跨越大漢溪路段設置景觀休憩平臺，結合街道家具，提供完善的服務功能。

(4) 考量高架自行車道上騎乘視覺感受，營造林間悠遊的綠色景觀與複層植栽及樹種，並考量種植較具淨化空氣汙染之樹種。

(5) 植栽配置應避免妨礙騎乘者通行、視野，及標誌、號誌、公共表箱等相關設施。

(6) 各項景觀規劃，應整體考量高架自行車道周邊之開放空間、水岸空間、重要公共建築物、商業、文化活動景點及其他都市活動。

7. **管理維護**

設計單位應依據規劃、設計成果，研擬「管理維護計畫」，包括：

(1) 配合升降機、逃生設備、監視系統、燈光自控、夜間管理、緊急救護系統，研擬緊急救護與疏散計畫。

(2) 設計單位應針對災害與意外發生後所需之緊急救護系統，提出避難逃生及疏散動線，評估高架自行車道行駛救護車輛之可行性及救災平臺之需求，並納入設計。

(3) 防火、防音、防汙染之各項設施與功能。

(4) 高架自行車道及各項附屬設施之汰換週期、費用需求等維護管理方案。

(5) 結構物附屬設施以明管設置爲原則，以利將來維護管理。

八、規劃設計指導原則（準則）

（一）規劃設計指導原則意涵

規劃設計準則／規範（Planning & Design Guidelines）係指將本書前述之設計思考後所提出的設計構想，將其予以具體實踐的過程中，每一個作業階段的指導與執行原則，以文字爲主、圖例爲輔的方式加以記錄呈現；可以是針對一開始的基地選擇、開發效益與規模、規劃設計、設備系統規劃、工程技術、營建管理、使用維護與變更使用等，是一種對整體設計品質、規劃設計項目與作業原則的釐清與要求。準則的擬定則是儘可能強調正面性與預計達成項目的清楚呈現，一般包括總體目標在內的設計品質描述、空間設計原則、設備系統規劃原則、工程技術規劃原則、功能的技術描述、工程規劃的參考規範說明與相關限制條件的原則說明等。設計準則可以說是一種協助甲方／投資主或與建築師在處理工程規劃設計、使用需求與環境互動時的溝通平臺與機制。一般而言，設計準則／規範擬定的目的有以下幾點：

1. 明確地釐清設計專案的執行關鍵

每一個設計專案均有其不同之目標、屬性與預期價值，據此會有因應而生的執行關鍵與探討課題，任何一個設計專案都有預算的限制與壓力，除此之外常見的關鍵有零碳循環的永續環境規劃、老人養生村規劃設計、強調世代循環使用的通用設計、天然災害影響範圍內（例如：地震、海嘯、火山、颶風、低地區、土石流警戒區等）、環保建材之利用（例如：木頭與竹等）、特殊建築物規劃設計（醫院設施、核能電廠、數據機房、焚化爐、地下交通設施等）。例如位在新北市的中華電信板橋資料中心（Data Centre），在競圖階段的基本規劃設計關鍵在於機電設備規劃（維生系統與電力、空調、供油、供電系統的兩套不同供應商的系統規劃）、結構軀體的防護等級（防爆炸與防恐怖攻擊等）與節能減碳的永續規劃（再生能源、冷房與空調品質需求）等。

2. 提供一個確切可達成目標的空間量化指標

規劃設計是一個兼具感性與理性的行為產物，有些設計構想出發點是感性面的論述，抑或者說是構想落實到空間的實踐是需要不斷的予以量化，同時作為主客觀均可以進行檢視與溝通的平臺建立，例如：空間的定性定量、空間組織架構、空間矩陣表等。這裡所要強調的重點是設計構想的空間轉譯過程，藉由設計構想的空間轉譯，可將設計構想藉由空間語言之空間架構、空間與物件的關係、中介空間（內外）的處理、空間的層級、量體變化與構成（虛實、圍塑、加減、堆砌、變形、退縮等）、量體配置關係、材料與色彩、建築語彙與細部設計、模矩、尺度與比例、地景與開放空間處理、動線與機能計畫等方式將整體營建環境氛圍與空間品質或空間狀態予以具體化地敘述，最後再以設計原則或設計準則的形式呈現，作爲進行設計操作的執行標準與設計品質的標竿。

3. 提供規劃設計的一般性原則

規劃設計的一般性原則的擬定項目從基地選址、節能減碳計畫、基地配置、開放空間計畫、景觀與植栽計畫、量體計畫、空間機能分區、動線系統規劃與特殊空間需求計畫等，如下之內容參考：

(1)量體配置一般性原則

- 空間量多的先配置——旅館、教室、宿舍等。
- 空間量大的先配置——集會堂、音樂廳、體育館等。
- 配合設計概念——集中、分散、圍塑、堆疊、變形、虛實、退縮等。
- 量體高度與最寬面前道路之呼應關係。
- 量體長向面宜避免東西日曬與季風方向垂直。
- 居室空間或需要穩定光源之空間宜配置南向。

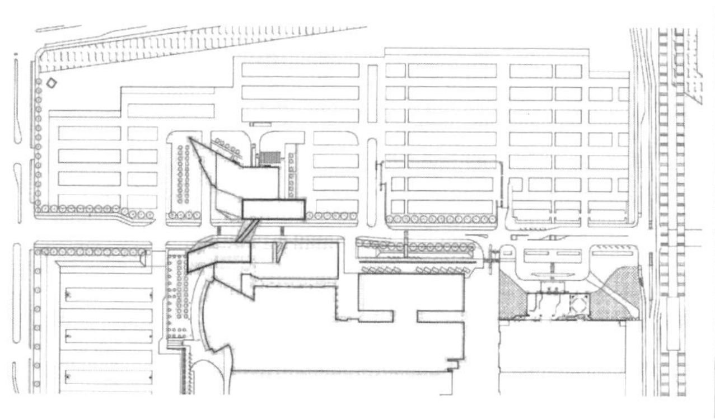

▲ Bella Sky Hotel / 3XN Architects（摘錄自 ArchiDaily 網站）

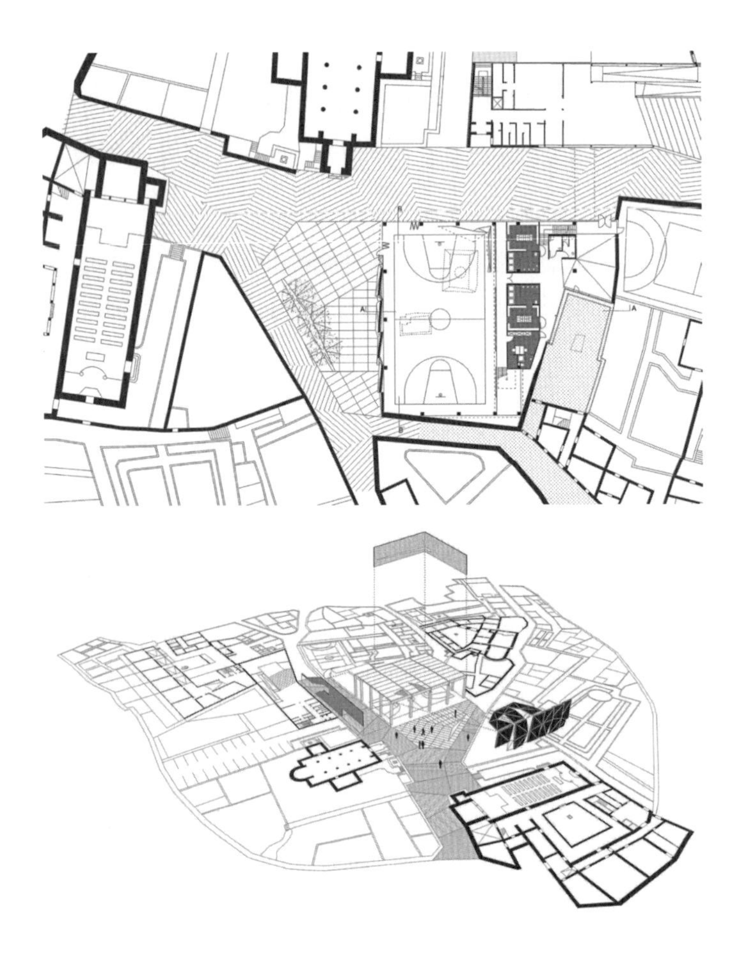

▲Sports Hall and Public Square in Krk_Croatia_Turato Architects（摘錄自 ArchiDaily 網站）

(2)空間機能分區一般性原則

- ◆空間層級與中介空間——由基地外至基地內之室內空間之空間序列安排。
- ◆愈低樓層——公共空間、使用率大、使用人數多、多數人使用、動態等。
- ◆愈高樓層——私密空間、少數人使用、使用率較低、使用人數少、靜態等。
- ◆垂直動線之有效串連——垂直核數量合宜等。
- ◆管理便利性與安全性——人行動線不宜過長（特殊空間機能除外）等。
- ◆空間使用屬性與合理性之整體考量。

(3)動線計畫一般性原則

- ◆人車出入口與基地四周交通車流之對應關係。
- ◆基地與四周環境之人行動線有效串連或引導。
- ◆車道出入口數量與區位之檢討。
- ◆法規規定之安全距離檢討。
- ◆人車動線分離。

(4)開放空間計畫一般性原則

- ◆基地內與基地四周環境開放空間之對應關係。
- ◆基地內建物外部開放空間與室內之中介空間設置。
- ◆基地內建物外部空間與室內空間之關係——視覺穿透、阻絕、開放式等。
- ◆基地四周人行步道空間與道路／停車空間之緩衝處理方式。

(5)建築語彙、材料與色彩計畫一般性原則

- ◆建築語彙（如開窗形式、屋頂形式、牆面分割比例等）與整體設計概念及業主企業形象之對應關係。

◆ 建築材料的質感與色彩明度與整體設計概念及業主企業形象之對應關係。

◆ 綠建材之應用。

◆ 建物色彩計畫與基地四周環境色之對應關係與節能減碳之考量。

(6) 節能減碳一般性原則

◆ 量體配置與基地物理環境之對應關係。

◆ 基地景觀植栽在遮陽、擋風與防噪音等之整體考量。

◆ 節能減碳之設計手法——如自然通風採光、遮陽、隔熱等。

◆ 節能減碳之設備手法——如高效率設備主機、變頻空調、主動式遮陽板等。

◆ 臺灣綠建築指標之對應處理方式。

(7) 景觀植栽一般性原則

◆ 景觀植栽與基地物理環境之對應關係，如遮陽、擋風等。

◆ 地域原生種與馴化種植栽之優先選用（適應基地區域環境、繁殖與移植容易）。

◆ 多層次立體植栽（喬木＋灌木＋蔓藤花草＋地被）＋誘鳥、誘蝶植栽。

◆ 地域生態棲息地（藍帶、綠帶）之串連與對應關係。

（二）臺南市海安路都市設計規範

1. 為使臺南市海安路地下化路段兩側地區（以下簡稱本地區）未來之發展能符合「城市發展歷史紋理及生活風貌維持」之發展特色，確保都市發展歷史紋理的保存及提升都市生活環境品質，以創造和諧雋永之都市空間，特規定本地區之建築設計、景觀設計、活動系統、廣告招牌設置、獎勵等事項之都市設計規範，期能確切掌握本地區之計畫精神及提升審議效益。

2. 本規範所適用地區為臺南市海安路地下化路段兩側街廓範圍，範圍境界線為：北側為民族路南側道路境界線，南側為府前路北側道路境界線，東側為國華街西側道路境界線，西側為康樂街東側道路境界線。詳如附件一：都市設計管制範圍圖所示。

3. 本地區人行空間及鋪面設計應保持與相鄰土地順平，地面無階梯或阻礙人行之凹凸物，鋪面應平整、防滑。

4. 建築設計規定

(1) 本計畫範圍內建築基地臨接海安路側，其建築物牆面高度應為三層樓或不小於 10.5 公尺。

(2) 建築立面設計：

①本地區建築基地臨接海安路側，其地面層開口面淨高不得低於 3.5 公尺，且建築立面應設計不小於建築基地寬度二分之一之透空或透明櫥窗，除廣告物、建築照明燈具及經本委員會審議通過之雨遮外，其他附屬設施均不得突出牆面線。

②本地區建築基地之建築外觀色彩以素雅灰色系為基調，立面建材限以灰色系面磚、天然石材、洗石子、抹石子、清水模面混凝土、水泥板、水泥粉光、灰色系石材、石板砌、石板貼、木料（厚質材）及灰色處理金屬板為準；建築立面固定裝飾之材質與顏色得不受前述規定限制，唯其面積不得超過該建築立面扣除開口部分之百分之十。

③本地區臨接海安路建築物面寬每 4 至 5 公尺，建築立面應作適當垂直分割。

5. 建築物造型

本地區之建築物屋頂應設置一定面積以上之斜屋頂，斜屋頂之設置依下列規定：

(1)斜屋頂形式之通則：

① 建築物設置斜屋頂之斜面坡度底高比爲三比二，單一斜面底部縱深不大於六公尺。

② 斜屋頂之顏色以灰黑色調爲準。

③ 斜屋頂部分得設置老虎窗，所設置之老虎窗外觀高度以不超過斜屋頂高度之三分之二爲限，每一老虎窗單元外觀寬度不得超過其高度，老虎窗外觀寬度總和以不超過斜屋頂底面寬度之二分之一爲限。

③ 斜屋頂之屋面排水應以適當之設施導引至地面排水系統。

(2)斜屋頂設置規定：

① 斜屋頂總投影面積，應爲建築面積之四分之三以上。但依建築技術規則規定，應設屋頂避難平臺致有不足者不在此限。

② 建築物屋頂突出物應設置斜屋頂，且應按各棟建築物屋頂層突出物各部分投影總面積至少百分之六十設置。

(3)建築物於屋頂層附設之各種屋頂突出物，應自女兒牆或簷口退縮設置。但合法宗教建築及經本委員會審議通過者不在此限。

6. 建築物附屬設施

(1)建築物附設廣告物

① 本地區非臨接計畫道路之建築物設置廣告物時，高度以不超過自基地地面量起 7.5 公尺，下端離地面淨高不得低於 3 公尺。

② 本地區臨接海安路以外計畫道路之建築物設置廣告物時，高度以不超過自基地地面量起 10.5 公尺，下端離地面淨高不得低於 3 公尺。

③ 本地區海安路道路兩側之建築物禁止設置側懸式廣告招牌；建

築物設廣告物時，高度以不超過自基地地面量起 10.5 公尺，下端離地面淨高不得低於 3.5 公尺，廣告物突出建築牆面部分不得超出建築線。廣告物正面總投影面積以不超過前述允許設置廣告物範圍總面積之百分之五十。每一臨接海安路店面得於退縮牆面線之 50 公分範圍內，設置一座高 2.1 公尺以下，直徑 40 公分以下，落地式廣告招牌。

(2) 雨遮之設置：本地區臨接海安路兩側之建築基地，一樓得於牆面線外，設置底部高於地面 2.5 公尺以上，水平投影長度 2.5 公尺以下之素面遮陽設施。二樓以上得設置水平投影長度 1.2 公尺以下之素面遮陽設施（參考範例如附件）。

(3) 垃圾分類儲存空間：建築開發基地面積達 2,000 平方公尺以上者，應留設垃圾分類儲存空間，其面積不得小於總樓地板面積平方根之八分之一，且不得小於 10 平方公尺，並應留設適當之服務動線。該空間必須設置於地面一層，並應予以美化及防治汙染（儲存空間以淨寬 3 公尺通路連接上述道路爲原則）。

(4) 本地區建築物之必要附屬設備（如冷氣機、水塔、廢氣排出口等），應於建築物設計時依本規範規定納入整體設計，並以不影響建築物臨街面爲原則。

(5) 建築物的排放廢氣或排煙設備之排放，應不得直接朝向人行空間。

7. 本地區建築基地之法定空地提供公眾使用者，得申請由政府併同公共開放空間同時整體規劃施工或補助其工程費。

8. 海安路、臨接海安路之建築基地及依前條規定由政府併同公共開放空間同時整體規劃施工或補助其工程費之法定空地，經本委員會審議通過，得設置座椅、垃圾桶、告示牌、照明設施、候車站亭、盆栽及街景雕塑物等街道家具。

9. 本地區基地條件特殊者，經本委員會審議通過後，得排除本規範部分之規定。

10.本規範未規定事項，適用其他相關規定。

（三）澎湖縣低碳建築設計準則

第1條

澎湖縣（以下簡稱本縣）爲推動低碳示範島，興建具省能源、省資源及低汙染之低碳建築，暨建立舒適、健康及環保之居住環境，特訂定本準則。

第2條

爲達到低碳建築之目標，於申請建築執照如依法令規定需符合低碳建築時，應符合本縣低碳建築之日常節能指標、水資源指標、基地保水指標及綠化量指標等四項基本設計要求。

第3條　用語定義：

1. 日常節能指標：以建築物外殼設計、再生能源利用與節能家電達到減少能源消耗之目標。

2. 水資源指標：係指積極採用省水器材，鼓勵雨水及生活雜排水之循環再利用設計，降低建築物實際使用自來水用水量，減少地球水資源損耗，達到再生、保水、節水等目的。

3. 基地保水指標：利用建築基地涵養雨水及貯留滲透雨水，進而達到改善土壤生態環境、調節環境氣候。

4. 綠化量指標：利用建築基地內植物栽種吸收大氣二氧化碳、減緩溫室效應、減緩噪音汙染、淨化空氣品質、美化環境，建立永續環境。

5. 基盤式薄層綠屋頂：排編收邊材料，排組（蓄）排水板，鋪蓋不織布等材料，構成排水、過濾、防根之連續基盤，再回填輕質人工混合介質，種植淺根低矮的地被植物，以植生覆蓋既有屋頂，達到隔熱降溫、保護建築、截流雨水、減緩逕流等目的，主要種植低矮灌木、草坪與地被植物進行屋頂綠化，以低頻率的維護管理爲訴求。

6. 省水器材：指具有省水標章之馬桶或小便器、具有省水標章或裝置省水閥、節流器或起泡器等省水配件或器材之水栓、自動感應水栓或自閉式水栓等。

第 4 條　低碳建築設計應符合下列規定：

1. 日常節能指標：除依「建築技術規則」建築設計施工編第十七章第四節檢討外；爲減少資源耗損暨鼓勵風土綠建築風貌，需達到再生節能與外殼風貌項目積分加總八分之基準值，且各項積分皆需達到基準值。

2. 再生節能與外殼風貌項目內容及其說明與申請竣工查驗應檢附文件、各項積分計算及基準值如附表一及附表二。

3. 水資源指標：設置雨水貯留利用系統（水撲滿：容量一點五公噸以上），或生活雜排水回收再利用系統，且需符合建築技術規則建築設計施工編第三百條及同編第三百一十八條之規定。此外，建築物室內除專供清潔用途之水栓外需全面採用省水器材。

4. 前款所指供清潔用途之水栓，係爲洗衣間或廚房空間設置之水栓，且該空間單元最多設置一處。

5. 基地保水指標：建築物留設之法定空地，其空地應有百分之五十以上之綠地或透水鋪面，以涵養及貯留滲透雨水。

6. 綠化量指標：綠化總二氧化碳固定量應大於二分之一最小綠化面積與二氧化碳固定量基準值之乘積，且植栽種類應以耐風、耐鹽、耐旱之本地原生馴化種類爲原則，另該建築基地應至少種植一棵喬木，並建築基地綠化之總二氧化碳固定量計算，應依中央主管建築機關訂定發布之建築基地綠化設計技術規範辦理，惟適用範圍不受建築基地綠化設計技術規範之規定限制。

7. 使用分區或用地二氧化碳固定量基準值如附表三。

8. 總樓地板面積達一千二百平方公尺以上之旅館，及建築基地面積達零點二公頃或戶數達二十戶以上整體建築開發者，應依「建築設計規則」建築設計施工編第十七章第五節「建築物雨水及生活雜排水回收再利用」規定辦理。

9. 爲因應澎湖氣候條件與節約能源之目的，總樓地板面積達一千二百平方公尺以上之旅館、民宿業者，及建築基地面積達零點二公頃或戶數達二十戶以上整體建築開發者，應考量設置太陽能、風力發電留設所需空間並於都市設計審議時提出完整說明。

第5條　低碳建築設計審查應送審之相關資料及文件：

1. 附表四所示之「澎湖縣低碳建築設計評估資料總表」。

2. 日常節能指標：

(1)附表所示之「日常節能指標評估表」。

(2)「建築技術規則」建築設計施工編第十七章第四節規定檢附之建築物節約能源設計計算書。

(3)依本準則第四條第一項「再生節能與外殼風貌項目」應檢附文件、明確標示設計配置平面圖、評估過程及計算表。

3. 水資源指標：

(1)附表六所示之「水資源指標評估表」。

(2)明確標示設計配置平面圖、評估過程及計算表。

4. 基地保水指標：

(1)附表七所示之「基地保水指標評估表」。

(2)明確標示鋪面工法之基地配置平面圖、評估過程相關面積及計算表。

5. 綠化量指標：

(1) 附表八所示之「綠化量指標評估表」。

(2) 建築基地綠化總二氧化碳固定量計算書。

6. 總樓地板面積達一千二百平方公尺以上之旅館、民宿業者，及建築基地面積達零點二公頃或戶數達二十戶以上整體建築開發者依本準則第四條規定辦理應檢附之文件。

第 6 條　低碳建築物竣工申請注意事項：

1. 本準則所需之各項指標竣工查驗表件格式由本府另定之。

2. 申請竣工時，應檢具各項指標竣工查驗表件、設計審查時送審之相關資料及文件副本，與下列資料及證明文件：

(1) 日常節能指標：本準則第四條第一項「再生節能與外殼風貌項目」應檢附文件。

(2) 水資源指標：安裝銷售證明文件、產品證明文件及現場位置照片。

(3) 基地保水指標：現場位置及施工照片。

(4) 綠化量指標：植栽品種與栽種證明文件、現場位置及施工照片。

(5) 總樓地板面積達一千二百平方公尺以上之旅館、民宿業者，及建築基地面積達零點二公頃或戶數達二十戶以上整體建築開發者依本準則第四條規定辦理應檢附之文件。

3. 當植栽覆土深度不符規定、現況植栽數量、面積及植栽類型與原設計送審不符時，將視等爲竣工與該建造執照核准圖說設計不符之情事，並需依下款規定辦理。

4. 若竣工與該建造執照核准圖說設計不符時，應重新檢討本準則第四條規定內容，並依本準則第五條規定檢附相關資料及文件。

5. 竣工審查未符合規定者，不得核發使用執照。

第 7 條　本準則自中華民國一百零一年九月一日施行。

附表一　再生節能與外殼風貌項目內容及其說明與申請竣工查驗應檢附文件

項目名稱	內容	說明
再生節能	太陽能熱水系統	1. 指以集熱器吸收太陽能之系統，並將之應用於熱水或乾燥等相關設備；且需經經濟部能源局核定有效之合格產品。 2. 於申請竣工時，需檢附設置位置平面配置圖。
	節能冷氣或洗衣機	1. 指領有經濟部能源局節能標章之產品。 2. 於申請竣工時，需檢附設置位置平面配置圖。
	節能冰箱	1. 指領有經濟部能源局節能標章之產品。 2. 於申請竣工時，需檢附設置位置平面配置圖。
	節能燈具	1. 指裝設有電子式安定器之燈具、高反射塗裝螢光燈及具高效率燈具（如陶瓷覆金屬燈、LED燈及冷陰極管燈）等燈具。 2. 於申請竣工時，需檢附設置位置平面配置圖。
外殼風貌	斜屋頂	1. 設置於屋頂層或屋頂突出物，其垂直投影面積不得小於屋頂層或屋頂突出物樓地板面積之50%。 2. 須達隔熱遮蔭之目的。
	深陽台	單處深度不得小於2公尺，且寬度累計加總不得少於3公尺。
	綠屋頂	1. 指基盤式薄層綠化。 2. 垂直組成上需具備植物層、介質層、過濾層、排水層、防水層、隔熱層和屋頂承重層幾個部分。 3. 需考量綠屋頂設計所產生之屋頂載重納入結構設計計算書內（每平方公尺活載重不得少於300公斤），且需由專業施工廠商施工，並檢附施工過程相片。 4. 綠化面積（不含屋著下面積）需達到屋頂層面積之20%。

附表二　再生節能與外殼風貌項目各項積分計算及基準值

項目名稱	內容	積分		備註
再生節能	太陽能熱水系統	2		本項累計至少須達到3點積分。
	節能冷氣或洗衣機	2		
	節能冰箱	2		
	節能燈具	設置率＞50%	1	
		設置率＞80%	2	
外殼風貌	斜屋頂	2		本項累計至少須達到2點積分。
	深陽台	2		
	綠屋頂	3		

說明：
1. 太陽能熱水系統、節能冷氣或洗衣機、節能冰箱：該棟僅需設置一處即可獲得該項積分，不依設置數量累計積分。
2. 節能燈具設置率：指設置節能燈具占該基地內所有燈具之比例。

附表三　使用分區或用地二氧化碳固定量基準值

使用分區或用地	二氧化碳固定量基準值（公斤／平方公尺）
學校用地	五百
商業區、工業區	三百
前二類以外之建築基地	四百

附表四

澎湖縣低碳建築設計評估資料總表

一、建築物基本資料

建築地點		使用分區	
起造人		設計人	
建築類別		建築構造別	

二、基地概要

基地面積		建築面積	
法定建蔽率		實際建蔽率	

三、各指標評估結果

<table>
<tr><th colspan="2">應符合之指標及規定</th><th>合格要求判斷</th><th>合格判定結果</th></tr>
<tr><td rowspan="9">基本設計要求</td><td rowspan="2">日常節能指標</td><td>(1) 建築物節約能源之外殼節約能源設計檢討</td><td>□合格　□不合格</td></tr>
<tr><td>(2) 再生節能與外殼風貌項目積分限制</td><td>□合格　□不合格</td></tr>
<tr><td rowspan="2">水資源指標</td><td>(1) 雨水貯留利用系統或生活雜排水回收再利用系統之設置</td><td>□合格　□不合格</td></tr>
<tr><td>(2) 建築物室內除專供清潔用途之水栓外皆全面採用省水器材</td><td>□合格　□不合格</td></tr>
<tr><td>基地保水指標</td><td>50% 以上之法定空地應設計綠地或透水鋪面</td><td>□合格　□不合格</td></tr>
<tr><td rowspan="3">綠化量指標</td><td>(1) 基地內至少栽種 1 棵喬木</td><td>□合格　□不合格</td></tr>
<tr><td>(2) 植栽種類爲耐風、耐鹽、耐旱之本地原生馴化種類</td><td>□合格　□不合格</td></tr>
<tr><td>(3) 綠化設計值 TCO_2 > 綠化基準值 TCO_{2C}？</td><td>□合格　□不合格</td></tr>
<tr style="display:none"></tr>
<tr><td colspan="2" rowspan="2">大型開發者</td><td>(1) 建築物雨水及生活雜排水回收再利用之計算及系統設計</td><td>□合格　□不合格
□免檢討</td></tr>
<tr><td>(2) 應設置太陽能、風力發電留設所需空間，並於都市設計審議時提出完整說明</td><td>□合格　□不合格
□免檢討</td></tr>
</table>

註：大型開發者係指總樓地板面積達 1,200 平方公尺以上之旅館，及建築基地面積達 0.2 公頃或戶數達 20 戶以上整體建築開發者。

四、簽證人

姓　　名：	（簽章）	開業證書字號：	
事務所名稱：	建築師事務所		
事務所地址：			

五、評估結果

合格	
不合格	

附表五

日常節能指標評估表

一、建築物基本資料

建築地點			
起造人		設計人	建築師事務所
建築類別		建築構造別	

二、日常節能指標評估項目

A. 依「建築技術規則」綠建築基準，檢附建築物節約能源設計計算書　□有　□無

1. 屋頂平均熱傳透率檢討，Uar < 1.0？
   Uar = ________,　□合格　□不合格
2. 外牆平均熱傳透率檢討，Uaw < 3.5？
   Uaw = ________,　□合格　□不合格
3. 天窗平均日射透過率 HWs 及外殼玻璃可見光反射率 Gri 評估表？
   □合格　□不合格
4. 外殼等價開窗率 Req < 外殼等價開窗率基準值 Reqs？
   Req = ________, Reqs = ________　□合格　□不合格

B. 再生節能與外殼風貌項目

項目名稱	內容	積分		設置有無	累計積分	合格判定
再生節能	太陽能熱水系統	2				
	節能冷氣或洗衣機	2				
	節能冰箱	2				
	節能燈具	設置率 > 50%	1			
		設置率 > 80%	2			
外殼風貌	斜屋頂	2				
	深陽台	2				
	綠屋頂	3				

註：再生節能累計需達到 3 積分，外殼風貌項目需達到 2 積分，且總累計需達到 6 積分，始判定合格。

三、日常節能指標綜合結果判定

(1) 建築物節約能源之外殼節約能源設計檢討？　□合格　□不合格

(2) 再生節能與外殼風貌項目積分是否達到基準值？　□是　□否

填表人：

合格	
不合格	

附表六

水資源指標評估表			
一、建築物基本資料			
建築地點			
起造人		設計人	建築師事務所
建築類別		棟層戶數	棟　層　戶

二、水資源指標評估項目

A. 設置雨水貯留利用系統（水撲滿：容量 1.5 公噸以上），或生活雜排水回收再利用系統

□雨水貯留利用系統（容量：________公噸）

□生活雜排水回收再利用系統

B. 省水器材設置評估

專供清潔用途之水栓數量：________套，其設置之空間單元爲________________。

省水器材項目	空間單元配置及數量

建築物室內除專供清潔用途之水栓外是否全面採用省水器材？　□是　□否

三、水資源指標綜合結果判定

(1) 是否依規定設置雨水貯留利用系統或生活雜排水回收再利用系統，且是否合格？

□有，且達設置標準　□有，但未達設置標準　□否

(2) 建築物室內是否除專供清潔用途之水栓外皆全面採用省水器材？

□是，且專供清潔用途之水栓數量及設置空間皆符合規定

□是，但專供清潔用途之水栓數量或設置空間未符合規定　□否

填表人：	合格	
	不合格	

附表七

基地保水指標評估表			
一、建築物基本資料			
建 築 地 點			
起　造　人		設　計　人	建築師事務所
基 地 面 積		法定建蔽率	

二、基地保水指標評估指標項目

基地法定空地面積：　　　　　m^2

應達到綠地或透水鋪面之面積：　　　　　m^2

保水設計手法	面積（m^2）	累計面積（m^2）
綠　　地		
透 水 鋪 面		

註：綠地及透水鋪面面積計算皆不含土壤區塊性裸露面積。

三、基地保水指標綜合結果判定

(1) 50% 以上之法定空地是否設計綠地或透水鋪面？

設計值：________m^2 ≧標準值：________m^2？ □是　□否

填表人：

合格	
不合格	

附表八

綠化量指標評估表

一、建築物基本資料

建築地點		使用分區	
起造人		設計人	建築師事務所
基地面積		法定建蔽率	
執行綠化有困難之面積（Ap）	m^2	單位綠地CO_2固定量基準（β）	kg/m^2

二、綠化量評估項目

A. 栽種種類數量基本限制

1. 是否以耐風、耐鹽、耐旱之本地原生馴化種類爲原則？　□是　□否
2. 基地內設計栽種喬木數量：______棵。（至少應栽種1棵）　□合格　□不合格

B. 建築基地綠化總二氧化碳固定量計算書　□有　□無

1. 綠化量計算

植栽種類		栽種面積	計算值 Gi×Ai	ΣGi×Ai
生態複層	大小喬木、灌木、花草密植混種區（喬木種植間距3.5m以下）			
喬木	闊葉大喬木			
	小喬木（闊葉小喬木、針葉喬木、疏葉型喬木）			
	棕櫚類			
灌木（每m^2至少栽植二株以上）				
多年生蔓藤				
草花花圃、自然野草地、水生植物、草坪				

※ 植栽覆土深度及指標計算方式必須合乎建築基地綠化設計技術規範之規定始得承認之。

2. 生態綠化優待係數

有無提出生態綠化計畫說明書及計算表，其中本土植物、誘鳥誘蝶植物等生態綠化比率爲

□無　□有，60%以上　□有，80%以上　□有，100%

3. 綠化設計值 TCO_2 ＞ 綠化基準值 TCO_{2C}？

TCO_2 = ______________，TCO_{2C} = ______________　□合格　□不合格

三、綠化量指標綜合結果判定

(1) 栽種種類數量基本限制是否合格？　□合格　□不合格

(2) 綠化總二氧化碳固定量是否大於二分之一最小綠化面積與二氧化碳固定量基準值之乘積？　□合格　□不合格

填表人：

合格	
不合格	

（四）宜蘭厝設計準則

「宜蘭厝」設計活動，是宜蘭地區居住文化自覺運動的起點。一個有理性基礎與文化深度的居住文化之形成，需要長時間持續的思辯與實踐。參與這個活動的每一位建築師，都有權利、也有義務對「宜蘭厝」提出自主與原創的設計闡釋。但是在無窮的設計可能性中，參加第一屆「宜蘭厝」設計活動的九位建築師，達成下列共識，做為建立宜蘭地方建築風格的第一步，並期待未來實踐之後之修正。

1. 敏銳的基地反應

對於宜蘭地區的景觀、颱風、東北季風、多雨、地下水等地理及自然因子，於配置階段即適切反應。

2. 高度的環保意識

利用太陽能、自然通風、遮陽、雙層牆等，省能源策略，以及傳統的農村能源，並使用低汙染之汙水排放系統，考慮廢水、雨水回收系統。傳統的竹圍合院式民宅，以竹圍、低平的建築量體、簡單的斜屋頂，以及低彩度、低亮度的自然材料融入蘭陽平原的田園地景中。宜蘭厝的設計，也企圖遵循這一深遠的地景傳統。

3. 融入地景的植栽規劃

植栽與被植栽掩映的農宅，是宜蘭地景經驗的關鍵性元素。包被基地、定義家園的喬木或竹圍，界定入口動線的七里香、扶桑綠籬，豐富家居生活的果樹與瓜棚，遮蔭的大樹與建築物，同時形成「宜蘭厝」的主體。

4. 簡單、主從分明的斜屋頂

避免瑣碎混亂的屋頂設計，盡量使用三分水左右的斜屋頂設計，傳統建築的凹曲屋面韻味亦可捕捉。宜蘭地區多雨，若無陽臺時，應考慮深出簷，若天溝不易清理時，可直接讓雨水滴落地面，但地面滴水線應作處理。

5. 自然樸素之本地建材

屋身建材應盡量以本地常見的傳統建材，如：紅磚、洗石子、卵石、頁岩、空心磚、尺二磚、白粉牆、木材等爲主調。避免濫用磁磚，盡量清楚表達構造方式。

6. 豐富的半戶外空間

「宜蘭厝」的基地，大多有良好的戶外空間。由室內到戶外空間，應有多層次、多形式的過渡處理，將能使戶外與室內空間連通而活潑。應適當合宜的使用玄關、門廊、迴廊、陽臺及深窗等建築元素。

7. 有包被、有生活的戶外空間

「宜蘭厝」的戶外空間，應能反應生活。如：工作埕、工作棚、停車場、果園、菜園、家居院子等。這些空間應利用建築量體、牆面、植栽綠籬，予以界定與包被。

8. 位序合宜、有生活重心的室內空間

室內空間，應反應傳統農村人倫關係，若有祭祀空間應符合其格局模式。應注意主牆面上的留設。餐廳、廚房、客廳應形成一個互相流通呼應的生活核心空間，並擷取傳統手法之優點，進行符合現代生活方式的調整。

9. 防颱窗

面對受風面的大開口，應有防颱設計，考慮風壓、飛散物、樹技等之撞擊，以及雨水灌入。

10.雙層牆

適當使用雙層牆以解決西晒輻射熱、滲水等問題。

11.露明管線

管線，尤其是水管，應盡量露明或以管道間處理，以利維修。惟基地之連外管線應予以地下化。

九、景觀與植栽計畫

根據民間景觀法草案之內容，所謂的景觀指自然及人文地景；包括自然生態景觀、人為環境景觀及生活文化景觀。景觀或地景（Landscape）就是人類生存狀態在大地上的一種空間關係的具體再現，它呈現環境的地理狀態，說明了人與自然的關係，同時也記錄了人類文化活動的空間痕跡。廣義而言，其所涵括的領域從大尺度的國土規劃、城鄉規劃、都市設計、景觀建築設計、景觀設計與植栽選擇等。由於臺灣景觀法長久以來呈現妾身未明的狀態，當前建築學系的學院教育也缺乏廣義的景觀學與人文地理學中關於空間範疇的涉略與訓練；而在實務上的建築規劃設計而言，也是較偏向開發基地內建築物以外開放空間範圍的景觀設施規劃與植栽選擇的操作。

在景觀設計的諸多構成元素中，「植栽」無疑地是最具生命力與自然美的元素，綠化植栽一經施工後，往往初始並非是呈現「最佳狀態」及「最高品質」之時，亦即其「完成度」未能達到「最佳呈現」；所以，植栽的後續維護管理更顯其重要性與必須性。

目前因應綠建築趨勢，會著重於臺灣綠建築標章內所謂「綠化量指標」的要求，所謂綠化量指標就是利用建築基地內自然土層以及屋頂、陽臺、外牆、人工地盤上之覆土層來栽種各類植物的方式。綠化是現代居住環境品質最重要的指標之一，沒有綠化的城鄉規劃很難奢言「永續發展」的居住品質。若我們在居住環境中廣植花木，不但可怡情養性，同時促進土壤微生物活動，對生態環境有莫大助益。綠化被公認為可吸收大氣二氧化碳最佳的策略之一，有助於減緩地球氣候日益暖化的危機。因此本指標希望能以植物對二氧化碳固定效果做為評估單位，藉由鼓勵綠化多產生氧氣、吸收二氧化碳、淨化空氣，進而達到緩和都市氣候暖化現象、促進生物多樣化、美化環境的目的。

以下列舉 2016 年的【臺南市赤崁文化園區改造工程委託規劃設計及監造技術服務】競圖案中關於古蹟周圍景觀需求作爲範例：

1. 廠商應依設計方案與機關提供基礎資料，延續及研擬本工程再利用計畫與因應計畫，並會同相關單位聯席審查，作爲未來「赤嵌樓」日常管理及緊急應變之依據。

2. 應就都市景觀的角度加以考量「赤嵌樓」現有周邊圍牆保留之必要性，倘涉及圍牆拆除或圍牆高度降低等情事，亦應針對日後的管制及門票收費問題與管理，提出相對應的改善或解決方式，以確保開發的執行效益。

3. 應針對基地範圍與周邊道路的現況加以評估，並配合廠商所提之規劃方案研提一必要之交通改善配套措施，以有效化解其未來重建後預期導入的交通流量及相關需求；並順應此相關交通動線之管制與規劃，研擬一古蹟保存區內外及周圍景觀規劃之構想。

4. 需針對都市與校區內外的界定關係或手法加以交代，並充分考量校區與「赤嵌樓」介面及鄰接的赤嵌街、赤崁東街、成功路、民族路之間的關係，廠商應以圖示加以說明所提之規劃如何對應周邊的環境關係。

5. 基地東南側既設之「赤嵌樓」停車場空間，亦須納入全區規劃加以考量。

6. 基地內既有之構造物，除「赤嵌樓」古蹟本體指定範圍外，亦可全數予以拆除，唯須以規劃圖交代基地內既有建築如何處置，並納入全區規劃範圍內加以考量，以有效解決未來的停車及交通衝擊等問題。

7. 投標廠商應充分考量「國定古蹟赤嵌樓」所扮演的角色，並融入現地文化地景的特色，且須針對地面層的景觀規劃加以全盤考量並規劃之；以便將原大客車地面臨停、地下停車場進出及動線管制等問題詳加考量，並納入基地整體規劃中。

十、綠建築計畫

廣義的綠建築（Green Architecture）指涉構造設施物／建築物在其生命週期中，從基地選址、建築設計、營建施工、營運管理、維護更新、再利用、拆除等各階段皆達成環境友善、節能減碳與資源有效運用的一種建築行爲。顯而易知，綠建築的概念是企圖從人造設施物與自然環境之間取得一個平衡點。這過程中需要結合公部門政策、建築師團隊、專業技師團隊以及甲方在設計專案的各階段中緊密溝通、協調與合作。當代綠建築趨勢已經不止單純的建築而言，進而延伸產出綠建材、綠營建與結合科技系統之智慧綠建築等的專業領域。

臺灣的綠建築在過去指「消耗最少地球資源，製造最少廢棄物」的建築物，而現在擴大爲「生態、節能、減廢、健康」的建築物。該評估指標訂定的原則有【綠建築標章官網】：

1. 評估指標確實反應資材、能源、水、土地、氣候等地球環保要素。
2. 評估指標要有量化計算的標準，未能量化的指標暫不納入評估。
3. 評估指標項目不可太多，性質相近的指標盡量合併成一指標。
4. 評估指標要平易近人，並與生活體驗相近。
5. 評估指標暫不涉社會人文方面的價值評估。
6. 評估指標必須適用於臺灣的亞熱帶氣候。
7. 評估指標應能應用於社區或建築群整體的評估。
8. 評估指標應可作爲設計階段前的事前評估，以達預測控制的目的。

目前臺灣綠建築指標有生物多樣性指標、綠化量指標、基地保水指標、日常節能指標、二氧化碳減量指標、廢棄物減量指標、室內健康指標、水資源指標、汙水與垃圾減量指標等九大指標，簡述其主要設計操作內容及補充說明如下：

（一）生物多樣性指標

所謂「生物多樣性」係在於顧全「生態金字塔」最基層的生物生存環境，亦即在於保全蚯蚓、蟻類、細菌、菌類之分解者、花草樹木之綠色植物生產者以及甲蟲、蝴蝶、蜻蜓、螳螂、青蛙之較初級生物消費者的生存空間。過去許多人談到生態，就以爲是要去保護黑面琵鷺、臺灣獼猴或梅花鹿等樣版動物，殊不知生活於我們屋角石縫下的蟾蜍、蜈蚣，或長於枯樹上的苔蘚、菇菌均是貢獻於生態的一環。然而，唯有確保這些基層生態環境的健全，才能使高級的生物有豐富的食物基礎，促進生物多樣化環境。

生物多樣性的目的主要在於提升大基地開發的綠地生態品質，尤其重視生物基因交流路徑的綠地生態網路系統。本指標鼓勵以生態化之埤塘、水池、河岸來創造高密度的水域生態，以多孔隙環境以及不受人爲干擾的多層次生態綠化來創造多樣化的小生物棲地環境，同時以原生植物、誘鳥誘蝶植物、植栽物種多樣化、表土保護來創造豐富的生物基盤。建築物在生物多樣性指標上，若注意下列事項，應可達到上述基準要求：

(1) 綠地面積愈多愈好，最好在 25% 以上。

(2) 基地內綠地分布均勻而連貫。

(3) 喬木種類愈多愈好，最好 20 種以上。

(4) 灌木及籐蔓類植物物種愈多愈好，最好 15 種以上。

(5) 植物最好選用原生種。

(6) 綠地最好採用複層綠化方式，最好三成以上綠地採複層綠化。

(7) 以亂石、多孔隙材料疊砌之邊坡或綠籬灌木圍成之透空圍籬。

(8) 設置有自然護岸之生態水池。

(9) 在基地內設置 30m^2 以上隔絕人爲干擾之密林或混種雜生草原。

(10) 基地內有自然護岸之埤塘、溪流，或水中設有植生茂密之島嶼。

(11) 在隱蔽綠地中堆置枯木、亂石瓦礫、空心磚、堆肥的生態小丘。

(12) 全面採用有機肥料，禁用農藥、化肥、殺蟲劑、除草劑。

(13) 用原有生態良好的山坡、農地、林地、保育地之表土爲綠地土壤。

1. 生物多樣性的重要[8]

當環保人士呼籲維持生物多樣性的重要時，或許對一般人而言太遙遠，或認爲那只是個理想。不過科學家其實老早就證實「保持生物多樣性有助於減緩疾病傳播」！舉例來說，美國萊姆病就是個例子，1975 年在美國康乃迪克州萊姆鎮爆發大規模關節炎，後來發現是一種名爲伯氏疏螺旋菌的細菌，這種細菌存在於野外的白腳鼠及野鹿身上，再透過老鼠或鹿身上的壁蝨叮咬而傳到人身上。

而造成萊姆病大規模爆發的原因，是因爲美國東北部的山獅及灰狼數量下降，造成牠們的獵物郊狼數量上升；郊狼數量上升後，大量獵捕紅狐；紅狐減少後，少了天敵的老鼠就一下子變多，就造成老鼠身上的寄生蟲變多，萊姆病也接著爆發。

除了萊姆病外，藉由蚊子叮咬傳播的西尼羅河病毒、透過老鼠傳播的漢他病毒、2003 年爆發的 SARS、禽流感、愛滋病等，都是人類在破壞生物多樣性的過程中不幸獲得的。因爲人類過度開發破壞了自然平衡，造成生物界中攜帶病毒的動物種群數量由於牠們的部分天敵瀕臨滅絕而失控，進而更容易轉移到人類身上。

---

8 摘錄自臺灣動物新聞網：http://www.tanews.org.tw/info/6028。

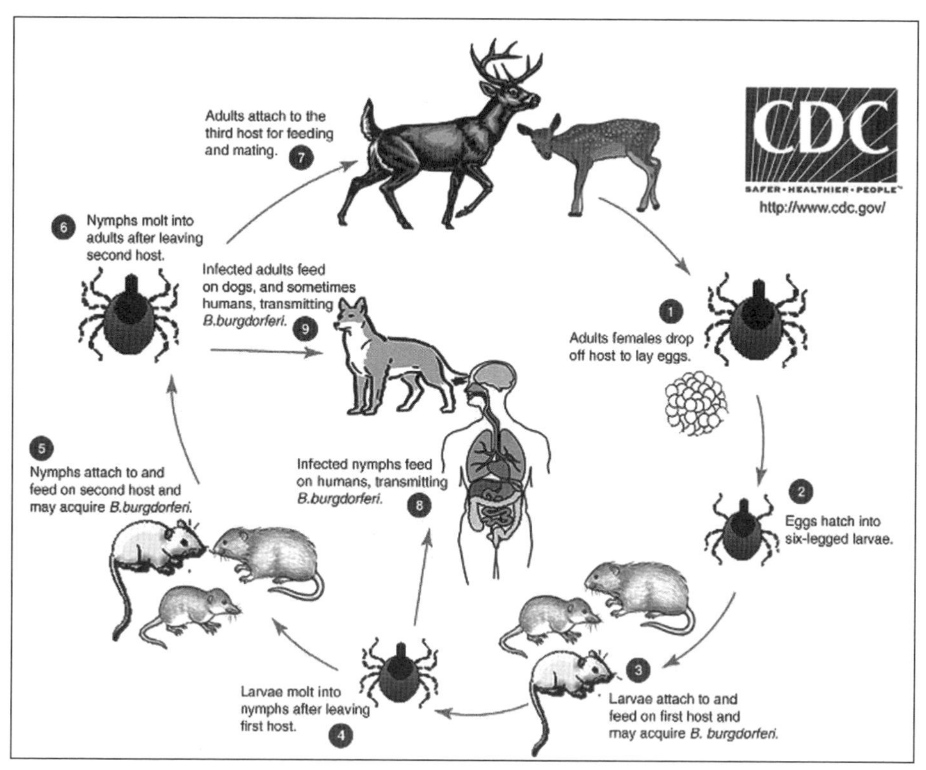

▲萊姆病的傳播途徑（摘錄自美國疾病控制與預防中心）

（二）綠化量指標

所謂「綠化量指標」就是利用建築基地內自然土層以及屋頂、陽臺、外牆、人工地盤上之覆土層來栽種各類植物的方式。綠化量指標的目的是現代居住環境品質最重要的指標之一，沒有綠化的城鄉規劃很難奢言「永續發展」的居住品質。若我們在居住環境中廣植花木，不但可怡情養性，同時促進土壤微生物活動，對生態環境有莫大助益。綠化被公認爲唯一可吸收大氣二氧化碳最好的策略，有助於減緩地球氣候日益暖化的危機。因此本指標希望能以植物對二氧化碳固定效果做爲評估單位，藉由鼓勵綠化多產生氧氣、吸收二氧化碳、淨化空氣，進而達到緩和都市氣候暖化現象、促進生物多樣化、美化環境的目的。

▲ 臺北市信義區住宅案之陶朱隱園外觀效果圖（摘錄自陶朱隱園官網）

建築物在綠化設計上，若注意下列事項，應可達到上述基準要求：

1. 在確保容積率條件下，應盡量降低建築物縮小實際建蔽率一成以上以擴大爭取更多的綠地空間。

2. 綠地面積建議在 15% 以上。

3. 空地上除了最小必要的鋪面道路之外，建議全面留爲綠地建築物。

4. 避開原有老樹設計，施工時保護老樹不受傷害。

5. 大部分綠地種滿喬木或複層綠化，小部分綠地種滿灌木。

6. 在大空間區域應盡量種植喬木，其次種植棕櫚樹，在零散綠地空間種滿灌木。

7. 在喬木及棕櫚樹下方的綠地應盡量密植灌林，以符合多層次綠化功能。

8. 即使在人工鋪面上，也應以植穴或花臺盆方式，盡量種植喬木。覆土深度足夠，其二氧化碳固定效果均視同於自然綠地的喬木。

9. 綠地盡量減少種花圃及草地，尤其人工草坪對或草花花圃空氣淨化毫無助益。

10. 利用多年生蔓藤植物攀爬建築立面以爭取綠化量。

11. 盡量在屋頂、陽臺設置防水、排水良好的人工花臺以加強綠化，但是應該注意其覆土量及防水對策。

（三）基地保水指標

基地的保水性能係指建築基地內自然土層及人工土層涵養水分及貯留雨水的能力。基地的保水性能愈佳，基地涵養雨水的能力愈好，有益於土壤內微生物的活動，進而改善土壤之有機品質並滋養植物，維護建築基地內之自然生態環境平衡。

以往建築基地環境開發常採用不透水鋪面設計，造成大地喪失良好的吸水、滲透、保水能力，減弱滋養植物及蒸發水分潛熱的能力，無法發揮大地自然調節氣候的功能，甚至引發居住環境日漸高溫化的「都市熱島效應」。此外，過去的都市防洪觀念，都希望把建築基地內的雨水盡速往鄰地排出或引流至都市公共下水道系統，造成都市公共排水設施極大的負擔，形成低窪地區每到大雨即淹水的窘境。綠建築之「基地保水指標」即是藉由促進基地的透水設計並廣設貯留滲透水池的手法，以促進大地之水循環能力、改善生態環境、調節微氣候、緩和都市氣候高溫化現象。爲了達成符合指標基準的要求，基地保水設計上可善加運用的手法列舉如下：

1. 在確保容積率條件下，盡量降低建蔽率，並且不要全面開挖地下室，以爭取較大保水設計之空間。

2. 基地位於透水性良好之粉土或砂質土層

(1) 建築空地盡量保留空地。

(2) 排水路盡量維持草溝設計。

(3) 將車道、步道、廣場全面透水化設計。

(4) 排水管溝透水化設計。

(5) 在空地設計貯集滲透廣場或空地。

3. 基地位於透水不良之黏土層

(1) 在屋頂或陽臺大量設計良質土壤人工花園。

(2) 在空地設計貯集滲透水池、地下礫石貯留來彌補。

(3) 將操場、球場、遊戲空地下之黏土更換爲礫石層來保水。

（四）日常節能指標

建築物的生命週期長達五、六十年之久，從建材生產、營建運輸、日常使用、維修、拆除等各階段，皆消耗不少的能源，其中尤以長期使用的空調、照明、電梯等日常耗能量占最大部分。由於空調與照明耗能占建築物總耗能量中絕大部分，綠建築之「日常節能指標」即以空調及照明耗電爲主要評估對象，同時，將「日常節能指標」定義爲夏季尖峰時期空調系統與照明系統的綜合耗電效率。

建築的日常耗能中以空調及照明用電占了最大比例，在夏日建築物的空調用電比約占四至五成，而照明用電比高達三至四成，因此從空調與照明上來談論建築節能最有效果。另一方面由於建築物的使用壽命長，其節能的累積效果遠勝於其他工業產品。我們甚至可說，建築節能設計是國家節約能源政策最有潛力的一環。

綠建築之「日常節能指標」是以最大耗電部分的空調與照明用電的節能設計爲重點，並將節能評估重點設定在建築外殼節能設計、空調效率設計及照明效率設計等三大方向。

1. 外殼節能

(1) 住宿類與辦公類建築物，應盡量設計成建築深度 14 公尺以下的平面，以便涼爽季節採自然通風，並停止空調已節能。

(2) 切忌採用全面玻璃造型設計，辦工建築開窗率最好在 35% 已下，住家開窗率最好在 25% 已下，其他建築在合理採光條件下，不宜採用太大開窗設計。

(3) 盡量少用屋頂水平天窗設計，若有水平天窗設計必須採用低日射透過率的節能玻璃。

(4) 住宿類建築物避免採用全密閉式開窗，美居式應至少有四分之一以上可開窗面，以利通風，並避免日曬。

(5) 開窗部位盡量設置外遮陽或陽臺以遮陽。

(6) 大開窗面避免設至於東西日曬方位。

(7) 住家採用清玻璃，空調型建築多採用 Low-E 玻璃。

(8) 做好屋頂隔熱設施（U 值在 1.2W/（m2.K）以下）。

2. 空調節能

(1) 冷凍主機不可超量設計（一般大樓每 USRT 應可供應 7 坪以上），依空調重要度而定。

(2) 選用高效率冷凍主機或冷氣機（可依表 3-4.3 性能細數標準 COPc 來查核），切勿貪圖廉價雜牌貨或來路不明的拼裝主機，以免浪費大量能源而得不償失。

(3) 空間平面深度盡量低於 7 公尺，所有窗戶應可開啓，以便在秋冬之際採自然通風而停止採用主機臺數控制、VAV 等節能設備系統。

(4) 主機及送水馬達採用變頻控制等節能設備系統。

(5) 風管是空調系統採用全熱交換器等節能設備系統。

(6) 採用 CO_2 濃度外氣控制空調系統。

(7) 大型醫院或旅館採用吸收式冷凍機系統。

(8) 辦公室、展示館、體育館類建築採用儲冰空調系統。

(9) 採用建築能源管理系統 BEMS。

3. 照明節能

(1) 居室應保有充足開窗面以便利用自然採光。

(2) 盡量避免採用鎢絲燈泡、鹵素燈、水銀燈之低效率燈具。

(3) 一般空間盡量採用電子式安定器、高反射塗裝之螢光燈。

(4) 高大空間盡量採用高效率投光型復金屬燈、鈉氣燈來設計。

(5) 閱覽、製圖、縫紉、開刀房、雕刻室等精密工作空間之天花板照明不必太亮，盡量採用燈檯、投光燈來加強工作面照明。

(6) 不要採用超過合理照度需求的超量燈具設計。

(7) 配合室內工作模式做好分區開關控制，以隨時關閉無人使用空間照明。

(8) 設置自動調光控制、紅外線控制照明自動點燈等照明設計。

(9) 設置晝光之控制自動點滅控制功能。

(10) 室內採用高明度的顏色，以提高照明效果。

（五）二氧化碳減量指標

所謂「溫室氣體」就是會造成氣候暖化的大氣氣體，地球氣候高溫化是現在最嚴重的地球環保課題，而氣候高溫化最主要的因素在於大氣的溫室氣體增加。大氣中最主要的溫室氣體為二氧化碳（CO_2）、甲烷（CH_4）、氧化亞氮（N_2O）等三種，以 CO_2 氣體對全球氣候暖化影響最大。在建築產業的溫室氣體排放主要是起因於能源使用，建築產業的耗能則包括空調、照明、電機等「日常使用能源」，以及使用於建築物上的鋼筋、水泥、紅磚、磁磚、玻璃等建材的「生產能源」。

所謂 CO_2 減量指標，乃是指所有建築物軀體構造的建材（暫不包括水電、機電設備、室內裝潢以及室外工程的資材），在生產過程中所使用的能源而換算出來的 CO_2 排放量。地球氣候高溫化的問題是當前地球環保最迫切的課題。從 1992 年「地球高峰會議」制訂的「全球氣候變化公約」到 1998 年「京都議定書」，各國無不積極進行二氧化碳排放減量的工作。過去國內建築產業採行高耗能、高汙染的構造設計，對地球環境破壞甚大，目前臺灣新建築物中，有 95% 爲鋼筋混凝土構造，除了每年 80% 盜採自河川砂石及高耗能水泥生產能源之外。未來混凝土建築拆除解體時，其廢棄的水泥物、土石、磚塊又難以回收再利用，造成環境莫大負荷，因此必須從建築物之規劃設計及構造進行改善，以減少二氧化碳的排放量。爲了達成 CO_2 減量指標的基準要求，建築物的建材使用計畫應善加配合之規劃原則包括：

1. 形狀係數

(1) 建築平面規則、格局方正對稱。

(2) 建築平面內部除了大廳挑高之外，盡量減少其他樓層挑高設計。

(3) 建築立面均勻單純、沒有激烈退縮出挑變化。

(4) 建築樓層高均勻，中間沒有不同高度變化之樓層。

(5) 建築物底層不要大量挑高、大量挑空。

(6) 建築物不要太扁長、不要太瘦高。

2. 輕量化設計

(1) 鼓勵採用輕量鋼骨結構或木結構。

(2) 採用輕量乾式隔間。

(3) 採用輕量化金屬帷幕外牆。

(4) 採用預鑄整體衛浴系統。

(5) 採用高性能混凝土設計以減少混凝土使用量。

3. 耐久化設計

(1) 結構體設計耐震度提高 20～50%。

(2) 柱樑鋼筋之混凝土保護層增加 1～2 公分厚度。

(3) 樓板鋼筋之混凝土保護層增加 1～2 公分厚度。

(4) 屋頂層所有設備已懸空結構支撐，與屋頂防水層分離設計。

(5) 空調設備管路明管設計。

(6) 給排水衛生管路明管設計。

(7) 電氣通信線路開放式設計。

4. 再生建材

(1) 採用高爐水泥作爲混凝土材料。

(2) 採用高性能混凝土設計以減少水泥使用量。

(3) 採用再生面磚作爲建築室內外建築表面材。

(4) 採用再生磚塊或再生水泥磚作爲是外圍牆造景之用。

(5) 採用再生級配骨材做爲混凝土骨材。

（六）廢棄物減量指標

所謂廢棄物係指建築施工及日後拆除過程所產生的工程不平衡土方、棄土、廢棄建材、逸散揚塵等足以破壞周遭環境衛生及人體健康者。臺灣鋼筋混凝土建築，每平方公尺樓地板在施工階段約產生 1.8 公斤粉塵，對人體危害不淺。中層住宅大樓在施工階段約產生 0.14 立方公尺的固體廢棄物 , 在日後拆除階段約產生 1.23 立方公尺的固體廢棄物，造成大量的廢棄物處理負擔。

有鑑於此，「廢棄物減量指標」以廢棄物、空氣汙染減量及資源再生利用量爲指標，以倡導更乾淨、更環保的營建施工爲目的，藉以減緩建築開發對環境的衝擊，並降低民眾對建築開發的阻力，進而增進生活環境品質。一般的合格標準如下：

1. 土方

(1) 盡量減少地下室開挖。

(2) 多餘土方大部分均用於現場地形改造或用於基地工程之土方平衡。

2. 營建自動化

(1) 採用金屬系統模板。

(2) 採用系統模板。

(3) 採用預鑄外牆。

(4) 採用預鑄柱梁。

(5) 採用預鑄樓板。

(6) 採用預鑄浴廁。

(7) 採用乾式隔間。

3. 構造

(1) 採用木構造。

(2) 採用輕量鋼骨結構。

4. 再生建材

(1) 採用高爐水泥作爲混凝土材料。

(2) 採用高性能混凝土設計以減少水泥使用量。

(3) 採用再生面磚作爲建築室內外建築表面材。

(4) 採用再生磚塊或再生水泥磚作爲是外圍牆造景之用。

(5) 採用再生級配骨材做爲混凝土骨材。

5. 空氣汙染防制

(1) 建築工地設有施工車與土石機具專用洗滌措施。

(2) 對於車輛汙泥、土石機具之清洗汙水與地下工程廢水排水設有汙泥沉澱、過濾、去汙泥、排水之措施。

(3) 車行路面全面舖設鋼板或打混凝土。

(4) 土石運輸車離工地前覆蓋不透氣防塵塑膠布。

(5) 結構體施工後加裝防塵罩網。

(6) 工地四周築有 1.8 公尺以上防塵圍籬。

（七）室內健康指標

所謂「室內環境指標」主要在評估室內環境中，隔音、採光、通風換氣、室內裝修、室內空氣品質等，影響居住健康與舒適之環境因素，希望藉此喚起國人重視室內環境品質，並減少室內汙染傷害以增進生活健康。「室內環境指標」以音環境、光環境、通風換氣與室內建材裝修等四部分為主要評估對象。尤其在室內裝修方面，鼓勵盡量減少室內裝修量，並盡量採用具有綠建材標章之健康建材，以減低有害空氣汙染物之逸散，同時也要求低汙染、低逸散性、可循環利用之建材設計。建築物在綠化設計上，若注意下列事項，應可達到上述基準要求：

1. 採用厚度 15 公分以上 RC 外牆與厚度 15 公分以上 RC 樓板結構。

2. 採用氣密性二級以上玻璃窗以保良好隔音性能。

3. 盡量採用輕玻璃或 low-E 玻璃，不要採用高反射玻璃或重顏色之色版玻璃以保良好採光。

4. 住宿類建築、非中央空調型辦公建築，建築深度維持在 14 公尺以內，外型盡量維持一字形、L 形、冂形、口形的配置，以保有通風採光潛力。

5. 絕大部分居室空間進深不要太深，以保有良好自然採光。

6. 大部分燈具設有防止炫光之燈照或格柵（燈管不裸露）。

7. 中央空調系統均應設置新鮮外氣系統。

8. 室內裝修以簡單樸素爲主，盡量不要大量裝潢，不要立體裝潢。

9. 室內裝修建材盡量採用具備國內外環保標章、綠建材標章之建材（即低逸散性、低汙染、可循環利用、廢棄物再利用之建材）。

10. 室內裝修建材盡量採用天然生態建材。

（八）水資源指標

所謂「水資源指標」，係指建築物實際使用自來水的用水量與一般平均用水量的比率，又名「節水率」。其用水量評估，包括廚房、浴室、水龍頭的用水效率評估以及雨水、中水再利用之評估。過去由於建築物用水設計不當，水費偏低、國人用水習慣不良，使得國人用水量偏高。1990年臺灣平均用水量爲350公升/（天*人），尚有許多節約用水的空間。今後在地球環保要求下，建築物的節水設計勢必成爲全民共同的課題。本指標希望能積極利用雨水與生活雜用水之循環再利用的方法（開源），並在建築設計上積極採用省水器具（節流），來達到節約水資源的目的。建築物在綠化設計上，若注意下列事項，應可達到上述基準要求：

1. 採用節水器具

由住宅自來水使用調查，顯示衛浴廁所的用水比例約爲總用水量的五成。許多建築設計採用不當的用水器具，造成很大的浪費，如全面採用省水器具，必能節省不少水量。目前國內常用之節水設備包括：新式水龍頭與節水型水栓、省水馬桶、兩段式馬桶、省水淋浴器具、自動化沖洗感知系統等等。

2. 設置雨水貯留供水系統

雨水貯留供水系統，係將雨水以天然地形或人工方法予以截取貯存，經過簡單淨化處理後再利用爲生活雜用水的作法。雨水再利用可用在民生用水之替代性補充水源、消防用水之貯水水源，及減低都市洪峰負荷。

3. 設置中水系統

中水係指將生活汙水匯集經過處理後，達到規定的水質標準，可在一定範圍內重複使用於非飲用水及非身體接觸用水。在總水量中，僅廁所沖洗就占35%，如能全面改用中水作爲沖洗廁所之用水，其效果甚爲可觀。

（九）汙水與垃圾減量指標：減少日常汙水與垃圾使用量

本指標著重於建築空間設施及使用管理相關的具體評估項目，是一種可讓業主與使用者在環境衛生上具體控制及改善的評估指標。爲輔佐汙水處理設施功能，本指標針對生活雜排水配管系統介入檢驗評估，以確認生活雜排水導入汙水系統。此外，本指標也希望要求建築設計正式重視垃圾處理空間的景觀美化設計，用以提升生活環境品質。一般合格標準如下：

1. 所有建築物之浴室、廚房及洗衣空間之生活雜排水均有接管至汙水下水道或汙水處理設施。

2. 若有寄宿設施、療養院、旅館、醫院、洗衣店等建築的專用洗衣空間，必須設置截留器接管至汙水下水道或汙水處理設施。

3. 若有學校、機關、公共建築、餐館所設餐廳之專用廚房，必須設有油脂截留器並將排水管確實接管至汙水處理設施或汙水下水道。

4. 若有運動設施、寄宿舍、醫院、俱樂部等建築物的專用浴室，必須將雜排水管確實接管至汙水處理設施或汙水下水道。

5. 當地政府設有垃圾不落地等清運系統。

6. 設有充足垃圾儲存處理運出空間。

7. 有綠美化或景觀化的專用垃圾集中場。

8. 設有廚餘收集利用。

9. 設有資源垃圾分類回收系統。

10. 設置冷藏、冷凍或壓縮等垃圾前置處理設施或衛生密閉式垃圾箱。

11.設置防止動物咬食的密閉式垃圾箱，並定期執行清洗及衛生消毒。

十一、通用設計與無障礙設施計畫

通用設計（Universal Design）又名全民設計、全方位設計或通用化設計，係指無需改良或特別設計就能爲所有人使用的產品、環境及通訊。它所傳達的意思是：如何能被身心障礙者所使用，就更能被所有的人使用。通用設計含括的面向廣泛，除了考量各類型使用者的使用情形外，同時亦顧慮到使用時的心理層面感受。

1975 年聯合國發表了〈身心障礙者權利宣言〉，也在隔年 1976 年在瑞士日內瓦召開專家會議，提出除了應排除住宅、公共建築物、都市結構等硬體建築空間的障礙外，也應該將文化、態度、社會價值觀等軟體社會制度上的障礙排除。簡言之，設置無障礙設施以便於行動不便者的行動能力在公私的環境領域中不受限制，而這裡所謂的行動不便者包含了個人身體因先天或後天受損、退化，如肢體障礙、視障、聽障等，導致在使用建築環境時受到限制者。另因暫時性原因導致行動受限者，如孕婦及骨折病患等，爲「暫時性行動不便者」。所謂的無障礙設施又稱爲行動不便者使用設施，係指定著於建築物之建築構件，使建築物、空間爲行動不便者可獨立到達、進出及使用，無障礙設施包括室外通路、避難層坡道及扶手、避難層出入口、室內出入口、室內通路走廊、樓梯、升降設備、廁所盥洗室、浴室、輪椅觀眾席位、停車空間等【部分節錄自建築物無障礙設施設計規範】。

事實上，通用設計和無障礙設計有所差異，兩者設計的對象和關注的面向均有所不同。通用設計進一步設計給廣泛使用者。通用設計是盡可能適合多數人的使用需求，在空間設計上採用預防式概念，非僅爲滿足特定人士需求而設計，使用對象上包含其他使用族群，例如：行動緩慢的高齡長者、弱視或盲視者、左撇子、高個兒或個頭嬌小者、大腹便便的孕婦、因意外致暫時性的行爲失能、推著嬰兒車的人等。無障礙設計則是專爲身心障者考量的設計，讓他們使用設備或空間時不會受到阻礙，並以消除障礙、考量功能爲主，使用者使用起來是否舒服，心情是否愉快則不是其考量重點。例如目前臺北市普遍採用的低底盤公車是一種通用設計，不僅輪椅使用者方便上下車，老人、孕婦等其他行動較不便的使用者與一般人上下車時都更加便利與安全。而路上常見的復康巴士則是一種無障礙的服務機制，只有身障者及其陪同者可以搭乘。

在無障礙設施部分，一般均以內政部營建署頒布的〈建築技術規則〉與〈建築物無障礙設施設計規範〉的規範項目與內容爲依歸。主要的項目有下所列：

1. 無障礙通路：通則、室外通路、室內通路走廊、出入口、坡道、扶手。

2. 樓梯：樓梯設計、梯級、扶手與欄杆、警示設施、戶外平臺階梯。

3. 升降設備：一般規定、引導標誌、升降機出入平臺（停靠處）、升降機門、升降機廂。

4. 廁所盥洗室：通則、引導標誌、廁所、馬桶及扶手、小便器、洗面盆。

5. 浴室：適用範圍、通則、浴缸、淋浴間。

6. 輪椅觀眾席位：通則、空間尺寸、配置。

7. 停車空間：通則、引導標誌、汽車停車位、機車停車位及出入口。

8. 無障礙標誌：適用範圍、通則。

9. 無障礙客房：適用範圍、通則、衛浴設備空間、設置尺寸、房間內求助鈴。

而通用設計在建築設計之應用上，目前大多在強調空間在未來變更彈性使用效益、空間機能或設備擴充性（水平與垂直管道間留設）與空間指標系統的清晰辨識度等的考量，其餘多屬於工業設計與視覺設計的範疇，然建築師仍需以空間設計的專業角度進行協調與整合。通用設計一般有七大規劃原則：

1. 公平使用：這種設計對任何使用者都不會造成傷害或使其受窘。

2. 彈性使用：這種設計涵蓋了廣泛的個人喜好及能力。

3. 簡易及直覺使用：不論使用者的經驗、知識、語言能力或集中力如何，這種設計的使用都很容易了解。

4. 明顯的資訊：不論周圍狀況或使用著感官能力如何，這種設計有效地對使用者傳達了必要的資訊。

5. 容許錯誤：這種設計將危險及因意外或不經意的動作所導致的不利後果降至最低。

6. 省力：這種設計可以有效、舒適及不費力地使用。

7. 適當的尺寸及空間供使用：不論使用者體型、姿勢或移動性如何，這種設計提供了適當的大小及空間供操作及使用。

通用設計三項附則：

1. 可長久使用，具經濟性。

2. 品質優良且美觀。

3. 對人體及環境無害。

十二、性別平等空間計畫

2015 年世界女性領袖高層會議呼籲實現性別平等，聯合國大會通過的題爲〈團結起來實現性別平等〉的聲明指出，1995 年在北京舉行的聯合國第四次世界婦女大會所通過的有關實現男女在參政、議政等方面平等的承諾尚未完成，不應再等一個世紀，各國政府應確保在 2020 年前完全落實北京行動綱領所提出的 12 個關鍵領域任務，賦予婦女參政權利，切實保護婦女和兒童權益。會議由聯合國婦女署組織召開，來自 60 多個國家政界、經濟、文化等領域的婦女領袖、行業精英和代表出席。會議以「婦女和權利，建設一個不同的世界」爲主題，總結了北京會議以來婦女在參政、議政實踐中的經驗和教訓，商討如何確保婦女在建設更加平等的社會中發揮重要作用[9]。

臺灣目前在〈性別平等教育法〉第 12 條中有關於學校教育環境的相關規定：學校應提供性別平等之學習環境，尊重及考量學生與教職員工之不同性別、性別特質、性別認同或性傾向，並建立安全之校園空間。學校應訂定性別平等教育實施規定，並公告周知。同時並在其子法「性別平等教育法施行細則」中的第 9 條亦有較爲具體的空間策略：學校依本法第十二條第一項規定建立安全之校園空間時，應就下列事項，考量其無性別偏見、安全、友善及公平分配等原則：

1. 空間配置。
2. 管理及保全。
3. 標示系統、求救系統及安全路線。
4. 盥洗設施及運動設施。
5. 照明及空間視覺穿透性。
6. 其他相關事項。

除了性別平等教育法的相關規定外，反映在建築空間實務操作上的具體作爲還有：

1. 在供公眾使用建築物內設置育嬰哺乳室（男女共用）與親子廁所。
2. 在供公眾使用建築物內的女廁所便器與洗手盆數量增加。

---

9 維基百科。

3. 各樓層均配置無障礙廁所，並設置掀開式嬰兒尿布臺。
4. 供公眾使用建築物內的男女廁所內設置掀開式嬰兒尿布臺。

▲ 親子廁所

十三、公共藝術設置計畫

所謂公共藝術設置計畫係指〈公共藝術設置辦法〉第 2 條載明：本辦法所稱公共藝術設置計畫，指辦理藝術創作、策展、民眾參與、教育推廣、管理維護及其他相關事宜之方案。本辦法所稱興辦機關，指公有建築物及政府重大公共工程之興辦機關（構）。目前除了在公共工程項目裡有此需求外，民間的工程項目亦多有相關公共藝術之設置計畫。在該辦法中的第 14 條亦規定：公共藝術設置計畫書應送審議會審議，其內容應包括下列事項：

1. 執行小組名單及簡歷。
2. 自然與人文環境說明。
3. 基地現況分析及圖說。
4. 公共藝術設置計畫理念。
5. 徵選方式及基準。
6. 民眾參與計畫。
7. 徵選小組名單。
8. 經費預算。
9. 預定進度。
10. 歷次執行小組會議紀錄。
11. 公開徵選或邀請比件簡章草案及其他相關資料。
12. 契約草案。
13. 其他相關資料。

以下列舉 2015 年的【臺南市立圖書館總館新建工程委託規劃設計暨監造技術服務】競圖案中關於公共藝術設置計畫的範例：

1. 公共藝術的設置理念

由於本案屬於重大公眾使用建築物，根據公共藝術設置辦法之規定，可於建築物設置公共藝術，美化建築物與環境。未來將藉由居民之參與及藝術品之設置，增加公眾建築設計之藝術氣息，突顯建築物與居民之間多元互動的可能性；並提供周邊環境一個充滿藝術氣息之活動空間，增加人與環境之互動。

2. 設置原則

(1) 公共藝術作品內容建議以臺南市之人文特色為主題，並富含教育及娛樂意義。

(2) 可以是結合本案工程的創作，如：建築物、設施物或地景。

(3) 可以序列方式表達，不限媒體材質、可為平面或立體形式，如：景觀、牆面、照明或街道家具。

十四、建築物夜間照明計畫

城市景觀照明可說是完美融合了燈光與空間創意的現代藝術，更是科學與藝術的結晶。城市景觀照明不僅可以強化城市多元風貌與展現城市的夜間魅力，而且還可以促進旅遊業、商業、交通運輸業、服務業相關產業等的發展，並對減少交通事故和夜間犯罪、提高人們夜間活動的安全感，均具有重要的政治、經濟意義和深遠的社會影響。

▲ 美國紐約城市夜間天際線（摘錄自 http://www.cityhdwallpapers.com/）

一般景觀照明對象主要包括紀念性建築物、廣場、道路、橋梁、機場、車站、碼頭、名勝古蹟、園林綠地、商業街和廣告標誌等，其目的就是利用燈光將照明對象的景觀加以重塑，並有機地組合成一個和諧協調、優美壯觀和富有特色的夜景圖畫，以此來表現一個城市或地區的夜間形象。

▲美國紐約時代廣場夜間景色（作者拍攝）

建築物是城市燈光景觀的主要載體，它具有視野寬廣、造型多樣、強化空間感等優點。對建築物進行燈光設計，首先要掌握建築物的空間語彙特色和立面進出面的關係等，找出從不同角度落光處，最能引人注意的特色，光線的投射位置與地面人員觀看的角度，二者間是相輔相成的。然後結合燈具特性與建築物表現的各個細節部分的展演。

在新北市都市設計審議原則（民國104年9月8日修正）第五點中亦有關於建築物照明計畫的說明：

1. 建築物夜間照明設計，應以不同時點表達建築物特色及夜間視覺景觀，並應說明地面層公共開放空間及人行空間之安全照明設計。

2. 照明設計以能節省電力、減少眩光爲原則，燈泡宜採用LED或省電燈泡，並建議以再生能源設計。

3. 考量都市整體環境景觀，位於本市都市主要幹道、水岸及地標區位者，應特別考量該建物外觀照明設計。

一般而言，建築物夜景照明的基本目標有：(1)都市景觀特色之彰顯、(2)都市意象之夜間意象、(3)都市空間夜間方向性指引、(4)建築物自明性之展現等。從建築的角度來看照明的應用，必須觀察到照明與日常生活的關係，從場域與人因的研究，來反應在外部空間的語彙、顏色與材質。成大綠色魔法學校對於綠色的戶外照明設計提出了以下的觀點：

1. 選用適當的燈具

「綠色照明」就是透過科學的照明設計，採用效率高、壽命長、安全又性能穩定的照明產品，包括了光源本身以及其他相關的附屬配件，來創造有效率、舒適、安全、經濟、有益的現代照明環境。

照明之所以浪費能源，在於產生過量的光線，或是將光線投射到不必要的地方，所以燈具的配光就顯得非常重要，它決定了光的強弱與方向，這些資料可以事前從燈具廠商處獲得。同時，要維持一樣的地面照度，直

▲臺北市臺電大樓外牆燈光裝置效果（作者拍攝）

接向下投光的燈具會比向上投光的燈具好，而且產生的光害也更少。其次，選用「高效率的燈具」，燈具發光效率（LPW，單位：lm/W）愈高也就代表著愈省電，目前一些新型光源如 HID 燈（高強度氣體放電燈）、LED 燈等都具備良好的節能潛力。

2. 善用照明控制系統

照明控制就是在維持必要的安全照明水準的前提下，於深夜時分對原有光源進行調整，使用部分熄燈或是部分調光的方式，達到減弱光線的目的。照明控制還包括採用雙功率的安定器，如可自動降低燈泡功率的節能型電子安定器，在深夜時段自動降低燈泡功率，變成兩段式照明，也能達到節能目的。所以在一般時段，路燈系統可使用原有功率進行照明，充分保障交通和行人的安全；而在夜深時分，系統自動調低到保障當時照明要求的功率運行。

3. 友善的戶外照明設計

友善的照明就是不使他人與環境接受不必要的燈光。也許有人會誤解：爲了防止光害，就不能開燈。難道爲了防止光害，就得回到黑暗世界嗎？事實上，「適當的照明」才是降低光害並維持夜間環境品質的方法。友善照明的第一步，就是減少不必要的照明光源，而所謂的生態城市，也不應隨處充斥著泛光照明、霓虹燈、光廊燈箱、雷射燈、快速閃爍的 LED 燈等暴力式照明方式。例如每每成爲夜景重點的建築物立面照明，則要擺脫過去一味使用泛光照明手法，因此運用一些巧思，採用輪廓式、點綴式甚至建築物內透光式的照明方式，使用較少又高效率的燈具，一樣能在夜幕下突出建築物的特色。

建築立面景觀照明一般有四種方式：輪廓照明、泛光照明、透光照明及動態／特殊照明等四種，可單一形式亦可多種方式同時採用。

1. 輪廓照明

係利用沿著建築物周邊配置的光源點，將建築物的輪廓予以勾勒出來，若配合建築物豐富有趣的量體輪廓，在夜空中能顯示出非常迷人的型態，獲得很好的效果。

2. 泛光照明

對於一些體形較大，輪廓不突出的建築物可用燈光將整修建築物或建築物某些突出部分均勻照亮。以它的不同亮度，各種陰影變化，在黑暗中獲得非常動人的效果。

3. 透光照明

它是利用室內照明形成的亮度，透過建築物立面窗口的變化在漆黑的夜空上形成另一幅景色。在臺灣常見的方式是在開口部裝設適合燈具，且其光源在不影響室內機能使用爲前提，於傍晚時刻統一由管理部門開啓，此方式壅擠的城市空間中亦能獲得相當不錯的效果。

4. 動態照明

動態照明係指搭配日夜間自然光線變化，模擬出與戶外光環境最合適的光之展演方式。這套系統能在一天之中，依據戶外光環境自動變換色溫與亮度，依據設計需求，在不同時段（以臺灣緯度而言約傍晚 18～24 點的時段而言）創造出揉合冷暖色調的各種光線。

城市環境的空間照明需考量光線組成的和諧、區域範圍內的空間協調度、相鄰建築物或物體之間以及空間和街區之間的亮度對比、冷暖色調對比、重點工藝品的藝術效果、特效營造等的相互配合，同時燈具的選擇要適合當地的氣候條件。無論在街道還是空曠的區域，照明燈具的位置都應該要對建築外部提供充分的引導，並提供戶外民眾連貫一致的照明體驗。建築物外牆的照明度應與周圍環境平衡，避免因商業需要追求醒目突出而導致周圍建築物亮度升級，造成所謂光害的現象，這不僅將減少溢散光

（因而節省能源），還爲人類的夜間活動提供了必要照明卻不傷害其他居民或物種在夜間休息所需要的光環境。

十五、智慧建築計畫

廣義的智慧建築係指在建築物完整生命週期的過程之中導入智慧化的作業系統（B.I.M 建築資訊模型）、規劃設計（ICT 系統與設備）與營建自動化之應用，透過結構、系統、服務與管理四大基本要素，及其相互關係的優化，塑造優質的建築空間環境，營造更爲人性化的空間，使得建築物的使用者生、心理獲得滿足感。易言之，「智慧建築」是以融合建築設計與資通訊主動感知與主動控制技術，以達到安全、健康、便利、舒適、節能，營造人性化的生活空間爲目標。進入光纖網路時代後，智慧建築的應用便走向建築設施設備資訊化、建築系統整合發展以及建築安全監控自動化等利用網路科技的多元化應用；在無線通訊化發展後，智慧建築應用更進一步發展出各式各樣的無線寬頻網路應用。臺灣的智慧建築標章含括綜合布線指標、資訊通信指標、系統整合指標、設施管理指標、安全防災指標、健康舒適指標、便利貼心指標與節能管理指標等八個指標項目，相關說明如下[10]：

（一）綜合布線指標

綜合布線是一種提供通信傳輸、網絡連結，建構智慧服務的基礎設施，其目的在提供智慧建築得以綜合其結構、系統、服務與營運管理，運行最佳化之組合，達成高效率、高功能與高舒適性的居住功效，同時滿足

10 摘錄自智慧建築標章官網。

使用者的舒適性、操作者的方便性、設備的節能性、管理的永續性與資訊化的服務性。建築物之智慧化，首要在建置各種資訊、通信、控制與感知系統，提供現代生活的高速聯網、語音數據、資訊擷取、影音娛樂、監控管理與便利居家等服務，而系統之連結與整合，則需倚賴綜合布線有效之規劃建置與管理。其評估要項有：建築物通信布線系統之規劃設計、可支援之服務、導入時機與流程管制、布線系統等級與整合度、布線系統管理機制、布線新技術導入程度。

（二）資訊通信指標

智慧建築所需之資訊及通信系統應能對於建築物內外所需傳輸的訊息（包含語音、文字、圖形、影像或視訊等），具有傳輸、儲存、整理、運用等功能；由於科技發展快速，資訊及通信之傳輸速度也在不斷的提高，所需傳送的資訊量也不斷的增加，因此，智慧建築之資訊及通信系統應能提供建築物所有者及使用者最快速及最有效率的資訊及通信服務，以期能確實提高建築物及其使用者的競爭力；相關資訊及通信系統機能的規劃、設計、建置與維運，必須確保系統的可靠性、安全性，使用的方便性及未來的擴充性，並充分應用先進的技術來實現。其評估要項有：建築物廣域網路之接取設計、數位式（含 IP）電話交換、公眾行動通信涵蓋（含共構）、區域網路、視訊會議、公共廣播、公共天線及有線電視、公共資訊顯示及導覽。

（三）系統整合指標

隨著現代化科技的進步與人們的需求，各種應用建構在建築物上的自動化服務系統不斷的創新與發展，種類繁多複雜，如空調監控系統、電力監控系統、照明監控系統、門禁控制、對講系統、消防警報系統、安全警報系統、停車場管理系統等，但因這些不同的應用服務子系統，常出自不同的製造商或系統商，使得系統設備間無法資源共享，彼此間的訊息也無法相互溝通與綜合協調運用，而限制了建築物整體服務管理的成效，也阻礙了建築物未來的永續發展。

因此，「系統整合指標」是基於建築的永續營運管理與發展來訂定的，其目的是做爲評定在建築物內各項自動化服務系統在系統整合上之作爲、成效與效益，也能藉此讓建築業主與管理者可以了解，對於建築物各項智慧化系統在規劃導入之時，在系統整合上應考量與注意的重點與方向，期能達到提高整體管理的效率與綜合服務的能力，降低建築物的營運成本，且能發揮在建築物內發生突發事件之控制與處理能力，將災害損失減少到最低限度。

（四）設施管理指標

智慧型建築之效益係透過自動化之裝置與系統達到節省能源、節約人力與提高知性生產力之目的。其所可能涵蓋之系統設施將包括資訊通信、防災保全、環境控制、電源設備、建築設備監控、系統整合及綜合布線與設施管理等系統之整合連動。即運用高科技把有限資源及建築空間進行綜合開發利用，以提供舒適、安全、便捷之使用環境，並有效地節省建築費用、保護環境及降低資源消耗。所以需有良好的設施管理才能確保各系統的正常運轉並發揮其智慧化的成效。設施管理系統之設計除需滿足現有相關法規之要求外，確保系統的可靠性、安全性、使用方便性及充分應用先進技術來設計爲目標，以使建築物保持良好智慧化之狀態。

（五）安全防災指標

安全防災指標是於評估建築物透過自動化系統，分別從「偵知顯示與通報性能」、「侷限與排除性能」、「避難引導與緊急救援」三個層面下，對於可能危害建築物或威脅使用者人身安全之災害，達到事先防範、防止其擴大與能順利避難之智慧化性能指標。因此，安全防災主要目標（Goals）是以保命護財爲核心，以更有效且符合人性化與生活化設計爲方向，提供使用者一安全無虞之使用及生活環境；其執行目標（Objectives）則並不是漫無止盡的投資與增設系統，而是於現階段科技發展下，思考以合法規設之安全相關設備如何以可行、有效之方式，產生適當的連動順序，進而達到設備減量與系統整合，以及主動性防災智慧化程度。

（六）健康舒適指標

「健康舒適」指標區分成「空間環境」、「視環境」、「溫熱環境」、「空氣環境」、「水環境」與「健康照護管理系統」等六大項目。所謂「空間環境」指標乃是指建築物室內空間具有開放性與彈性，可提供高效率與便利的工作環境，以保持室內空間的便利性與舒適性。「視環境」指標乃是指建築物室內採光環境與照明環境間所形成之室內綜合視覺環境舒適性的指標。「溫熱環境」指標乃是指建築物室內溫濕環境與空調環境間之舒適性處理對策的指標。「空氣環境」指標乃是指建築物室內空氣清淨與空氣品質控制之處理對策與健康性的指標。「水環境」指標乃是指建築物室內生飲水系統水質處理對策的指標。「健康照護管理系統」指標乃指藉由醫療支援服務提供共用空間與專用空間中醫療資訊服務與醫療服務之健康環境。

（七）便利貼心指標

近年來服務業已成爲全球經濟發展的重心，也是未來發展的一大趨勢與國家經濟發展的主幹，更可以說是帶領臺灣繼續成長的重要引擎。而跟隨著科技發展的腳步，服務也突破以往既定的模式。智慧化的建築空間中提供貼心通用的無障礙空間環境、隨手可得的各種資訊顯示服務，以及貼心便利的生活娛樂管家服務等，已逐漸被導入優質的智慧化居住空間中，成爲一種生活的模式。貼心便利指標主要區分爲「空間輔助系統」、「資訊服務系統」、「生活服務系統」三項指標項目，「空間輔助系統」係指能提供使用者在空間中迅速搜尋公共資訊，且能安全便利無障礙的抵達地點，包含了公共空間資訊顯示、各種通用且無障礙的輔助系統、語音提示服務和導覽服務。「資訊服務系統」則是提供使用者即時的訊息服務，能快速了解食衣住行娛樂相關訊息，並透過環境和能源的顯示了解空間環境和能源使用狀態，此指標的評估項目包括即時訊息服務、線上購物系統、食衣住行等各項生活資訊服務、環境資訊和能源資訊的顯示以及儲物管理系統等。「生活服務系統」則是指生活中貼心的服務系統，如訪客的接待和信件的收發、管家服務、娛樂服務以及創造各種情境環境的紓壓服務。本指標之擬訂乃爲提升使用者之生活品質，鼓勵「人性化」之空間規劃設計，創造「便利」的貼心服務，以期塑造出優質的智慧化居住空間。

（八）節能管理指標

以往建築設備的發展，主要是提高建築的經濟性與便利性，但隨著社會的富裕，對舒適性的要求逐漸增加。然而爲了維持建築環境的舒適，建築設備消耗掉大量的能源，在地球環境意識抬頭的今日，考慮各項節能之技術已漸成爲建築設備重要的課題。

本指標以「節能效益」與「能源管理」等面向爲評估內容，主要評估智慧型建築物設備系統之節能效益，以各類建築物用電之空調、照明、動力設備等爲主，評估空調、照明、動力設備等設備系統是否採用高效率設備，是否具有空調、照明、動力設備之節能技術，是否具有再生能源設備等，再配合評估是否具有能源監控管理功能。

十六、結構系統計畫

此部分一般會根據項目設計構想的需求或特殊性而針對結構系統提出結構設計準則、結構系統規劃、結構材料與設計載重等提出規劃建議，例如運動中心的建築計畫就會針對大跨度的結構系統進行建議，亦或是採用特殊材料或構法，如木構造或桁架系統等，就必須針對木材之規範加以說明。以下列舉 2015 年的【臺南市立圖書館總館新建工程委託規劃設計暨監造技術服務】競圖案中關於結構工程系統計畫的範例：

（一）結構設計準則

1. 建築物之結構系統需完整考量垂直載重之傳遞方式及抗風與耐震性，使其能達到安全、舒適、美觀、節能、耐久等功能。

2. 結構物之設計需考量各種可能之載重，包含靜載重、各類活載重、風力、地震力、水壓力、水浮力、土壓力、溫度效應、基礎不均勻沉陷及各種可能之施工載重，並考量各種載重組合發生之最大應力。

3. 建築結構之模擬應盡量反映實際情形，力求幾何形狀、質量分布、構材斷面性質、土壤與基礎結構互制之模擬能夠正確。設計時應以 3D 立體構架，進行靜力分析與動力分析。

4. 結構物需設計能承受 100 年回歸期所產生之風速，依據「建築物耐風設計規範及解說」所規定之風壓力進行設計，但若建築物造型特殊，無法依該規範決定所需之主要抗風系統設計風力或是外部被覆物之設計風壓風力資料時，得以風洞試驗作為耐風設計之依據，風洞試驗相關規定詳該規範第五章辦理。

5. 建築物耐震設計之基本原則，需使結構體在回歸期 30 年之中小地震時保持在彈性限度內，回歸期 475 年之設計地震時容許產生塑性變形。建築物設計需考慮回歸期 475 年之設計地震及回歸期 2,500 年之最大考量地震，務使設計地震下韌性需求不得超過容許韌性容量，最大考量地震時使用之韌性可達規定之韌性容量。

（二）結構系統規劃

考量提供圖書館未來空間安排之多樣性及可變性，結構系統宜採大跨距之抗彎矩構架系統，可避免因採用斜撐或剪力牆系統，造成空間阻隔而影響動線規劃之不便利性。基於這個前提，本建物地上樓層宜採鋼結構，鋼結構有重量輕及韌性佳之特質，適宜大跨度結構系統，且可提供極佳之耐震能力，若未來建築物之外型特殊，施工性也較佳；地下樓層宜採鋼筋混凝土結構構築。

（三）結構材料

1. 混凝土

(1) 水泥成分及品質應符合 CNS 61 卜特蘭水泥規範。

(2) 混凝土所使用之砂須符合 CNS 3090 之規定，不得使用海砂。

(3) 混凝土氯離子含量須符合 CNS 3090 之規定，每立方公尺混凝土氯離子含量不得超過 0.3 公斤。

(4) 混凝土第 28 天齡期之最小抗壓強度（fc'）規定如下：

結構混凝土 = 280 kgf/cm^2

打底混凝土 = 140 kgf/cm^2

2. 鋼筋

(1) 鋼筋須符合CNS 560規定之熱軋鋼筋之材質，不得使用水淬鋼筋。

(2) 承包商於每一批鋼筋進場開始施工前，須提供鋼筋無輻射汙染檢驗證明。

(3) 鋼筋採竹節鋼筋，其最小降伏強度（fy）規定如下：

#5 及以下爲 SD280　　2,800 kgf/cm^2

#6 及以上爲 SD420W（耐震構材）及 SD420　　4,200 kgf/cm^2

(4) 銲接用鋼筋須符合 SD 280W 或 SD 420W 可銲鋼筋。

3. **鋼骨**

(1) 柱構材、柱基板：CNS 13812 SN490B，焊接箱型柱鋼板厚度大於 40mm（含）時，採用 CNS 13812 SN490C。

(2) 梁柱接頭之橫隔板：CNS 13812 SN490B。

(3) 大樑包括加勁板及續接用之填板：CNS 13812 SN490B 或 CNS 13812 SN400B。

(4) 小梁及其他非耐震構材：ASTM A36 或 ASTM A572 Grade 50。

(5) 高強度螺栓：符合 F10T 或 S10T。

(6) 固定基礎錨栓：ASTM A36 或 ASTM A307 或同等品。

(7) 電銲銲條：與母材強度相匹配之銲材。

（四）設計載重

1. **靜載重**

(1) 鋼骨鋼筋混凝土 = 2.4 = tf/m^3

(2) 屋頂防水、隔熱、粉刷 = 0.1　=tf/m^2

(3) 地坪、粉刷 = 0.025 = tf/m^2

2. **活載重**

(1) 一層大廳 = 0.5 tf/m^2

(2) 屋頂避難平臺 = 0.3 tf/m^2

(3) 辦公室、圖書閱覽室 = 0.3tf/m^2

(4) 教室 = 0.25tf/m^2

(5) 會議室 = 0.4tf/m^2

(6) 檔案室參考下方註。

(7) 停車場（單層停車）= 0.5tf/m^2

(8) 機房 = 1.0tf/m^2

(9) 臺電配電室 = 1.0tf/m^2

（註：檔案庫房樓地板設計活載重，應不少於 0.65 t/m^2；檔案庫房設置密集式檔案架時，應按實際需要計算載重，但應不少於 0.95 t/m^2。）

十七、機電與特殊設備計畫

建築設備之功能在提升建築物性能及使用住居品質，運用機電設備等人工手段，改善建築物室內環境，滿足人類居住、生產、娛樂、集會等生活上舒適、安全、便利與健康之需要。建築設備內容如建築法第十條所稱建築物設備，爲敷設於建築物之電力、電信、煤氣、給水、汙水、排水、空氣調節、升降、消防、消雷、防空避難、汙物處理及保護民眾隱私權等設備。其各項設備之內容約略如下：

1. 空調設備：熱源裝置、輸送裝置、空氣處理裝置。

2. 給排水衛生設備：給水設備、熱水設備、排水及通風設備。

3. 消防設備：火警通報設備、滅火設備、逃生避難設備、建築物防火。

4. 升降設備：升降機設備、電扶梯設備。

5. 電器設備：受變電設備、發電設備、供電設備、用電設備。

以下列舉 2013 年的【金門港「水頭客運中心」新建工程委託規劃設計及監造技術服務】國際競圖案中關於建築設備計畫的範例：

表 4-1　客運中心照明系統需求預估（Estimated lighting demand）

使用分區 Use area	總面積 Total floor area	單位面積照明電力 Illuminance per unit area	照明用電總計 Total electricity req'd
旅客動線區 Traveler area	17,000m^2	30.00VA/m^2 （以平均照度 500lux 計） （based on an average illuminance of 500lux）	510KVA
商業服務區 Commercial	14,000m^2	37.50VA/m^2 （以平均照度 750lux 計） （based on an average illuminance of 750lux）	530KVA
行政辦公區 Administrative	5,080m^2	30.00VA/m^2 （以平均照度 750lux 計） （based on an average illuminance of 750lux）	190KVA
統計 Total	36,080m^2		1230KVA

表 4-2　客運中心給水系統容量預估（Estimated water demand）

使用分區 Use area	使用人數之用水需求量 Demand by # people	空調負荷 AC demand	機械類補給水需求量 Machinery demand	各類空間給水量需求預估 Estimated demand by use area
旅客動線區 Traveler area	平均每日旅客人數 11800 人 ×15 公升 / 人 = 177000 公升 / 天 Avg.11800travelers/day×15liter/person = 177000l/day	1260RT	8500 公升 / 天 8500 l/day	192500 公升 / 天 192500 l/day
商業服務區 Commercial		1040RT	7000 公升 / 天 7000 l/day	
行政辦公區 Administrative	辦公 232 人 ×120 公升 / 人 = 27800 公升 / 天 232staff×120liter/person = 27800 liter/day	300RT	4100 公升 / 天 4100 l/day	31900 公升 / 天 319500 l/day
統計 Total	204800 公升 / 人 = 20.8CMD 204800 liter/person = 204.8 CMD	2600RT	19600 公升 / 天 = 19.6CMD 19600 l/day = 19.6CMD	224400 公升 / 天 = 224.4CMD 224400 l/day = 224.4CMD

註：機械類補給水需求量於旅客及商業服務區暫採 6.75 公升 / 天 · RT、行政辦公區採 13.5 公升 / 天 · RT 換算。

表 4-3　客運中心電力系統需求預估（Estimated electricity demand）　　單位 unit: KVA

使用分區 Use area	照明 Lighting	一般動力 General Voltage Power	空調主機及其他空調用電 Air-conditioningr	用電需求總容量（總設備容量） Total demand (total installed capacity)	備註 Notes
旅客動線區 Traveler area	510	225	1814	2579	汽電共生與太陽能光電板等設施請於細部設計時再評估。計算光電及再生電能後，再自用電需求量中扣除。 Include estimates for electricity generated by cogeneration (combined heat and power, CHP) and PV panels in the detailed planning stage and deduct from the electricity demand.
商業服務區 Commercial	530	212	1498	2240	
行政辦公區 Administrative	190	76	432	698	
統計 Total	1230	543	3744	5517	

表 4-4 客運中心空調設計之室內溫濕度條件（Indoor design temperature and humidity conditions）

使用分區 Use area	夏季 Summer		冬季 Winter	
	溫度 DB Temperature (dry-buld)	相對濕度 RH Relative humidity	溫度 DB Temperature (dry-buld)	相對濕度 RH Relative humidity
旅客動線區 Traveler area	27±2°C	55±5%	20°C	不定 Not required
商業服務區 Commercial	25±2°C	55±5%	21°C	不定 Not required
行政辦公區 Administrative	27±2°C	55±5%	22°C	不定 Not required
變電室機房 Transformer Rm.	35°C以下	55±5%	35°C	不定 Not required

表 4-5 客運中心空調機組容量預估（Estimated AC capacity by area）

使用分區 Use area	總面積 Total area	每一冷凍噸服務面積 Serviced area per ton of refrgeration	冷凍噸總計 Totwl ton of refrigeration
旅客動線區（室內淨高約 7m） Traveler area (7m height clearance)	17,000m^2	13.5m^2/RT	1260RT
商業服務區（室內淨高約 6m） Commercial (6m height clearance)	14,000m^2	13.5m^2/RT	1040RT
行政辦公區（室內淨高約 4.5m） Administrative (4.5m height clearance)	5,080m^2	(Min)16.5m^2/RT (Max)20m^2/RT	300RT
總計 Total	36,080m^2	—	2600RT

▲ 客運中心照明系統需求預估

（一）電氣設備

1. 基本設計原則

(1)安全性：高品質密封式之配電盤，送電設備和乾式非油性之設備。

(2)精簡化：系統集中控管，運轉管理自動化、集中化。

(3)節能化：高效率、高功能設備，實施節省能源之運作。

(4) 緊急化：採用高性能發電機和不斷電供電系統。

(5) 永續化：採用再生能源（太陽能、風力等）輔助設備。

2. 電氣設備項目包括：受變電、配電、自備發電、不斷電供電（UPS）、幹線、動力、照明插座、地板線槽、避雷針、接地系統、室外電氣、照明、建築物外觀及招牌夜間照明等設備。

3. 防災電氣設備項目，包括火警自動警報、緊急電話、避難方向指示燈、緊急照明、緊急排煙、進風、緊急電源插座、瓦斯檢漏警報、漏電警報、緊急廣播、緊急升降機、手動發報信號等設備。

4. 依目前客運中心第一期建築樓地板面積，估算各使用分區之照明及電力需求。

（二）弱電設備

1. 電信設備包括電話設備、行動電話通信共構、衛星通信。

2. 中央自動化設備。

3. CIQS 等單位進駐客運中心與營運相關設備建置包括 CIQS 相關設備證照查驗櫃臺、安全檢查設施等設備建置，以及客運中心營運相關資訊設備（旅客服務、行李服務、營運服務、基礎架構服務等系統）。

4. 其他弱電設備，包括共同電視系統、有線電視系統管路、音響廣播系統管路、個人資訊電腦、網路系統、公共大廳服務配管、對講、停車場管理等。

（三）給水設備

給水設備基本設計原則，必須考量舒適性（供給潔淨且充足之自來水、保持適當水壓）、維護性（管路配置著重於避免事故、方便維護管理）、經濟性（採用節水器具及有效利用能源）等，各相關設備規劃原則如下：

1. 給水設備

(1) 給水水源由港區自來水幹管引入供給，經計費表和持壓閥引入地下式儲水槽；給水方式採高處屋頂水箱重力式給水方式，高處儲水箱以揚水泵浦，由地下室儲水槽供應。

(2) 給水系統之給水壓力一般樓層採 0.5kg/cm^2、最高水壓採 5kg/cm^2；採重力供水幹管加裝減壓閥。

(3) 依每日平均旅客活動人數及執行公務人數，以及空調與機械類給水需求等，估計本客運中心第一期各使用分區之每日用水量如下表所示。

（四）排水、衛生設備

1. 排水系統

生活汙水採重力方式，導入客運中心之生活汙水處理設備處理後，放流至港區汙水下水道系統，輸送至港區內東碼頭區之汙水處理站。客運中心排水系統將區分爲生活排水、廚房排水，以及雨水排水系統等三大類，雨水排水系統將於基地內設置回收再利用之儲存設備。

2. 通氣設備

前述排水系統須加裝通氣管設施，以便利排水和防止臭氣，其方式可考量採用環狀通氣式、伸頂通氣式、結合通氣及迂迴通氣式，或個別器具通氣式等。

3. 生活汙水處理設備

客運中心建築物內之生活汙水及雜排水先排放至基地內之生活汙水處理設施，採活性汙水處理方式，處理至放流水質標準（流入水質 BOD 假設爲 200ppm、流出水質必須達 30ppm、具 85%。

（五）消防設備

本港區旅客服務區之整體消防設備，應包括以下系統：

1. 戶外消防栓系統

旅客服務區內應規劃環狀自來水供水主管，可同時用作消防供水系統，沿線設置標準之地上消防栓，與主管相接，配合消防車及建築消防送水口之運用。

2. 室內消防栓箱設備

依消防安全設備設置標準，每層皆設置室內消防栓箱，包括送水口、消防栓箱、消防隊專用水帶箱，消防泵浦等，並設置消防水箱為專用水源。

3. 自動撒水滅火設備

依消防安全設備設置標準，各層裝設自動撒水滅火設備。採密閉濕式配管方式，每一撒水頭間距不超過3公尺為原則，有效涵蓋半徑2.1公尺。

4. 其他滅火設備

全棟各層均設置ABC乾粉手提式滅火器，另各層機器室、變電室、電腦機房，應設置FM200氣體滅火或其他符合〈京都議定書〉之惰性氣體滅火設備。

5. 消防偵測設備

設置集中監控之全旅客服務區之消防警報系統，並顯示於火警受信總機及有關分機上，並以消防緊急電話系統，供指揮及協助救災。

6. 排煙系統

依據建築技術規則，於客運中心緊急逃生口設置強制送風與排煙，其中送風量大於排煙量，使該區保持正壓，減少失火區濃煙進入。

（六）空調及通風設備

本客運中心必須採大空間空調通風工程之規劃設計，除需具備一般性空調之條件外，尚須考量大尺度空間建築物之特性。相關設計原則如下：

1. 空調設計之室內溫濕度條件

2. 室內氣壓關係

爲避免不同空間用途之空氣相互汙染，其室內壓力關係如下：

(1) 正壓區：辦公室、商場、旅客大廳、會議室。

(2) 負壓區：餐廳、廚房、衛生浴廁、茶水間。

3. 空調系統分區

(1) 旅客大廳：採中央冰水系統，空調機或冷風機系統。

(2) 商場及餐飲空間：採中央冰水系統，空調機或冷風機系統。

(3) 行政辦公區：採中央冰水系統，空調機及儲冰系統。

(4) 各區空調機組容量估算如表 4-5 所示。

4. 非空調區域如發電機，空調機房、廚房、廁所、茶水間、汙物室等則採強制送風，強制排氣系統。

十八、綠營建計畫

綠營建計畫爲行政院推動「挑戰 2008：國家發展重點計畫 ── 水與綠建設計畫」中之子計畫，政府爲避免傳統營造對於水、能源的使用造成浪費，以及製造大量廢棄物汙染環境，將配合資源永續利用原則，積極推動綠營建政策，擴大建築物省能源、省資源、低汙染之環境保護效應，有效降低環境衝擊與負荷，以善盡地球村的責任。

綠營建（Sustainable Construction）意指在營建工程之規劃設計中，適度融入環保與生態之考量，諸如設計採用環保材料、無公害工法或生態工法，並於營建工程整個生命週期之施工階段中，考量諸如施工程序、材料等對地球環保之影響，而採取低公害、低汙染之營建程序與環保材料，及營建廢棄物再利用等呼應地球環保生態之營建。

（一）綠營建之 3R 概念

1. 減少負荷（Load Relief）

營建工程對大地與環境造成之負荷包含結構物之呆重與地表溫度上升問題，營建工程造成地表排、保水功能喪失及生產營建材料過程造成之廢熱、廢液與廢物。減少這類負荷之方法則包含研發高性能且輕質化材料，降低結構物重量，而地表排、保水功能與溫度之功能可降低熱島效應，減少能源之損耗，而廢氣、廢熱與工業製程有關，亦可減少材料之使用。

2. 減少材料使用（Material Relief）

臺灣地區各項營建工程所需之砂石料源取得不易，因此如能將各項營建工程所產生之大量廢混凝土做有效回收處理及再生利用，將有助於資源循環使用及解決當前部分環保之問題，亦可降低生態環境之衝擊。例如使用地工加勁材料可縮小結構物之尺寸並節省材料，再生建材之回收再利用及廢棄土壤現地之材料再利用。應用之工程包含廢棄混凝土之回收再利用及控制低強度回填材料等。

3. 減少廢棄物之產出（Waste Relief）

構造物拆除之廢棄混凝土、磚塊、磁磚碎片及其他營建工程所造成之棄置廢料稱爲「營建廢棄物」，其共通之特性包含數量龐大、無毒性及安定性高，則具回收再利用價値。其解決之方案包含廢棄混凝土資源化之程序，營建資源（爐石、廢鑄砂、焚化爐底灰、水庫淤泥）之有效利用，應用於波索蘭材料、控制低強度回填材料及透水材料。

（二）綠營建計畫的具體作為

1. 土方平衡

土方平衡係指從事開挖、回填等土方工程（Earthwork）時，當開挖土方等於回填土方而無需運棄廢土或借土回填，使挖填達到平衡狀態。營建工程幾乎都需要挖填土方，甚至大量棄土或借土，如此將嚴重破壞生態環境，故施工時應盡量依既有地面建造構造物，避免大量挖填方，必要時則以土方平衡方式施工，使廢土量或借土量減至最低，達到綠營建之精神。

2. 預鑄構造物

預鑄構造物係指構造物之構件，如梁、柱、板、牆等預先在工廠或工地附近製造完成，再移至工地安裝組合而完成構造物。預鑄構造物係於現場安裝組合，無需用水，故屬於乾式構造（Dry Assembly）。預鑄構造物如預鑄混凝土、鋼構造、鋼骨鋼筋混凝土、木構造等均屬之。使用預鑄構造物在環保方面之效益爲縮短在工地現場施工時間，減少噪音、振動、汙染、妨礙交通等對施工周圍環境衝擊之時間，另外亦可減少廢棄物。

3. 綠建材

「綠建材（Green Building Material）」係指在原料採取、產品製造、應用過程和使用以後的再生利用循環中，對地球環境負荷最小、對人類身體健康無害的材料。營建工程使用綠建材之要求爲：

(1) 在使用最低之運輸能源（卡車）下，就近取得材料。

(2) 製造過程使用最少之能源，並減少廢棄物之產量。

(3) 避免製造有害之氣體與汙染。

(4) 使用後可回收再加工。

(5) 施工容易且經久耐用。

綠建材特性：

(1)生態性（Ecological）

生態性綠建材係指消耗最少能源、資源，以及排放最少廢棄物之建材。

(2)再生性（Recycling）

再生性綠建材係指利用廢棄資源循環再利用之建材。

(3)健康性（Healthy）

健康性綠建材係指對人體健康不會造成危害之建材，亦即低有機揮發物逸散、低汙染、低臭氣、低生理危害等特性之建築材料。

(4)高性能（High-performance）

高性能綠建材係指在整體性能上有高度表現之建材。高性能包括物理及化學性能，如耐火性、防音性、隔熱性、透水性等。

4. 低公害

營建公害係指因施工因素，致破壞生存環境，損害國民健康或有危害之虞者。營建工程施工時常因施工管理不當而造成營建公害，營建公害之範圍有：

(1)噪音

土建工程中易造成噪音者包括：打樁工程（打樁機）、拆除工程（破碎機）、土方工程（挖、推土機），欲降低噪音之干擾應使用低噪音之工法或施工機械。

(2)振動

土建工程中易造成振動者包括：開挖擋土設施之打樁（鋼軌樁、鋼板樁、鋼骨樁、混凝土樁）工程及建築物拆除破碎、機具引擎聲拆除工程等，欲降低振動之干擾應使用低振動之機具及工法（鑽掘樁）。

(3)空氣汙染

營建工程中易造成空氣汙染者包括：建築物拆除、土方開挖、回填、裸露地面車行揚塵、廢棄物運棄不當、施工機具排放黑煙等；欲降低空氣汙染之公害應加設防塵設備，並經常灑水。

(4)水汙染

土建工程中易造成水汙染者包括：皀土液、暴雨逕流、湧水及滲水、作業廢水等，欲降低水汙染之公害應妥善管理藥液，集中處理，並設置汙水處理設備。

(5)土壤汙染

土建工程中應避免將排煙或排水中所含重金屬等有害物質存於土壤內，而對基地四周地下管溝或灌溉系統等產生不良影響的滲入性與蓄積性汙染。

(6)惡臭

土建工程中易造成惡臭主要爲機械設備排放廢氣，欲減少惡臭之公害應加強機械設備之保養。

(7)地層下陷

土建工程中易造成地層下陷者包括：管湧、流砂、隆起，欲避免地層下陷應加強地質穩定及擋土保護。

(8)廢棄物

土建工程中易造成廢棄物者包括：廢土、廢棄建材、垃圾、汙泥及藥液，欲降低營建工程廢棄物之汙染，應妥善管理。

（三）營建工程汙染防制法令

1. 空氣汙染防制法令
2. 廢棄物清理法令
3. 噪音管制法令

4. 水汙染防制法令
5. 建築管理法令
6. 道路交通管理法令

十九、成本計畫

成本計畫是投資方生產經營總預算的一部分，它以當地幣值反映投資方在設計專案的計畫期內的生產耗費和各種原物料的成本水平以及相應的成本降低水平和爲此採取的主要措施的方案。成本計畫屬於成本的事前管理，是投資方生產經營管理的重要組成部分，通過對成本的計畫與控制，分析實際成本與計畫成本之間的差異，釐清尚待加強控制和改進的項目與作業內容，達到項目投資的預期效益。在臺灣，營建成本、營建類股、房地產（多爲住宅類）三者的連動關係是很明顯的，因此，營建成本的估算

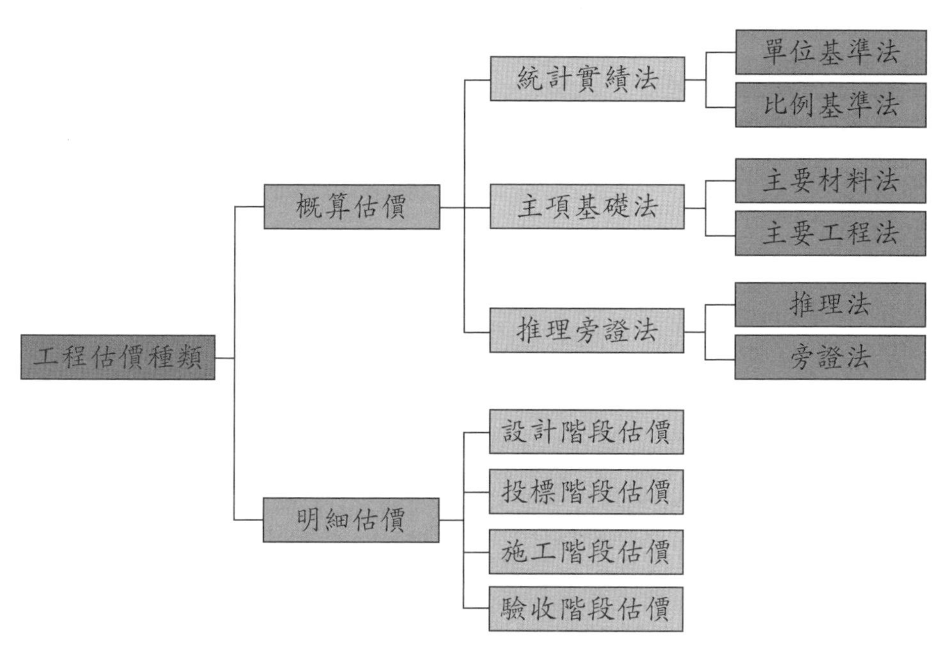

▲ 工程估價種類

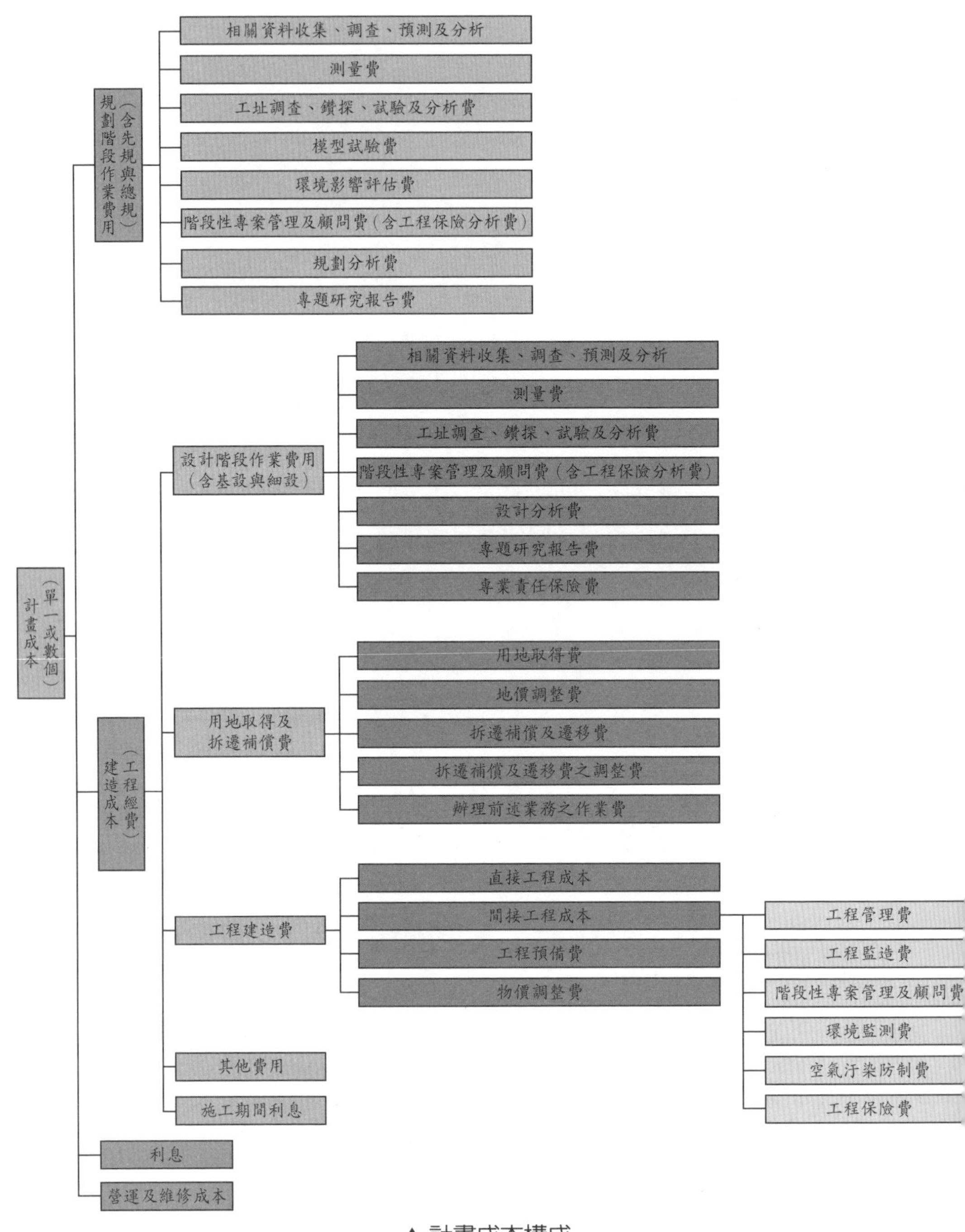

計畫成本（單一或數個）
規劃階段作業費用（含先規與總規）
相關資料收集、調查、預測及分析
測量費
工址調查、鑽探、試驗及分析費
模型試驗費
環境影響評估費
階段性專案管理及顧問費（含工程保險分析費）
規劃分析費
專題研究報告費
建造成本（工程經費）
設計階段作業費用（含基設與細設）
相關資料收集、調查、預測及分析
測量費
工址調查、鑽探、試驗及分析費
階段性專案管理及顧問費（含工程保險分析費）
設計分析費
專題研究報告費
專業責任保險費
用地取得及拆遷補償費
用地取得費
地價調整費
拆遷補償及遷移費
拆遷補償及遷移費之調整費
辦理前述業務之作業費
工程建造費
直接工程成本
間接工程成本
工程管理費
工程監造費
階段性專案管理及顧問費
環境監測費
空氣汙染防制費
工程保險費
工程預備費
物價調整費
其他費用
施工期間利息
利息
營運及維修成本

▲計畫成本構成

必需考量房地產趨勢、房地產的建築成本、土地使用分區與供需、土地成本的估算、建築容積率的獎勵（如近期的危老獎勵）、郊區與都會區的土地成本差異、營造成本的推估、營造成本的差異性、其他成本（如近年之Covid-19 全球疫情導致國際貨物／原物料流通停滯所造成的成本）等，以及利潤成本等因素。

此處所謂的計畫成本包含規劃階段作業費、建造成本（工程經費）、利息、營運及保養維護成本等之總和，相關內容說明如下：

1. 規劃階段作業費

指辦理先期規劃（可行性研究）及綜合規劃所需之費用。

2. 利息

指推動工程計畫，以借貸融資及發行建設公債方式取得資金之財務費用。但因本項費用與機關之財務調度方式、資金來源及借貸比例等因素相關，與工程實體建造成本無關，應另配合工程計畫之財務規劃個案考量。

3. 營運及保養維護成本

指維持計畫之健全營運、運轉以及過程中的保養維護等所需經年費用。

4. 建造成本（工程經費）

指設計階段作業費、用地取得及拆遷補償費、工程建造費、施工期間利息及其他法令規定費用之總和。

規劃階段作業費（含企劃階段與先期規劃之費用）：

1. 先期規劃作業係爲評估計畫開發方案效益與可行性，以作爲工程興建之依據，俾利後續綜合規劃作業之進行。綜合規劃作業係爲較精確地效益評估及估算工程經費，以作爲編列工程經費概算之依據。

2. 規劃階段之作業應視實際需要包括資料蒐集、調查、預測、測量、地質鑽探、試驗及分析，或階段性專案管理及顧問費、環境影響評估費、模型試驗費、規劃分析費、專題研究費等費用。

3. 作業費用之估算一般建議參照由行政院公共工程委員會所制定的〈機關委託技術服務廠商評選及計費辦法〉有關計費方法辦理。

設計階段作業費包括資料蒐集、調查、預測、測量、地質鑽探、試驗及分析、階段性專案管理及顧問費、設計分析費、專題研究費、專業責任保險費等費用，估算原則有下列方式：

1. 按直接工程成本乘以附表所列之估算百分比辦理；如屬附表未列之工程類別者，得按直接工程成本之 2.5% 至 4.0% 估算。

2. 按實際需要參照〈機關委託技術服務廠商評選及計費辦法〉有關計費方法辦理。但爲獨立預算者，得優先按服務成本加公費法估算。

工程建造費指直接工程成本、間接工程成本、工程預備費及幣值調整費之總和，相關內容說明如下：

1. 直接工程成本：指建造工程目的物所需支出之成本。

2. 間接工程成本：指機關爲監造、管理工程目的物所需支出之成本。

3. 工程預備費：指應付規劃設計無法預見、意外發生狀況或配合物價指數調整工程款之費用。

4. 幣值調整費：指工程預算貨幣現值（Present Value）至預定執行年度貨幣價值（Future Value）之差額。

直接工程成本常用直接工程成本分項估算原則如下：

1. 分項工程費：

直接工程成本爲建造工程目的物所需之成本。直接工程成本之單價包括直接工程費、承包商管理費及利潤、營業稅在內，並包含依據「公共工程施工品質管理作業要點」編列之品管費用。除主體工程外，施工中環境保護費及工地安全衛生費亦爲直接工程成本之項目，簡稱環保安衛費，在規劃階段約爲直接工程成本之 0.3 至 3% 爲原則，詳如下：

(1)施工中環境保護費

包括空氣汙染、噪音、震動、水汙染、廢棄物清理等防制措施及其他環保費（管理、宣導、訓練、承包商施工中監測等）。

(2)工地安全衛生費

1. 包括工地內所有設備之安全、工區內之衛生及其他安全衛生費（管理、宣導、訓練、防護具等）。

2. 安全衛生費：參照「臺北市政府所屬各機關公共工程施工安全衛生須知」，按分項工程費總和之 0.3% 至 3% 估算。

3. 品管費：參照「臺北市政府公共工程施工品質管理作業要點」，按分項工程費總和之 0.6% 至 2% 估算。

4. 材料檢驗費：參照「臺北市政府公共工程施工品質管理作業要點」，除特殊檢驗費用得專項編列外，按分項工程費總和之 0.5% 至 1% 估算。

5. 社區參與及宣導費：

(1)辦理社區及社團參與、里民座談、施工說明會、交通維持宣導等費用，按分項工程費總和之 2% 至 4% 估算。

(2)應於契約載明廠商辦理社區及社團參與、里民座談、施工說明會及交通維持宣導等計畫應經機關審查通過後，始同意辦理。

6. 稅什費：主要項目及估列原則如下：

(1)稅什費按分項工程費總和、安全衛生費、品管費、材料檢驗費、社區參與及宣導費等預定支付施工廠商費用之合計估算。

(2)有關稅什費估列百分比應依實際包含經費項目調整之，常用稅什費包含經費項目如下：

①廠商營業稅：應參照「加值型及非加值型營業稅法」估列。

②廠商利潤及管理費：按合計之 3% 至 6% 估列。但特殊或重大工程不在此限。

③工程保險費：

- ◆ 機關應考量工程規模與特性，參照本府所頒「工程採購廠商投保約定事項（範本）」予以估算編列。但由機關投保者，本項費用納入間接工程成本估列。
- ◆ 應於契約載明展延工程保險之費率。

間接工程成本係業主爲監造管理工程目的物所需支出之成本，包括工程管理費、工程監造費、階段性專案管理及顧問費、環境監測費、空氣汙染防制費及初期運轉費。各機關或有不同規定，得酌情調適各項目或合併之。間接工程成本因工程性質而有不同，按直接工程成本之百分比計算，因各機關之規定不同而異。

1. 工程管理費

工程管理費係指主辦機關辦理工程所需之各項管理費用；工程管理費之編列原則與支用項目、支用方式，可參考行政院公共工程委員會頒布之〈中央政府各機關工程管理費支用要點〉之規定辦理。

2. 設計監造費

主辦機關設立專責單位或民間甲方單位委託建築師事務所辦理建築工程之設計監造業務之服務內容及計費方式，一般可參考〈建築師法〉或各縣市建築師公會的〈建築師酬金標準表〉、〈省（市）建築師公會建築師業務章則〉與〈機關委託技術服務廠商評選及計費辦法〉規定辦理。

3. 階段性專案管理及顧問費

機關因專業人力或能力不足，可委託建築師事務所、技師事務所、工程技術顧問公司或其他依法令得提供技術性服務之自然人或法人提供專案管理技術服務；有關服務之內容及計費方式，應依「機關委託技術服務廠商評選及計費辦法」規定辦理。

4. 環境監測費

施工期間須於工區設置數處環境監測設備，並定期監測、追蹤施工中之噪音、震動、空氣汙染等，其費用含環境監測費用、定期環境影響調查報告書撰寫等。

5. 空氣汙染防制費

有關空氣汙染防制費應依〈空氣汙染防制費收費辦法〉相關規定予以編列。

工程預備費係指爲彌補先期規劃（可行性研究）、綜合規劃及設計期間，因所蒐集引用資料之精度、品質和數量之誤差、意外事件或偶發事件等狀況，而實際可能發生的費用。在市場通貨膨脹、物價逐年上漲飛快的情況下，在工程預備費中，還應充分考慮建設期間物價上漲所增加的各項建設費用，否則，就可能使概算投資出現缺口。一般可能產生階段有：

1. 在取得建築執照後進行細部設計或施工過程中，因故須辦理變更設計之故所增加的作業費用和工程費用。

2. 設備等各大宗營建材料與國際原物料之實價波動差額。

3. 一般自然災害所造成的損失和預防自然災害所採取的措施費用。

4. 在竣工驗收前，驗收委員會或小組爲鑑定工程質量，必須開挖和修復隱蔽工程的費用。

重大新建工程計畫，如水庫、港灣、公路、鐵路、水力發電或其他較複雜工程，或如需進行評選位址、路廊者，其先期規劃、綜合規劃、基本設計、細部設計等四階段之工程預備費編列標準上限依工程別分別以「直接工程成本」之 12～30%、10～25%、3～12%、3～5% 爲建議值。一般工程計畫若其規模較小或較單純作業程序分爲規劃、設計、施工等三階段之工程預備費編列標準上限依工程別以「直接工程成本」之 8～20%、3～5% 爲原則。

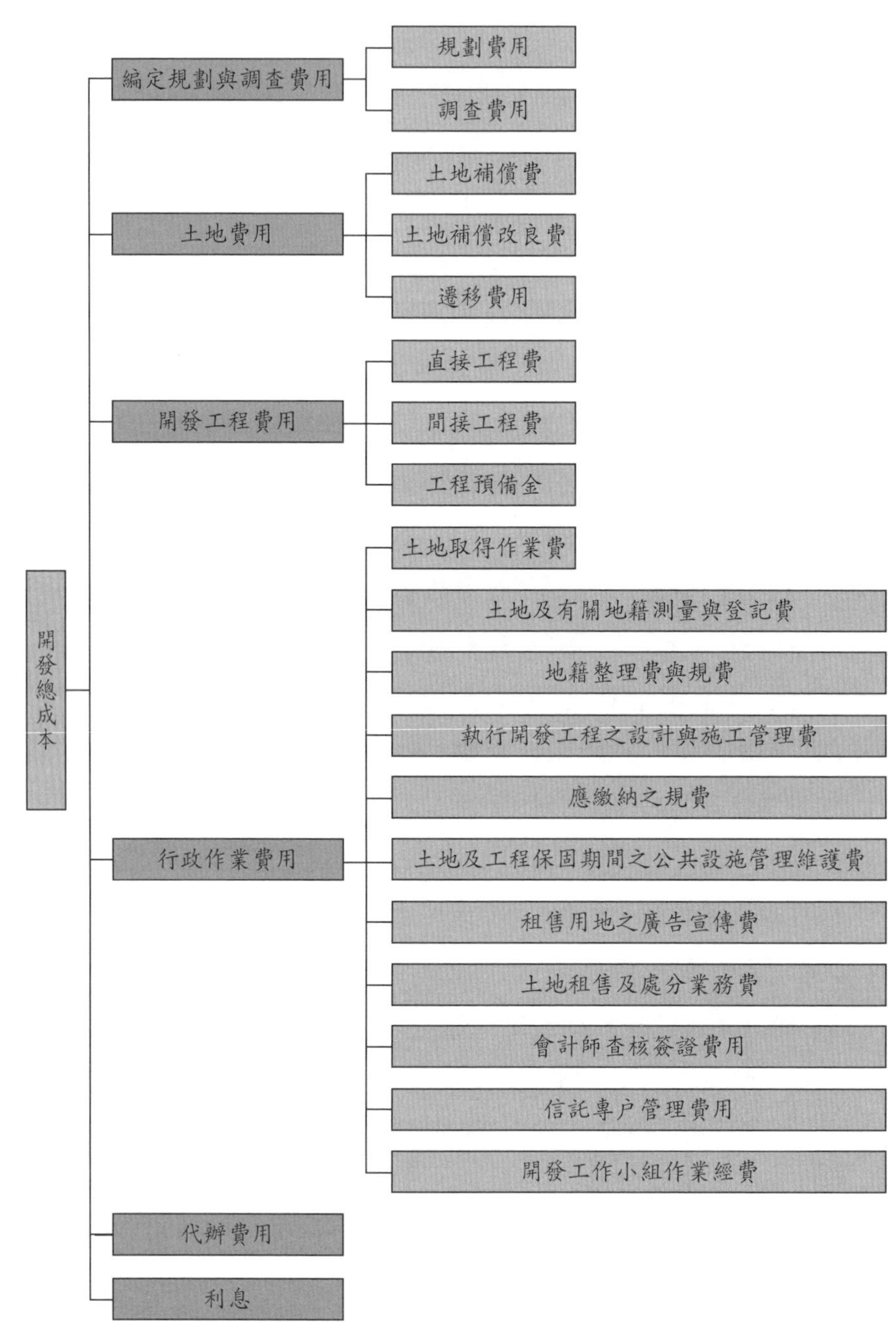
開發總成本
編定規劃與調查費用
規劃費用
調查費用
土地費用
土地補償費
土地補償改良費
遷移費用
開發工程費用
直接工程費
間接工程費
工程預備金
行政作業費用
土地取得作業費
土地及有關地籍測量與登記費
地籍整理費與規費
執行開發工程之設計與施工管理費
應繳納之規費
土地及工程保固期間之公共設施管理維護費
租售用地之廣告宣傳費
土地租售及處分業務費
會計師查核簽證費用
信託專户管理費用
開發工作小組作業經費
代辦費用
利息

▲ 開發總成本構成

營建成本估價係依建築生命週期各階段估價之需求差異，透過適當有效之分析技術，嘗試推估特定階段工程可能之工程費用，藉以做爲整體工程成本預估、設計調整與成本控制等之依據稱之。一般估價結果會有差異之原因不外乎估價資訊之正確性、估價需求急迫性、工程成本、國際原物料價格波動、工程變更設計、數量計算錯誤等相關因素。以過去實務的經驗而言，結構技師計算、建築師計算與 B.I.M 建築資訊模型軟體三者所求得結構體中的混凝土數量，結果是結構技師 > 建築師 >B.I.M 資訊模型軟體，相對的數量結構技師多了 B.I.M 資訊模型軟體約 15～20%，而由設計者親自計算則僅多了約 2～3%，採用 B.I.M 軟體進行估算則尚有賴對其系

項次	主要項目			建築成本比例
1	土地成本			52%
2	營建成本	項目	建造成本比例	28%
		假設工程	2.5%	
		基礎工程	15.0%	
		結構體工程	25.0%	
		裝修工程	25.5%	
		門窗工程	6.0%	
		設備工程	5.5%	
		景觀工程	2.0%	
		機電工程	16.0%	
		雜項工程	2.50%	
		小計	100.0%	
3	廣告銷售費			5.5%
4	規劃設計費			2.5%
5	工程管理費			4.0%
6	利息成本			3.0%
7	稅賦			5.0%

▲民間建築工程成本架構參考

統邏輯、運算原則及繪製設定的了解及操作，方得以取得較貼近眞實情況之數據。

建築物之營建工程費用分配比例會因建築類型、構造形式、品質要求與規模等因素而有所不同，若以一般住宅類型建築物而言，其營建工程費用分配比例之建議範圍爲：假設工程 8～12%，土方基礎工程 1～9%，結構體工程 35～45%，裝修工程 10～30%，機電工程 20～35%；其中裝修工程爲外牆裝飾材與室內基本之天、地、牆面之簡易粉飾材裝修而言。

二十、作業進度管理計畫

所謂工程進度管理是指對工程項目建設各階段的工作內容、工作人數、持續時間和銜接工作等，根據進度總目標及資源優化配置的原則編製計畫並付諸實施，然後在進度計畫的實施過程中經常檢查實際進度是否按計畫要求進行，對出現的偏差情況進行分析，採取補救措施或調整原計畫後再付諸實施，如此往復檢視，直到建設工程竣工驗收交付使用。

一般而言，影響施工工期之因素有：

1. 法令變更或甲方變更設計

營造廠商的施工計畫完善程度對施工進度有著決定性作用，但是甲方、建築師、銀行信貸單位、材料設備供應部門、氣候變化、交通、水、電供給及政府主管機關都可能給施工某些方面造成困難而影響施工進度。然而因甲方需求改變而變更設計、細部設計與現場施工有所衝突、交代不清或數量差異過大等才是經常發生和影響最大的因素。材料和設備不能按期供應，或質量、規格不符合要求，都將使施工停頓。資金不能保證也會使施工進度中斷或速度減慢等。

2. 施工條件的變化

施工工址地質條件和水文地質條件與勘查設計的不符，如地質斷層、地下溪流、孔洞、地下障礙物、軟弱地基以及惡劣的氣候、暴雨、高溫和洪水等都對施工進度產生影響、造成臨時停工或破壞。

3. 技術失誤

施工單位採用技術措施不當，施工中發生技術事故；應用新技術、新材料、新結構缺乏經驗，不能保證質量等都要影響施工進度。

4. 營建單位管理不利

組織架構人力布置不合理、施工人力和施工機械調配不當、施工計畫擬定失真等將影響施工進度計畫的執行。

5. 意外事件

施工中如果出現意外的事件，如戰爭、嚴重自然災害、火災、重大工程事故、工人罷工等都會影響施工進度計畫。另外還有國際原物料的物價波動與資金周轉等的影響。

計算工程作業期限的方式有：

1. 工作天

實際能工作的日子才計算工期的計算方式謂之工作天，一般而言下列情形得免計工期：

(1) 國定假日：元旦、勞動節、國慶日等。

(2) 民俗節日：春節、清明節、端午節、中元節、中秋節等得免計工期。

(3) 全國性選舉投票日、各級主管機關臨時公布放假者，免計工期。

(4) 星期日免計工期，但與前三款日相互重疊者，其重疊者應予扣除。

(5) 非歸責於乙方（承包商）之責任，經甲方（業主）確認停工，其停工部分免計工期或延長工期。

(6) 受氣候因素影響不能工作之日曆天：通常下列情形得認定為受氣候因素不能工作之日曆天：

① 雨天並經監工簽認影響正常工作之進行者。

② 上下午均屬晴天或陰天，以一工作天計。上午晴天或陰天，下午雨天，以半工作天計。上午雨天，無論下午為雨天、陰天或晴天，均不計為工作天。

③ 因颱風、大浪或地震致全部工程或要徑作業不能進行者。

④ 路面工程之底、基層料因雨受濕，致含水量過高須翻曬烘乾者。

⑤ 路面工程噴灑透層、黏層或舖設瀝青面層以及建築工程從事室外粉刷、裝修、油漆等工作，因雨後潮濕不能進行者。

⑥ 工程因雨積水需排除後施工，致要徑作業不能進行者。

⑦ 橋樑工程之基礎部分，因雨河水高漲致基礎、基樁工作不能進行者。

⑧ 工程或施工進出道路等因洪水沖毀致使要徑作業不能進行者。

2. 日曆天

日曆天與工作天最大差別在於日曆天應將下雨天納入工期的估算中，除天災人禍等人力不可抗拒因素外，承包廠商不得以任何理由，申請延長工期。但非可歸責於承包廠商之責任而經業主確認停工者，不在此限。不過需注意的是日曆天之計算，或有將例假日計入其中，或有將之排除在外者，因此例假日是否計入日曆天最好明訂在合約中，以免發生爭議。

3. 限期完工（Completion Date）

直接於契約中載明應該完工的確切日期，完全不考慮雨天及例假日的影響。

目前國內公共工程工期與民間工程之估計並無明確或統一的估算方法，通常是根據計畫需求、經費多寡、計畫時間、工項內容等進行粗略估計，以下提供依標準工期估算之參考：

1. 基礎工程（連續壁）

(1) 基本工期

進場放樣（1～2 天）、穩定液沉澱池（5～7 天）、工作面澆置混凝土與養護（6～9 天）、連續壁施工機具進場與放樣（1～2 天）、撤場與回復（3～6 天）。

(2) 依照規模估算連續壁施作期限

依導溝長度估算（30 公尺 / 天）、一單元數量估算（1 單元 / 天，或以導溝長度：4.4 公尺計算）。

(3) 以上 (1)+(2) 即是連續壁施作工期

2. 擋土安全支撐工期（350～500 平方公尺 / 天）

3. 土方作業工期（900～1,500 立方公尺 / 天）

4. 結構體工程

(1) 基礎工程（25～30 天）

(2) 地下室工程（25 天 / 層）

(3) 地面層工程（地面一層 16～21 天，其他樓層 14 天 / 層）

5. 室內裝修工程（依建築規模與結構體完成進度之依據而定）

估算與檢視工程作業進度的常用方法：

1. 甘特圖（Gantt Chart）

以圖示的方式通過作業和時間的關係表示出任何特定項目的活動順序與持續時間，而將活動與時間聯繫起來的一種圖表形式，顯示每個作業階段的歷時長短。甘特圖能夠從時間上整體把握進度，很清晰地標識出直到每一項任務的起始與結束時間，一般並會留下一欄空白欄位供記載實際開始及完成日。本方法的優點是簡單、容易使用，但缺點是無法表達多種作業間的先後關係。

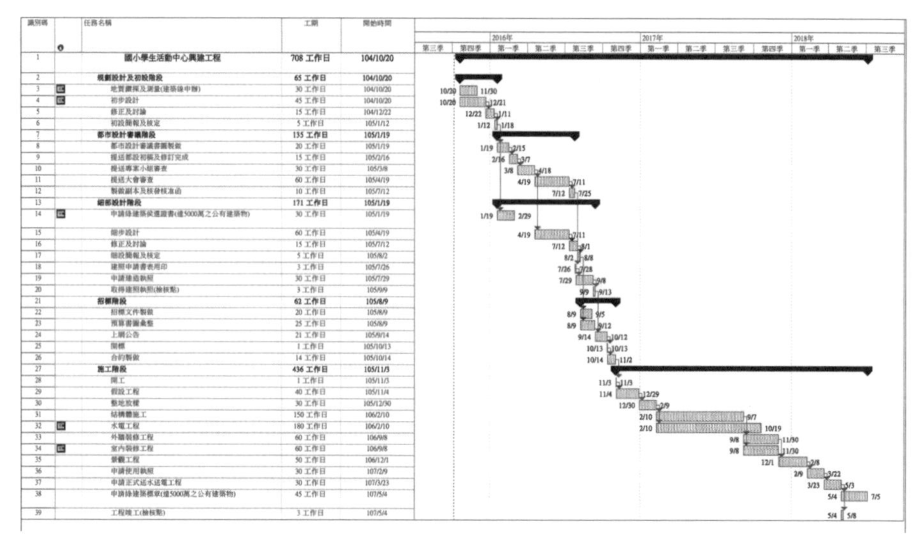

識別碼		任務名稱	工期	開始時間
1		**國小學生活動中心興建工程**	**708 工作日**	**104/10/20**
2		**規劃設計及初設階段**	**65 工作日**	**104/10/20**
3		地質鑽探及測量(建築線申請)	30 工作日	104/10/20
4		初步設計	45 工作日	104/10/20
5		修正及討論	15 工作日	104/12/22
6		初設簡報及核定	5 工作日	105/1/12
7		**都市設計審議階段**	**135 工作日**	**105/1/19**
8		都市設計審議書圖製做	20 工作日	105/1/19
9		提送都設初稿及修訂完成	15 工作日	105/2/16
10		提送專案小組審查	30 工作日	105/3/8
11		提送大會審查	60 工作日	105/4/19
12		製做副本及核發核准函	10 工作日	105/7/12
13		**細部設計階段**	**171 工作日**	**105/1/19**
14		申請綠建築候選證書(達5000萬之公有建築物)	30 工作日	105/1/19
15		細步設計	60 工作日	105/4/19
16		修正及討論	15 工作日	105/7/12
17		細設簡報及核定	5 工作日	105/8/2
18		建照申請書表用印	3 工作日	105/7/26
19		申請建造執照	30 工作日	105/7/29
20		取得建照執照(檢核點)	3 工作日	105/9/9
21		**招標階段**	**62 工作日**	**105/8/9**
22		招標文件製做	20 工作日	105/8/9
23		預算書圖彙整	25 工作日	105/8/9
24		上網公告	21 工作日	105/9/14
25		開標	1 工作日	105/10/13
26		合約製做	14 工作日	105/10/14
27		**施工階段**	**436 工作日**	**105/11/3**
28		開工	1 工作日	105/11/3
29		假設工程	40 工作日	105/11/4
30		整地放樣	30 工作日	105/12/30
31		結構體施工	150 工作日	106/2/10
32		水電工程	180 工作日	106/2/10
33		外牆裝修工程	60 工作日	106/9/8
34		室內裝修工程	60 工作日	106/9/8
35		景觀工程	50 工作日	106/12/1
36		申請使用執照	30 工作日	107/2/9
37		申請正式送水送電工程	30 工作日	107/3/23
38		申請綠建築標章(達5000萬之公有建築物)	45 工作日	107/5/4
39		工程竣工(檢核點)	3 工作日	107/5/4

▲某國小學生活動中心新建工程競圖階段工作進度表

2. **網狀圖**（Network Chart）

常用的網狀圖有兩種，一種是箭線網狀圖（Arrow Diagram Method, ADM），一種是節點先行式網狀圖（Precedence Diagram Method, PDM）。箭線網狀圖的基本構件爲箭線與結點；在箭線圖法中，結點用來代表一個時間點，並用來區隔作業之先後邏輯關係，而箭線本身則用來代表作業項目。在箭線網狀圖中，每一個作業兩端銜接兩個結點，分別表示該作業的開始與結束。結點先行式網狀圖以「結點」表示工程作業（Event 事件），「箭線」表示作業關係的網圖表達方式。PDM 網圖與 ADM 網圖採用之符號意義剛好相互對應。當一個工程規劃條件確定後，可以選擇運用其中任何方法來繪圖。

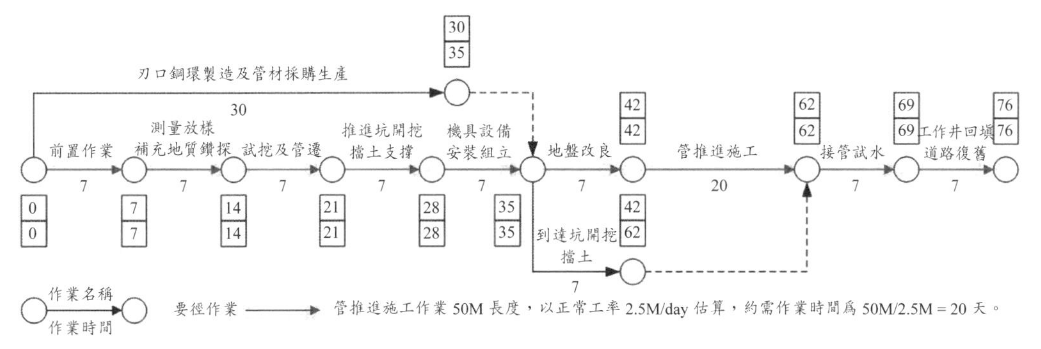

▲ 管線推進工程施工網狀圖（摘錄自臺灣省土木技師公會官網技師報）

3. 要徑法（Critical Path Method，CPM）

要徑法由美國杜邦公司（Dupont Co.）最先提出，主要在求減低成本、掌握計畫進度。它是完成專案的作業組合中總寬裕時間爲 0 的路徑。T：整個專案完成的時間，由要徑上各作業的期望時間相加計算可得。V：要徑的變異數，由要徑上的各作業的變異數計算而得。所謂寬裕時間爲「最晚開始時間——最早開始時間」或「最晚完成時間——最早完成時間」。要徑法之功用，在於顯示網圖中那些作業爲重點作業。因爲這些作業毫無寬裕時間可言，亦無可供他們緩衝的時間；正因爲如此，要徑上的作業要享有工程資源之優先分配權，若有趕工之需要或有縮短工期之誘因時，這些要徑也是縮短工期之主要目標。

4. 計畫評核法（Program Evaluation and Review Technique, PERT）

PERT 是假設專案計畫之每一作業時間服從貝氏分配（Beta Distribution）。最可能的時間，m（most likely time），作業在類似情況下，被執行多次出現天數最多的。樂觀時間，a（optimistic time），作業完成盡可能的最短時間。悲觀時間，b（pessimistic time），在最不好的情況下完成的時間，而平均時間公式：$T = (a + 4m + b)/6$。PERT 的優點是提供決策者，於實際將專案正式付諸實施前，有成功機率等具體資訊來下達推展計畫之決心；以避免專案因爲多重的困難，而在付出鉅額之投資後因無法推動而被迫放棄。

二十一、工程發包策略

現代工程規模愈趨複雜，絕大部分的工程設計與施工均已分工，主辦工程的甲方單位常常沒有足夠的合格人員辦理工程圖說及報告的審核，並負責協調不同機構的工作，於是辦理營建管理的機構應運而生，負責代表業主來處理這些事務；而工程執行策略的適切與否，影響日後工程執行成敗與否甚鉅。在計畫階段對於工程發包策略擬定的著眼點在於，當我們在執行重大建設案時，更應先針對工程計畫目標、工程預算、完工營運時程、外部影響及工程特性等影響因素，作周全縝密的考量評估後，方能訂定妥適的發包策略與招／決標方式。例如，一所新成立的大專院校的校園主體工程，有著來自教育部規定在一定時間內完成一定樓地板面積，以及在學年度開學前完成工程驗收使用的重要里程碑，因此在此狀態下便有著與一般工程較爲不同的工程發包思維，主要重點則要著重於營造團隊工期掌握、人力與現金流調度的能力的評估檢視重點。一般工程發包方式爲總價承包（單一廠商投標模式，營造廠商具名主導承攬，並結合其他專業廠商共同投標一起參與承作）、專業分標或統包方式執行。以下列舉工程統包契約簡述之：

工程統包契約（Lump Sum Contract）廣義上應涵蓋設計、器材提供製作及安裝施工與整廠建造等工作項目，也就是工程界通稱的 E.P.C.（Engineering, Procurement & Construction）Contract Work，然而 E.P.C. 可因工程性質不同或業主需求條件差異而有不同的工作範圍，譬如設計工作（E）可能兼涵基本設計（Basic Engineering）及細部設計（Detail Engineering）或僅含細部設計；而器材提供（P）有可能是全數提供或部分提供，甚或僅做採購服務（Procurement Service）；在按裝施工（C）方面有些僅做到機械按裝完工（Mechanical Completion）爲止，但亦有提供業主做到試車運轉（Pre-commissioning & Commissioning），甚至功能測試（Performance Test）及商業運轉（Commercial Run）等工作。

1. **啓鑰統包工程**（Turn Key Lump Sum Contract Work）

源自於國外工程「Turnkey」承攬制度，由英文字面可以了解其意爲由統包商負責工程的設計與施工，最後把鑰匙（Key）交到（Turn）業主手中。而此統包工程契約，是由一個機構負責完成契約中所載明整個工程之設計、建造直到營運爲止，有時尙須擔負營運後某些營運成效責任。此類統包工程常見於大型石化廠、煉油廠、發電廠、汽電共生廠以及公共工程者，如近五年來在臺北市與新北市各行政區一系列的國民運動中心新建工程均採取此統包方式進行。

2. **聯合承攬統包工程**（Consortium Lump Sum Contract）

由於統包工程通常涵蓋設計（製程提供、基本設計及細部設計）、採購製造及按裝施工等不同階段性工作，而投標者有可能在某階段或部分的專業能力不足而必須尋求具有專業能力之公司共同參與投標，並聯合承攬，最常見的如國內的石化廠投資案和大型公共工程等，由於國內參與投標者欠缺製程技術，就必須仰賴國外專業廠商提供，雙方必須簽訂聯合承攬協議書（Consortium Agreement）後共同參與投標，在合約執行上，雙方依據所屬工作範圍共同承攬合約責任。

3. **BOT 統包工程**（Build, Operate & Transfer）

意即建造、操作，然後移轉給業主的統包工程，這是一種業主欠缺財源而委由承攬者負責承建並操作一段時間後再移轉給業主繼續運作的統包方式，大都是政府的公共工程委交，並鼓勵民間企業參與投資的做法，在國外已行之有年，在國內高鐵案是首例，另還有臺北市著名的五大 BOT

案：鴻海三創案、新店機廠聯開案「美河市」、雙子星案、松山文創園區與遠雄大巨蛋案。

工程統包契約制度優缺點：

1. 單一的權責介面

將設計與施工作業之權責掌握在同一團隊之中，著重於問題的解決而非責任之歸究，對於品質、預算及時程整體效益而言，可形成一個緊密互動的單一權責介面，由於設計圖說係由統包商所提出，其正確性與可行性均非甲方之責，導致變更設計的機會因而減少，倘若在設計與施工作業權責範疇之間，發生矛盾牴觸甚或衝突時，概由統包商自行負責整合解決。

2. 縮短時程

統包採購方式之構思係建立於業主無需負擔風險情況下，利用併行施工作業之營建管理技術來縮短時程，即各項材料、設備之購置及施工作業，都可以在相關圖說文件尚未完整備齊時即開始辦理，且由於招標次數得以縮減，以及整合設計與施工後，使得重新設計的機會減少，可使整體設計與施工總和所需之總時程大幅縮短。理論上統包較諸傳統招標可縮短約 30% 的採購時程。

3. 品質之確保

由於統包商必須對最後成品負百分之百責任，同時其組織成員皆爲生命共同體，必須發揮團隊精神及整合效能。若有設計、施工或其他成員所造成的缺陷情事發生時，團隊成員則無法置身事外或推諉卸責，所以單一的權責介面窗口，無疑地是團隊成員的潤滑劑與驅動者，促使他們在設計及施工之工程採購生命週期內，以尋求創造團隊最高效能與最佳工程品質爲目標，反觀傳統採購策略則必須藉由契約文件上的限制性文字條款，以本位對立的立場，來看待工程採購進行的每件情事，利用大量的檢驗程序以及法律的手段，來尋求品質的確保，或僅止於符合契約規定的消極行爲而已。

4. 推動管理現代化

工程總承包模式作為協調中樞必須建立起電腦系統，使各項工作實現了電子化、數位化、自動化和規範化，提高了管理品質和效率，並增強營建廠商的工程實力，例如雙北市工務單位積極推動之 B.I.M 建築資訊模型之系統應用，就是一個從規劃設計之初到設計審查、從營建施工再到營運管理均可加以應用於各階段作業之管理及品管。

5. 有利於控制工程造價，降低營建成本

由於統包商是設計與施工兩者相互結合成的一個團隊，施工專業權責早於設計階段導入，在設計上可使資源使用和施工方法等皆較為有效率，並將及早考量施工性（Constructability）納入設計中，降低工程造價。

6. 提高全面履約能力，並確保質量和工期

工程總承包最便於充分發揮大承包商所具有的較強技術力量、管理能力和豐富經驗的優勢。同時，由於各建設環節均置於總承包商的指揮下，因此各環節的綜合協調餘地大大增強，這對於確保質量和進度十分有利。

7. 優化資源配置

國外相關經驗證明，實行工程總承包減少了資源占用與管理成本。在臺灣則可以從三個層面予以體現。甲方擺脫了工程建設過程中的雜亂事務，避免了人員與資金的浪費；主包方減少了變更、爭議、糾紛和索賠的耗費，使資金、技術、管理各個環節銜接更加緊密；分包方的社會分工專業化程度由此得以提高。

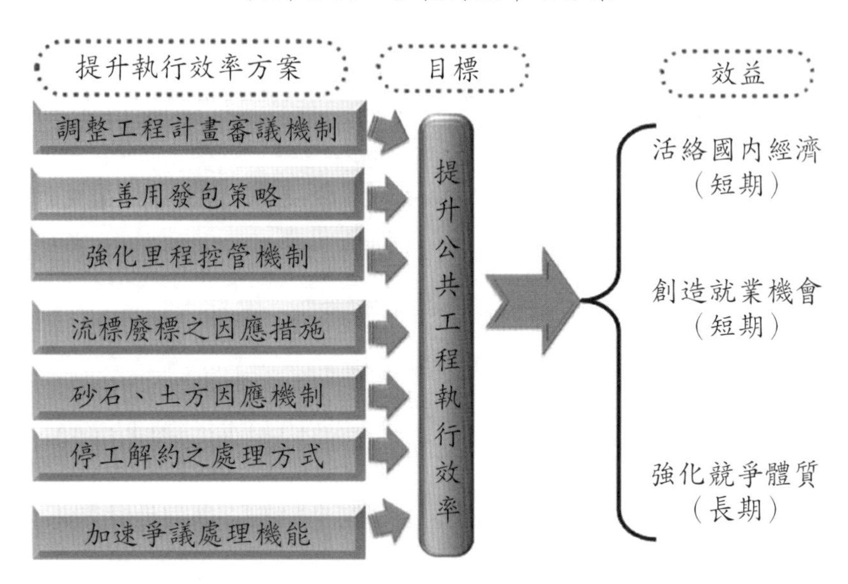

▲ 提升公共工程執行效率七方案（摘錄自公共工程電子報之工程會快訊）

二十二、管理維護計畫

不同的建築物類型（如住商混和、一般公寓住宅、公宅與豪宅），均有著管理設施設備與管理目的上的要求與差異，一般而言，建築物管理維護計畫係依據公寓大廈管理服務人管理辦法第十條：管理維護公司申請中央主管機關許可時，應檢附下列文件：

1. 申請書。
2. 資本額證明文件。
3. 事務管理人員與技術服務人員之名冊及資格證明文件。
4. 受託管理維護計畫書。
5. 其他經中央主管機關認爲必要文件。

物業管理服務業發展綱領及行動方案中亦有對建築物管理維護計畫內容做進一步的規範：

第一類：建築物與環境的使用管理與維護

提供建築物與環境管理維護、清潔、保全、公共安全檢查、消防安全設備及附屬設施設備檢修等基礎服務。

以下提供進行擬定相關建築物管理維護計畫時須注意的若干核心觀念：

1. 建築物生命週期之完整資訊登錄

現今隨著建築物使用機能複雜化之發展，建物設施與機能日趨複雜；因此如何利用數位技術與資訊化管理提升建築物使用效益，並於操作、維護建築物相關設施時提供協助等，以至於使建築物在整個生命週期發揮最大的功能，成爲建築物使用者與管理者重視與關切的議題。建築工程於建造工程中，從規劃、設計、發包、施工等階段，所投入之資本、人力與時間等規模龐大，而在完工之後，仍需要長時間的營運維護，從下圖可知營運維護爲營造及規劃設計費之三至四倍；由此可知，若在使用維護階段能善加管理將能獲得更舒適的使用環境，以及使用者之便利性。相關的設計與營建資訊，我們可以透過前述 B.I.M 建築資訊模型的機制予以完整的保留紀錄，形同建築物生命週期之履歷表。

2. 建築物維護修繕計畫

建築物猶如有機生命體一般，需面臨損害、老化、維護及整建等問題；臺灣因爲位於潮濕多雨的亞熱帶氣候帶，加上工業化與汽機車排放廢氣嚴重，導致環境侵蝕的情形十分普遍，久而久之會導致建築材料的變質，甚至是結構上的安全，這種劣化情形會隨使用時間增加而逐漸增多，甚至會呈倍數成長，加速惡化。建物維護修繕之意義在於：將住居及生活環境品質加以持續維持，以延遲建成環境的衰敗，並同時提高其使用效能。然而，當代建築物於營造技術、材料品質及維護管理觀念都不斷提升，在經驗的累積下，不論是建築物的設計者、施工者或管理者，我們都應該「將過去失敗的教訓傳承下去」，防止工程缺失與異常劣化輕易發生，讓建築物能延年益壽，充分發揮其使用功能及保持其價值。

建築物維護修繕計畫可藉由「維護修繕計畫表」之建立作爲輔助，目的在揭示欲修繕的項目、週期、費用等的資訊，傳統的管理模式需要借重人爲的財產清算與判斷，但隨著日新月異的科技，當前是可以結合建築資訊模型（B.I.M）的軟體協助，一切的營建資訊均可從設計之初到完工移交給使用單位或物業管理機構，對於建築物的完整且正確的資訊方可確實掌握，同時才具有採取維護行動與執行之價值。

修繕項目	第4年	第5年	第6年	第7年	第8年	第9年	第10年
防水設施維護／修繕		$$$$					$$$$
外牆維護／修繕工程							$$$$
地下室筏基				$$$$			$$$$
建物外部構件							$$$$
建物外部鐵件油漆		$$$$					$$$$
建物內部設施修繕							$$$$
預備費	$$$$						
建築工程小計	$$$$	$$$$	—	$$$$	—	—	$$$$
電器／動力設備修繕		$$$$					
照明器具／設備							$$$$
緊急逃生設施／設備		$$$$					$$$$
公有通訊設施／設備							$$$$
給排水設施／設備		$$$$					$$$$
設備工程小計	—	$$$$	—	$$$$	—	—	$$$$
年度合計	$$$$	$$$$	—	$$$$	—	—	$$$$
總　計	$$$$	$$$$	$$$$	$$$$	$$$$	$$$$	$$$$

▲ 維護修繕計畫表

3. 以生命週期作為導向之建築物管理維護

前期規劃可視之為各設施設備之規格確認，而長期修繕計畫則可視為設施、設備永續經營之概念。長期修繕計畫書之目的係藉由計算出實施建築物、設備相關之修繕、維修時期，以及所需經費（現在時刻為基準），來建議事前準備必要之經費，以減輕臨時籌措經費做為修繕公基金之負擔，實際實施工程時，仍需以劣化診斷等調查做最終之判斷。

二十三、節能減碳計畫

節能減碳計畫的決策其實應在設計專案之初就加入考量，因為許多關鍵因子均是在決策的階段就被決定了，例如：基地區位選擇、建築物配置座向、構造形式、再生能源計畫、智慧型控制系統、外牆隔熱系統等，好的區位可能會有嚴重東西日曬或缺乏風場流通條件等，而事後的補救措施多半要花費更多的費用才得以達到一定程度的改善。廣義的節能減碳空間策略有以下項目：

1. 健全法規體制

(1) 建立公平、效率及開放的能源市場。

(2) 推動〈能源發展綱領〉工作。

(3) 推動〈能源管理法〉修正條文之後續子法。

(4) 審慎規劃能源價格合理化。

2. 低碳能源系統改造

(1) 太陽能、生質能、風力發電為主要推動項目。

(2) 輔以推動其他再生能源如地熱、水力、海洋能等。

(3) 既有火力電廠發電效率全面提升。

(4) 推動天然氣合理使用。

(5) 引進淨煤技術及發展碳捕捉與封存。

(6) 推動合格汽電共生系統設置。

(7) 推動「長期電力負載預測與電源開發規劃」。

(8) 推動能源安全穩定供應措施，強化能源供應安全體系。

(9) 推動智慧電表基礎建設。

(10) 建構智慧電網，發展低碳高效率電力系統；布建節能與綠能發展基礎建設。

3. 打造低碳社區與社會

(1) 推動全民節能減碳運動。

(2) 營造綠色消費潮流，型塑節能減碳生活。

4. 營造低碳產業結構

(1) 推動產業溫室氣體自願減量。

(2) 節能減碳服務團技術服務。

(3) 推動工業區能資源整合。

(4) 鍋爐效率檢測與節能診斷。

(5) 執行能源大用戶能源使用查核。

(6) 促使產業結構朝高附加價值及低耗能方向調整。

(7) 核配企業碳排放額度，賦予減碳責任，促使企業加強推動節能減碳產銷系統。

(8) 推動太陽光電產業發展。

(9) 推動風（風能）火（生質能、氫能）輪（電動車）產業發展。

5. 建構綠色運輸網絡

分期提高汽、機車能源效率標準。

6. 營建綠色新景觀與普及綠建築

7. 擴張節能減碳科技能量

推動能源科技導入 CCS、冷凍空調、建築節能、交通運輸、工業節能、照明電器、植林與智慧型電網等節能減碳。

8. **節能減碳公共工程**。

9. **深化節能減碳教育**。

10. **強化節能減碳宣導與溝通**。

辦理政府機關及學校全面節能減碳措施帶動全體社會節能減碳風潮。

建築物規劃設計（外部）的節能減碳具體作爲則有：

1. 建築物南北座向之配置。
2. 建立再生能源裝置（太陽能或風力）。
3. 建立零碳能源之運作機制。
4. 提高基地綠化率。
5. 合理結構配置，有效降低結構體尺寸。
6. 合適的結構系統與構造材料，如鋼構造或木構造。
7. 適合的外牆開口尺度與遮陽裝置（通風、採光、隔熱）。

建築物內部設備的節能減碳具體作爲（一般性原則）：

1. **購置及汰換設備、器具**

(1) 應優先採購符合節能標章、環保標章或省水標章之用電、用水設備、器具及其他事務性產品。

(2) 配合設備機組的使用年限規定，中央空調主機使用超過 8～10 年，窗、箱型、分離式冷氣機使用超過 5～8 年，應請空調專業技師或廠商進行評估，效率低於經濟部能源局公告之能源效率基準者，應予以汰換，並優先採用變頻式控制中央空調主機或冷氣機。

(3) 中央空調系統設備，可請專業技師或廠商評估後優先考量設置能源管理監控系統，對冰水主機、通風系統，以及其他重要用電設備如照明系統、電梯等，進行節約用電監控管理。

(4) 照明燈具新設或汰換時，應請專業技師或廠商進行規劃，設計適當照明配置，採用高效率照明燈具及電子式安定器。

(5) 避難方向指示燈、消防指示燈等新設或汰換時，應採用省電 LED 應用產品。

(6) 汰換傳統白熾燈（鎢絲燈）爲高效率燈管（泡）。

(7) 無法利用晝光且非長時間使用之廁所等場所，使用照明自動點滅裝置。

(8) 用水設備新設或汰換時，應採用節約用水之省水龍頭。

2. 空調

(1) 調控空間溫度，設定適溫（28℃），並視需要配合電風扇使用。

(2) 空調區域門窗關閉，且應與外氣隔離，減少冷氣外洩或熱氣侵入。

(3) 每月清洗窗、箱型冷氣機及中央空調系統之空氣過濾網、每季清洗中央空調系統之冷卻水塔。

(4) 中央空調系統負載需求變化大者，可洽空調專業技師評估導入送風、送水系統變流量設備，俾節約用電。

3. 照明

(1) 依國家標準（CNS）所訂定之照度標準，檢討各環境照度是否適當，並作改進。惟不可爲節省用電而減少必要之照明，以致影響視力。

(2) 走廊及通道等照明需求較低之場所，在無安全顧慮下，可設定隔盞開燈、減少燈管數；白天如照度足夠，可不必開燈。

(3) 隨手關閉不需使用之照明。

(4) 適度調整燈具位置至作業桌面正上方；需長時間離席時，可關閉燈具電源。

(5) 依落塵量多寡定期清潔燈具；依燈管光衰及黑化程度更換燈管，以維持應有亮度。

4. 電梯

推行步行運動，地面層 1～3 的樓層利用控制方式不予乘停。

5. 電力系統

(1) 變壓器放置場所需有良好通風。

(2) 與臺電公司訂有契約容量之執行單位，應定期檢討合理契約。

6. 設備／事務機器

(1) 設定節電模式，當停止運作 5～10 分鐘後，即可自動進入低耗能休眠狀態。

(2) 中午休息時間，關閉不必要之辦公事務機器。

(3) 長時間不使用（如開會、公出、下班或假日等）之用電器具或設備（如電腦及其螢幕與喇叭、印表機、影印機、電風扇、烤箱、微波爐、電鍋等），應關閉主機及周邊設備電源，以減少待機電力之浪費。

(4) 飲水機裝設定時間控制器。

7. 用水管理

(1) 使用節水器具。

(2) 沐浴時，宜採用淋浴方式。

8. 其他

(1) 需打印之文件資料盡量採雙面列印或廢紙反面重複利用。

(2) 開會應自備環保杯，不用紙杯；用餐應自備環保筷，不用免洗筷。

二十四、建成環境使用後評估

使用後評估（Post-Occupancy Evaluation, POE）興起於 1960 年代中期，主要探究人類行爲與建築設計間關係的研究（Preiser, Rabinowitz & White，1988），所謂 POE 是一種對已開始使用的建築部分（空間或設施）建築物或建築環境的研究方式，透過訪問、觀察、問卷調查等方式來了解使用者對建築物的各種看法的工作，範圍含括建築設計結果，諸如結構、水電、設備、能源、維護、美學等，可以整合亦可分項爲之。一般而言，較嚴謹的作法是在專案計畫階段，會先針對類似設計專案的實際項目類型進行使用後評估的作業。

柯比意曾言：「生活永遠是對的，只有建築師才會犯錯。」建成環境使用後評估研究是針對建築物或建築環境的使用性以客觀和有系統的研究方法加以檢測的一種評量方式。以建築師的設計實務而言，則是聚焦在評估建築物完成使用後的功能與性能的表現，並將其與設計之初的規劃構想及內容做一檢視，探討其初始與完成後之差異與其原因，從而取得有效的設計回饋，以有系統的、準確的調查方式來檢視建成環境的問題，並作爲後續相關設計專案執行之重要參考（從企劃、計畫、規劃設計、施工、使用等階段）。

用後評估（P.O.E.）之操作過程[11]

1. 問題研擬

(1)使用者

建築物內使用者、過路行人、鄰居、其他受影響之人等。

(2)建築物

一般建築設計考慮因素、材料、尺寸、造價。物環條件、汙染、噪音、視覺形象、私密性等。

(3)社會經濟及歷史涵構

節約能源、維護管理、老人人口結構、產業結構及所得等。

---

[11] 朝陽科技大學建築系陳信安教授授課資料。

(4)設計流程

各階段決策者、參與者意見影響程度等。

(5)鄰里及環境關係

與周邊環境相協調、對環境之影響評估、周邊居民之認同等。

評估者條列以上內容，再徵詢甲方、建築師意見後，製成問卷或其他溝通媒體以進行下一階段工作。

2. 收集意見

(1)決定收集意見方法之原則

所得意見是否有用；端賴收集意見方法之對錯，須注意下列事項：

① 合理之花費

② 所得意見須針對問題

③ 須為眞正使用者之意見

④ 所得意見盡量能以數據表達

⑤ 收集意見方式

- ◆ 觀察：使用者活動行為被直接書面記錄；適用於公共建築物。
- ◆ 訪問：和使用者、管理員、過客等交談及記錄。
- ◆ 攝影：各項活動行為及形象被直接記錄。
- ◆ 蒐集：依據檔案，業主及公私部門統計資料。

(3)注意事項

① 被觀察或訪問者須為眞正使用者。

② 取樣數量需足夠且平均。

③ 訪問用語不得導引答案。

④ 避免專業人員個人評論意見加入。

3. 分析及結論

(1)應用數學及統計學

(2) 質與量之數據綜合分析

(3) 結論盡量使用設計者所熟悉之語彙

(4) 提供設計者具體而微之數據

(5) 提供設計不良之課題及解決對策

(6) 建築師所得助益

① 所得意見可提供較具創意之數據俾利設計發展

② 可肯定或修正建築計畫書之對錯

③ 有助於業主與設計者之間的關係

(7) 建立一設計相關資訊資料庫，了解社會之情境

建築物用後評估應用實例[12]

1. 美聯邦住宅輔助計劃案

1930 年代，美聯邦開始住宅輔助計畫，實效不彰。1972～1977 年進行建築物用後評估，發現影響居住環境品質因素，學者研究者初步認爲應是：(1) 對實質環境之使用率，(2) 私密性，(3) 維護及管理；而事實上使用者著重於：(1) 好鄰居，(2) 保値，(3) 耐看。

2. 模矩化之多用途教室

傳統與新穎設計之教室經過建築物用後評估，發現模矩化之多用途教室具下列優勢：

(1) 彈性使用空間——活動隔間。

(2) 教授時間之有效利用——辦公室教室同一空間。

(3) 提高學生之學習與趣——程序簡化、空間新穎活潑。

(4) 讀書空間比空無一物之大教室使用率高。

---

[12] 朝陽科技大學建築系陳信安教授授課資料。

3. 改善低能者之居住環境

加強私密性及安全性爲改善低能者之居住環境之主要議題。研究學者設計三種實驗觀察類型：(A) 中央走廊式之個別寢室宿舍，(B) 原有 9M×12M 大空間，(C) 自助式 3～4 人活動隔間寢室。設計及行政人員預期：(C) 應爲較佳之低能者居住環境形式，然而經長期觀察結果：(A) 始爲較佳之低能者居住環境形式。

4. 殘障者之公寓

公寓實質環境之設計是以殘障者能自行完成日常例行工作爲目標。研究學者設計了單一及雙併套房與三十公尺見方起居室圍一中庭之住宿單元形式，套房含：起居、廚房、臥室及浴廁等空間及機能。經長期觀察結果：殘障者對於 (1) 室外雨遮之處理非常重視——行動不便難以應對突變氣候；(2) 極需自動門——不易操作把手。

5. 新穎之拘留所

設計構想：私密性、防破壞性、機能分區。囚室單元採夾層式設計、四周上下錯開之獄房、中央多用途空間。研究學者設計問卷結果：犯人皆強調私密性之重要；經觀察：鎖孔塞紙、毯子隔開床位、認爲廁所最私密；犯人之喜好：通風採光良好、無柵欄之窗戶、觸感不同之室內建材。經過建築物用後評估，與傳統拘留所相比較後發現：環境可改變人之習性，破壞行爲顯著減少。

6. 風風雨雨之現代建築里程碑

保羅．魯道夫（Paul Rudolph）設計之耶魯建築系館，曾是建築界公認之好建築；卻爲使用者詬病。

(1) 內外都是清水混凝土燈芯絨條——觸感極差。

(2) 室內設備系統錯縱複雜。

(3) 空間使用彈性減少變成純雕塑性之空間。

(4) 參觀者或評論者之感受與每日生活於建築物內的使用者有顯著差異。

二十五、永續與整合：B.I.M 導入

「建築資訊模型」（Building Information Modeling, B.I.M）的概念是以可計算的數位資訊的建築元件表示眞實世界中用來建造建築物的構件，而這些數位資訊能夠被程式系統自動管理，對於傳統電腦輔助設計用向量圖形構圖來表示物體的設計方法來說是個本質上的改變與解決方案，它涵蓋了幾何學、空間關係、地理資訊系統、各種建築元件的性質及數量（例如供應商的材料檢驗資訊），所以 B.I.M 重心所在是資訊的整合與運算而不是模型及其渲染表現。美國建築師學會（AIA）進一步定義建築資訊模型爲一種「結合工程專案資訊資料庫的模型技術」。它反映了該項技術依靠資料庫技術爲基礎。在將來，結構化的檔案如規格能夠被輕易搜尋出來並且符合地區、國家及國際標準。

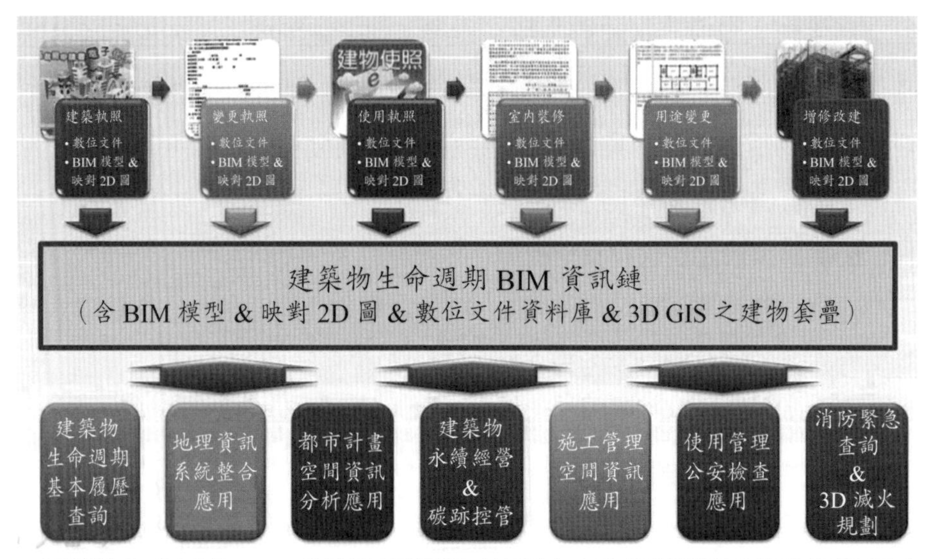

▲建築物生命週期 B.I.M 資訊服務架構（摘錄自內政部建築研究資訊服務網／建築研究簡訊第 82 期）

位於匈牙利的 Graphisoft 公司則更進一步的將 B.I.M 的概念予以落實實踐，並進化其強大的功能，它的諸多功能可以被廣泛地應用在建築物生命週期中的每一個階段中，例如從初步規劃、建築設計、執照審核、營建施工、施工管理，甚至是物業管理與更新再利用等環環相扣的整合式作業系統，B.I.M 的特點是可以爲設計、施工、營運、管理等的不同屬性／階段的專案建立 (1) 使用者互相協調溝通的對話平台、(2) 內部保持同步更新且一致的數據資料、(3) 可記錄與持續運算的設計及工程資訊、(4) 可將資訊自動列表生成、(5) 視覺化的功能提升管理者對資訊與空間者間的接軌 。B.I.M 除了顚覆傳統的建案設計作業模式，其實也有助於提升建築物的永續維運管理；它更由於載入了建築設施全生命週期中的維護與營運策略，對於建築設施所有設備的建置與資訊數值均有所記錄，而在建築物落成後，整個作業軟體會平行完整地移交給後續接手的物業管理團隊，而物業管理團隊則可無縫接軌地建立營運、維護、緊急應變等的標準作業程序（Standard Operating Procedures, SOP），同時在工作人員的訓練與培訓，透過視覺化的圖像資訊介面能提供最佳的協助。

（一）B.I.M 與永續的關係

資訊時代是持續以資訊技術進行對現實世界不斷深化的擬眞過程；目的在破除舊環境不得已的簡化與多餘的交換界面、資訊重複建置的浪費等；應用電腦高速運算及網際網路傳輸無遠弗屆的特質，讓「形」與「意」的擬眞效果更接近實境，並能跨越時空，更精準而接近同步地即時掌握實體的運作，將該實體的靜動態資訊發揮到整個生命週期充分共享之極致。B.I.M 技術正是實現對建築物（或工程結構物）實體的生命週期所有靜動態資訊，以盡可能做到和實體同步運作，做全面性的精確掌控與充分共享的利器[13]。

建築資訊模型是各種資訊協調一致的整合型建築資料庫，由於建築資訊模型的功能完整性，諸如日照陰影分析、熱輻射分析、風壓分析、能源分析等，同時集成結構模擬分析與管線碰撞測試等，建築資訊模型可以集成各專業設計，能完美地適合持續設計，能夠進行複雜的設計評價和分析，在關鍵問題上支援持續設計的發展。

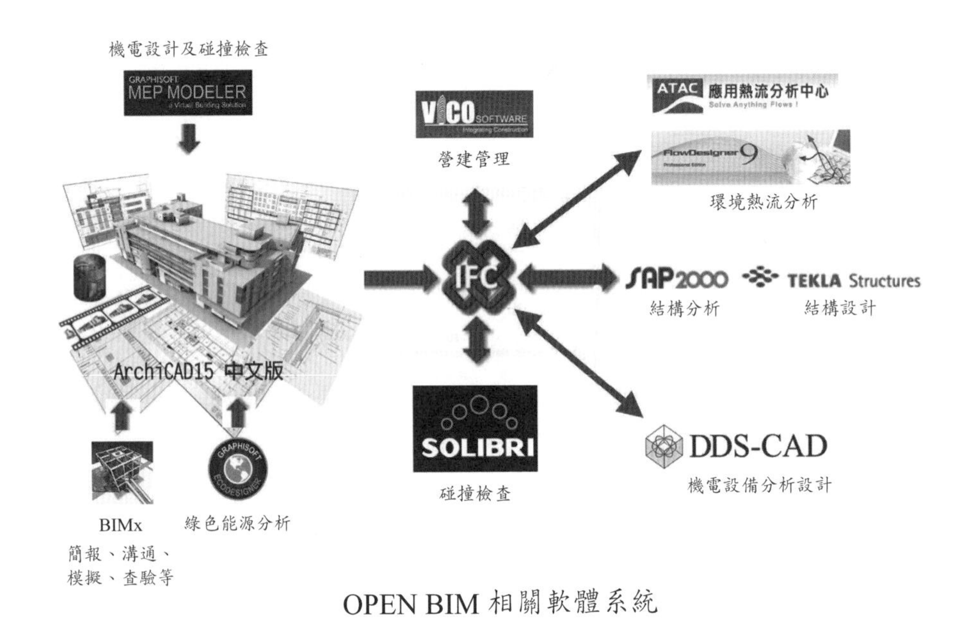

▲ OPEN B.I.M GRAPHICSOFT（摘錄自龍庭資訊官網）

「B.I.M 毫無疑問是營建業的未來。」朱國權電機技師預言，智慧城市的基礎建設，包括智慧建築、智慧電網，未來都會建基在 B.I.M 上，因

[13] 郭榮欽與謝尚賢，B.I.M 技術與公共工程，公共工程電子報 38 期，100.09.01。

爲無論設計規劃、施工、風險評估、維運、節能規劃，B.I.M 都會是其他工具難以取代的最佳幫手[14]。

美國史丹佛大學的設施工程整合中心（CIFE）在 2007 年對 32 個採用 B.I.M 技術的項目作出系統分析，B.I.M 的顯著效益包含下列四項：[15]

1. 預算變更數量減少 40%
2. 成本估算時間縮短 80%
3. 建造成本估算誤差 3%
4. 項目工期縮短 7%

人類在經歷資訊化的網際網路時代後，大數據（Big Data）與物聯網（The Internet of Things）的時代正悄悄影響我們的日常生活，並改變我們的空間觀；建築產業自然而然地也沒入在這波數位洪流當中。我們日常的絕大部分時間都與建築物有聯繫，我們工作其中，生活其中，大部分的娛樂和休閒活動都離不開建築物。當前我們周遭環境都開始歷經智慧化的轉變，例如：智慧型手機、智能手錶、智慧建築等，如同若干年前許多科幻電影中的一幕，當人們走入一棟辦公樓的時候，辦公樓會自動識別身分，除了工作出勤記錄外，更能知道你要到達的樓層與作業空間，然後爲你提前打開辦公室的空調與燈具等，甚至可利用網路金流方式支付日常費用（如水電瓦斯費、購物費用、管理費等），這些都需要 B.I.M 資訊技術的支持。在面臨高度資訊化發展的當下，臺灣建築業目前似乎還停留在相對原始階段，雖然近年來臺北市與新北市建築主管機關極力推廣 B.I.M 參數化的執照審查制度，但也只是停留在一個針對方案審查的應用階段，無法對整個工程建設產業產生領頭羊效果的直接影響，這還需要公部門相關單

---

[14]【朱國權專欄】B.I.M 與建築全生命周期維運規劃／撰文：王奕超／

[15] 出處：http://www.isbim.com.cn/index.php/isbim-center.html。

位進行產業一條龍的教育推廣、產業升級、串聯與整合；也唯有建築產業上下游的串聯與應用，B.I.M 的效益才得以發揮極致。

第5章 趨勢與願景

一、趨勢：跨領域的多元整合

從全球許多產業鏈的結構性轉變的現象可一窺，跨領域整合的建築設計服務將是當前的趨勢，同時在大數據應用於各項產業的迅速開展，更會直接地影響到建築計畫擬定在生活層面的顧及與強化其正當性，同時也影響設計項目實踐的成效。隨著日新月異的科技發展與人類需求的不斷進化，建築物類型與規模也越趨複雜與多元，且呈現非典型的空間構成，例如一個整合型度假園區附設賭場（俗稱綜合娛樂城，IR，英式 Integrated Resort）的建築計畫擬定所需要的專業領域至少含括了財經、法律、警察治安、行銷企劃、觀光產業、交通運輸（海、陸、空）、都市設計、建築、地政、能源等。而這些都是需要在高度整合的狀態下方得以取得一個完善且高執行度的計畫。

臺灣近期在全球政經局勢的動盪低靡（加上近期 COVID-19 全球蔓延之情勢）與島內房屋政策的失控失序影響下，直接或間接地致使建築投資市場的動盪、銀行利率調整與市場供需的失衡（投資與自主），同時因爲法令制度與管理的不完善、公部門與公民長期缺乏城市美學的認知與素養及營建品質的停滯不前等，這些都迫使臺灣島內的建築師們無不力圖轉型與苦思如何創造業務機會或開創另一條路。同時，也因爲建築師的項目類型與內容越趨多元且差異大，在強調專業分工的當下，作爲擬訂建築計畫者的角色，除了基本建築素養外，也逐漸邁向必須具備更高的 (1) 理解／研究能力、(2) 資訊能力、(3) 創造價值、(4) 環境美學與 (5) 關懷能力的整合型空間設計思考專業，而這些看似非特定專業能力的能力卻是建築專業與商業經濟效益得以開展的新興基石。

（一）理解／研究能力

作爲一個須具備整合型設計思考的空間專業者而言，首先就是應該針對不同項目的基本內涵做一定程度的理解抑或是研究。當建築師接受委託進行一個新設立醫學院的校園建築規劃設計，除了基本的建築專業與營建法令檢討之外，首先我們需要就辦學單位設立系所的課程專業進行了解，例如醫學系學生使用的一般實驗室（實驗室等級、設備類型、上課人數等）、大體解剖實驗室（冷藏庫數量、大體運送動線）、大體實驗程序（宗教儀式、室溫與空調要求、器官標本製作流程等）、動物實驗室（動物種類、室溫與空調要求、實驗行爲、空間正負壓控制、人員進出動線）等，若擬訂計畫者無法清楚了解這些專業教學的基本流程及觀念，一則是無法提供符合使用者需求的空間計畫，二則便是無法釐清與整合結構機電實驗設備三者間的工程界面，致使意外成本增加。再者便是屬於學校行政部分，像是學校招生人數（男女比例）、課程安排、實習方式等的軟體架構，這些則會直接影響擬訂計畫者如何評估教室空間的眞實需求數量與配置方式，以及男女宿舍等的空間計畫。與此同時，起始於 2019 年底的 COVID-19 新冠肺炎疫情的全球蔓延，當未來世界對於不明傳染病疫情朝向常態化的發展趨勢，而世界各地也在封城與鎖國的狀態之下運轉，未來除了消費商業辦公行爲（網路行銷與網路視訊辦公……）、住家空間結構（在家遠距辦公或學齡孩子的遠端學習與活動空間……）與日常行爲行爲（住家的通風條件、辦公／學習空間與活動空間……）之調整與改變外，更爲需要投入關注的是人們心智健康與實質空間兩者間的對應關係的重新檢視與再定義。

（二）數位能力

這裡所謂的資訊能力係指針對前述不同項目基本內涵的資訊蒐集與篩

選能力而言，也就是所謂大數據（Big Data）判讀應用到智慧城市（Smart City）的實踐，再到醞釀中的 The Responsive City（Susan Crawford[1]）的願景，因此如何針對搜尋數據（Coding）、解讀數據、創造數據價值的養成於是乎刻不容緩。資訊片段化的現象若無法透過有效且正確的判讀，在計畫階段會導致誤判使方向錯誤的機會發生，最後影響專案成果偏差與資源的浪費。也唯有將正確的資訊透過思維主體的閱讀、分析與整合後，輸出的成果才稱作常識／知識，計畫擬定者需要的是透過常識／知識將其整合並轉換為付諸執行的論述才有其價值，單只是資訊的收集是沒有益處的。

（三）創造價值

係指計畫擬定者如何透過計畫的擬定與執行為項目成果帶來更多的價值（Values），這裡的價值創造指的是商業、環境與使用者等三者間共贏的狀態。要能創造所謂的商業價值除了具有創意的構想外，還必須具備市場行銷與財務金融的分析能力，雖然說創意的價值不盡然都能用銷售數字的方式予以評斷，然而在沒有市場通路與銷售機會等相關的回饋下是無法探討其背後的總和價值，諸如使用者經驗、售價、美學感受、品味提升等。計畫擬定者若是具備市場行銷與財務金融的分析能力，則可以將計畫從單純的功能層次提升至空間美學的感知層次，如同馬斯洛的需求金字塔中底端的生理需求到頂端的美感需要與自我實現。

（四）環境美學

臺灣多數的公共工程與民間開發案以往做先期規劃報告或建築計畫的觀點均為將土地容積做最大化利用作為標準，這其中暴露出的癥結點為

1　相關論述請詳 https://www.edx.org/course/responsive-cities-1 。

(1) 無法正確檢視需求的正當性進而反映在空間需求上、(2) 空間即權力的貪婪本性與資源浪費，以及 (3) 著重統計數字的計算與推估，而忽略對生活需求與空間美學的探討。這些癥結點除了長期缺乏願景的國土計畫與短視近利的容積政策影響外，可以說直接或間接地造就了臺灣整個地景文化與空間現象的元兇之一。隨著社經發展的趨於成熟、公民道德的落實及環境自覺與公民實踐，人們已經愈來愈認識到保存一個優美環境的重要性。我們既要讓周圍的環境能長遠地爲人們及一切生物提供清新的空氣，又要爲人們提供一個優美舒適的環境，這就是環境美學面臨的主要任務。提倡環境美學的目的就是使人心情愉快、精力旺盛，最終能夠健康長壽與環境之永續發展經營。

（五）關懷能力

建築是關於人、土地與環境三者間關係的再現（Representation）或連結（Connection），因此，在計畫階段就必須正視人類之所以爲人類的情緒反應與心理需求，例如 2012 年 3 月士林文林苑都市更新爭議事件[2]與 2014 年 7 月的苗栗大埔事件[3]等都顯示公部門計畫者僅以理性的條文做爲執行的依歸，而未將我們的關懷同理心加諸於事件中的苦主，關鍵的核心

---

[2] 事件始於王家不同意所擁有的兩塊土地和建物，被包含在臺北市政府核定的都市更新範圍內，經由樂揚建設擔任實施者規劃都市更新事業計畫興建「文林苑」住宅大樓。2012 年 3 月 28 日臺北市政府依法執行法院判決，拆除王家住宅，後續引發社會運動、王家提告 10 起訟案及全臺都更停擺等情況。

[3] 苗栗大埔事件（又稱大埔毀田、大埔圈地、大埔爭議、大埔案），是一起發生在臺灣苗栗縣竹南鎮大埔里的抗爭事件，居民反對政府區段徵收與強制拆遷房屋。

是專案計畫的成功與否並非全然取決於軟、硬體設施的完善程度而言，更重要的是天時、地利、人和三者總和展現的眞、善、美狀態。

二、臺灣建築教育的進化

隨著時代的不斷進展，大數據與物聯網正侵襲著我們的生活，也悄悄形塑我們的生活環境，在此狀態下，臺灣的建築教育近年來似乎少了呼應時代趨勢的鮮明風格與教育方向的調整趨勢，既無以培養臺灣未來建築師與建築專業人才搖籃之宣言（如英國 RIBA 的認證體系），也不願清楚明白地說我們要培養具有社會美學素養與批判力的學院派訓練，沒有風格的風格似乎也是個風格。臺灣高等教育（尤其是方向及角色定位不明的技職體系）的改革若無法從本質上著手，所有的改革都是見樹不見林的仿效。建築是一門實用藝術，亦是感性與理性兼具的學科，而建築設計則是建築領域裡相關專業的總和表現及整合的專業，諸如結構學、結構系統、機電設備、建築物理、建築設備、建築聲學、建築史、建築理論、燈光、消防、防災、數位建築、建築資訊模型、3D 列印等。

我們堅定地認爲建築設計的訓練及建築計畫擬定的能力在所有建築專業裡有著絕對且相對的重要性，而且在建築相關產業裡扮演舉足輕重的角色，觀點如下：

1. 在營建產業服務，若前述兩者的訓練不紮實，現場工程師要如何閱讀建築師的設計圖並指導現場進行施作？以及如何掌握工程進度？

2. 若在開發 / 建設公司服務，在前述兩者訓練不足的情況下，是如何能提出一個符合市場需求並兼具城市美學的企劃案？

3. 若在建築師事務所服務，在前述兩者訓練不足的情況下，要如何執行事務所的設計美學、接手建築師的設計手稿或繪製建築執照圖及細部設計圖說？

4. 若是要進行學術研究與現場調研，在前述兩者訓練不足時，如何能解析空間痕跡裡的蛛絲馬跡或潛藏的訊息？要如何讀懂建築師的設計圖並提出專業建議（如結構、機電、環控、設備、消防、聲學、燈光等）？

5. 在房仲產業服務，若前述兩者的訓練不紮實，是要如何能辨識一個物件的優缺點及潛在的危險之類的狀態？又如何能展現空間專業向客戶推銷物件呢？

6. 若在公部門服務，若前述兩者的訓練不紮實，是要如何扮演城市空間美學的引導者角色及提出具有前瞻性的國土空間規劃？

以上之狀態都一再地說明了建築設計及建築計畫在建築學院訓練裡的吃重角色，而更無須提及在哲思辯證與空間實踐的訓練。然而，在眞實世界中，建築計畫及建築設計僅只是建築師事務所業務裡的一部分，雖然它是學院訓練的核心，其他大部分的時間都在處理爭取業務、合約擬訂、營建法規檢討、建築行政、經營管理、財務管理、工程監造、工程數量與造價、工程驗收等，而這些多數應該都已經含括在學院教育的課程裡，只是部分課程有趨於表面化而流於形式介紹的現象；除了這些建築學院裡有提供的專業課程外，以下提供若干在大多數建築學院教育裡沒有提供的專業訓練，但卻是這個現實世界的當下，不得不面對的課題：

（一）法律常識與合約觀念

臺灣多數的建築師總是服務在先，往往缺乏合約的法律保障，所以常造成徒勞無功或所謂被騙圖的情事發生（設計是我的，合約是別人的，建築物也莫名其妙地被營造出來）；同時因爲臺灣的折扣陋習所害，總是聽到甲方不斷要求建築師的服務酬金低點、低點、再低點的要求，同時對品質卻沒有相對地的回應；弔詭的是，甲方遇到外國建築師索取本土建築師好幾倍的服務酬金也不吭一聲。因此，建築系所的課程設計迫切需要加強建築人的法律常識與正確觀念。

臺灣建築系所裡的「營建法規」可能是唯一跟法律有關的課程，然而課程內容設計侷限在以建築師的觀點來對臺灣營建法規與建築法體系的簡介，而缺乏以法律的觀點針對 (1) 建築師在開業的執業過程中，由建築師法所估定的法律職責（如建築師法第 16～19 條）、(2) 委託設計監造契約的擬定（中、英文）與契約責任（國內與海外）、(3) 建築師、工程師專業責任保險制度與 (4) 在設計、監造過程中相關問題的責任歸屬與應對等作深入探討。

（二）業務、行銷與核心競爭力

建築師不若會計師會因爲節稅能力佳而受到推薦，亦不若醫師會因爲醫術高明救人無數而被推崇，更不若律師會因爲擅長打贏某類官司而聲名大噪，生意興隆。跟這些師字輩的狀態相比，建築師的社會地位一直未見提升（有的只是收入豐厚的刻板印象），同時建築專業與創造的空間美學價值也未被社會認同並尊重，臺灣建築師的專業表現與形象還有非常大的改善空間。

普遍而言，臺灣建築師的大宗業務大約分爲以下幾個方向：(1) 民間建設公司開發案、(2) 公共工程競圖、(3) 民間其他委託案、(4) 室內裝修案（設計與施工）與 (5) 變更使用。而這些業務的取得，對於早期或具規模的建築師事務所而言是一個祕而不宣及無法言喻的商業模式，一種關係的建立與長期培養的成果，甚至業界還流傳著建築師的酒量等於業務量的比喻。而這樣的情形相較於今日建築產業的低迷行情，對於新／中生代的開業建築師而言，似乎是一個很難突破的魔咒[4]。這一群開業建築師既難在

---

[4] 2017 年 3 月在台北世貿舉行的台北市建築師公會會員大會，理事長言

講究開業後的工程經驗與公司規模的公共工程競圖中脫穎而出，也很難在講究人脈關係的卡位戰中取得民間建設公司的業務機會。在這種情況下，取得業務的能力與行銷建築師的方式，在當下似乎就變得十分重要；換個角度而言，建築師的設計能力似乎無法成為市場競爭力的指標，而僅是基本條件，什麼才是年輕開業建築師應該培養具備的核心競爭能力？

這裡所謂的核心競爭力是指如何透過空間的專業提供更大的價值創造，一般而言此種能力的可能類型有：

(1)跨界整合能力與專業 Know-How

不同領域之跨界整合、營建法規整合檢討、結構、機電、空調、消防等之設計整合、設計軟體科技整合、工程數量及預算、工程監造整合、事務所營運及財務管理等。

(2)說故事的業務能力與價值創造

設計如同產品，透過說故事的方式將願景與所創造的價值傳達給甲方，進而讓甲方埋單，這就是我們業務行銷的目的。例如 iPhone 賣的當然不僅是一支漂亮好看的行動電話，它所創造的價值是提供一種叫「品味」與「質感」的格調；如同星巴克咖啡所銷售的是一種具有西方品味的生活風格。當這樣的「品味」與「質感」的願景與時代的趨勢潮流相符合（也可以是人為創造的趨勢潮流），其所創造的價值會直接反應在產品單價與銷售數字上，呈現的是設計者、資方與買方三贏的局面。

(3)語言與移動能力

當具有前述兩種能力時，又能夠有一定的語言能力及移動的意願，此時的建築業務來源就不會被侷限在臺灣本島內。其實作為一個海島國家的

及在 2015 年台北市掛件之案量 2000 餘件，在 2016 年則為 200 餘件，一來一往即是一個約 10 倍的案量消減。

子民，在先天缺乏自然資源與平地的條件下，理當具有一定程度的跨國移動能力與語言溝通能力，但此種表現在臺灣卻是呈現逐年下滑的現象。建築師的業務有兩個特性，一個是不會因爲不景氣或某種緣故使得需求完全消失；另一個特性則是哪裡有需求就往哪裡跑，例如中國早期發展起步的時期以及目前崛起中的東協國家及印度。

（三）國際觀與願景

近年來臺灣建築業界的業務量急速萎縮，當需求不斷減少及房地產投資環境惡化之影響下，案量通常都集中在少數具一定規模的建築師事務所，而臺灣具規模的建築師事務所則是屈指可數，大多數都是 10 人左右的規模，加上公共工程的高門檻限制與最低標盛行的評比環境，在內外夾攻的態勢下，具有國際觀、移動力及語言能力的建築師事務所多會選擇向海外尋求發展的機會，而前往中國或東南亞等開發中國家爭取業務就成了時下的另一條路。此類型的建築師事務所大多有年輕（35～45 歲）、具國外留學或工作經驗、基本語言能力、樂於接受挑戰、具有企圖心等的特徵。前往中國，除了業務來源外，語言至少不是問題；而前往東南亞或其他洲際發展，則是有業務來源與語言的門檻。

其實臺灣建築師在東南亞的業務機會，目前絕大多數還是來自當地華人或者中資的體系，少數則是來自當地業主的委託設計案。無論如何，面對當地簽證建築師與相關執照審查時，至少都是用英文作爲溝通語言；然而多數的建築系大學部課程裡都缺乏建築專業英文的授課，有時狹隘的認爲所謂的國際觀僅此於開英文課程、會說英文與常出國旅行之類的。

「有外語能力並不等於有國際觀，但是要有國際觀最好要有外語能力。」劉必榮教授強調。外語可以幫助我們用對方的語言、邏輯，觀看該國的問題[5]。簡言之，國際觀是由(1)求知慾與好奇心、(2)掌握世界脈動、(3)關懷與同理心、(4)人文素養與(5)開闊的胸襟所構成，而且都必須經過不斷地學習、互動、養成與積累而成的。我們的職業屬性可以不是國際性的，但無論是勞動者、公務人員、運動員、幼兒園老師、家庭主婦等，都需有國際觀才行；因爲，國際觀，決定你／妳的世界有多大，不是形式或規模的大，而是身、心、靈狀態上的強大，就像是一種「全球思考、在地行動」的具體表現。

三、臺灣建築環境的在地觀點

如果沒有教導學生如何在文明快速進展更新的狀態下，仍然保有自己的靈魂與實踐的精神，只是更加證明了臺灣是缺乏思維深度與文化涵養的孤島。

（一）學校沒教的事

近年來臺灣建築業界常發出這樣的聲音：學校教的出社會後都沒有用，反正到業界都要重新學；也常聽到學界的同業說：學校不是培養業界的場所，請自己培養人才。然而，兩者的觀點都沒有錯！臺灣長久以來的建築師執業環境，本質上猶如溫水裡的青蛙一般，在長期失控（準確來說是長期出缺）的國土開發政策與畸形的房地產現象影響下，曾幾何時臺灣建築師的專業是以法規檢討與數字遊戲能力掛帥，本質上是缺乏對都市生活願景與住居行爲關係在空間課題下的深刻省思，充斥的是平面化的數字計算、骨肉分離式的設計文化（所謂做平面與做造型）與無病呻吟的銷售

---

[5] 何謂國際觀？國際關係權威教你看世界！劉必榮，TutorABC 教育夢想家特輯。

文宣相結合的鄉愿式的快感罷了，更別提其他社會、文化性格強烈的建築設計在空間專業能力上的展現。因此，當拋開了法規、數字與文字的「專業」外，我們還有什麼樣的專業？弔詭的是，建築教育有教這些嗎？答案肯定是沒有，難怪近期業界都說學校教的出社會都沒用。

但是，換個角度來看，學校又教了我們什麼？教我們考建築師嗎？應該沒有，可是爲什麼還是有一堆學生在畢業前或退伍後直接栽入補習的行列，一輪接一輪的考？學校有教導考上執照後如何執行業務嗎？想必也沒有，可是爲什麼學生會覺得那一張薄薄的建築師證書代表建築專業能力呢？有教開業後如何爭取業務嗎？應該還是沒有！有教合約如何訂定與法律觀念嗎？還眞是想太多了！爲什麼學校教的，我們學生卻嗤之以鼻捨近求遠，反而拚了命的花一堆錢與犧牲寶貴的黃金學習時段去補習考建築師執照；而學校沒教的，爲什麼在建築實踐的過程中卻是接踵而來？

（二）視野與態度

業界與學界兩者間的認知差異是一直存在的事實與現象，無可置否地，當前臺灣的建築教育方向、學界與業界的認知差異、建築師資格取得制度與建築師執業環境改善等需要改革與檢討的聲浪日漸高漲，但至於該如何改革、該教些什麼、需要哪種師資、技職體系的方向、該考些什麼、考試的內容與難易度、該錄取多少比例、該如何完善建築師執業環境等，以目前臺灣形式化與各自爲政的教育體系、僵化且缺乏勇於任事氛圍的公部門體制、缺乏願景及利益分贓的建築師公會與動盪不安的政經環境等的現象，在短時間之內實難以討論出個最大公約數，現實與理想永遠像是拔河運動的兩端一樣，互相拉扯與角力著。

毫無疑問地，前述的種種無論必須要花費時間在廣泛且深刻地探討上，無論達成何種共識，我們認爲「視野」與「態度」這兩者是最具普世價值與本質性，且最急需在學校裡被重建的核心基礎。

建築是解決空間與之一連串課題的一門學問，這些課題是複雜且相互交織影響的，很多時候還會衍生出許多未知的課題；因此，我們無法用單一且線性的思維去看待他們，我們的思維應該保持彈性、開放與多元。愛因斯坦曾說：「我們無法用現在的思維解決未來的問題」；這樣子的關係正說明了「視野」的重要性在於多元宏觀與前瞻性的觀點呈現，在充滿不確定性與跳躍的年代，這正是當前建築人所必須培養或重建的專業核心之一。

關於態度，指涉的是一種面對問題時積極任事的具體行動與有效實踐，而這樣的態度是必須被眾多專業訓練（環境美學、結構學、環境控制、構造與材料、節能減碳與營建法規等）所支持，一旦缺乏了強而有力的後援或者偏頗某一方，剩下的就僅是操作的快感或者淪爲烏托邦式的論述。而這個態度也絕對不是鄉愿式的執著與似是而非形而上的詭辯。

（三）溫水鍋裡的青蛙

前面曾提及，臺灣的建築師就如同溫水鍋裡的青蛙，處於壯年階段（約略 55 歲以上）的開業建築師們目前仍把持著國內大多數的設計業務，而對於屬於青黃不接的中生代而言（約略 35～49 歲），多數的我們仍然在這舒適圈裡掙扎並努力著，少數的我們則一直試著努力地想跳出這舒適圈，但卻力有未逮。掙扎努力著是因爲對家鄉的土地仍保有理想情懷，想努力跳出這舒適圈的是因爲想一窺外面世界的繽紛多元與躍躍欲試更上一層樓，兩者共同的心情皆是有夢而已。

（四）建築人的舞台

我們的競爭力在哪裡，我們的舞臺就在哪裡。而所謂的競爭力是什麼？這樣的定義會直觀導向於所謂的「關係」與「人脈」，尤其是在臺灣，一個呈現假性開放的營建環境。然而，這樣的現象就如同溫水鍋裡的青蛙一般，時間一久也就喪失了「適應環境改變的本能」；換個角度來說，撇開所謂的關係與人脈之外，其實有多少人擁有令人欣羨的關係與人脈？我們還可以拿「什麼」去爭取「機會」？這個「什麼」就是筆者所謂的競爭力，同時也是因人而異的填充題！

（五）愈在地就愈國際

臺灣普遍將英語能力與國際觀之間劃上等號，實則不然；國際觀指涉的是一種思考廣度與深度之間的辯證關係與能力展現，而英語能力只是讓這項關係與能力更爲完整與具體。在全球化／國際化風潮的席捲下，在建築界普遍呈現的是無所不在的復刻建築與缺乏地方脈絡連結的國際樣式建築。然而，殊不知，全球化／國際化指涉的應該是一種思維模式的深度與廣度而非形式上的表現主義，而反映在建築思維應該是所謂的「全球思維、在地行動」的實踐，也就是愈在地就愈國際。

（六）你（妳）準備好了嗎？

當我們站的愈高，我們就能看到更遠的景色；當我們身體力行的同時，我們離那美好的景色就更進一步。當我們意識到要強化競爭力且採取行動的同時，其實也開啓了未來可能的新方向與機會，而這裡提及的競爭力並無特定的能力與專業，這都取決於我們的「自覺」與「行動」。臺灣的建築人急需要培養自己專屬的競爭力，唯有不斷強化自己的競爭力與跨界整合的能力，我們才有機會在瞬息萬變的世界局勢裡找到屬於自己的位置、舞臺與明天。所以，各位建築人，你（妳）準備好了嗎？

附錄　設計思考在建築設計之應用

作品 01

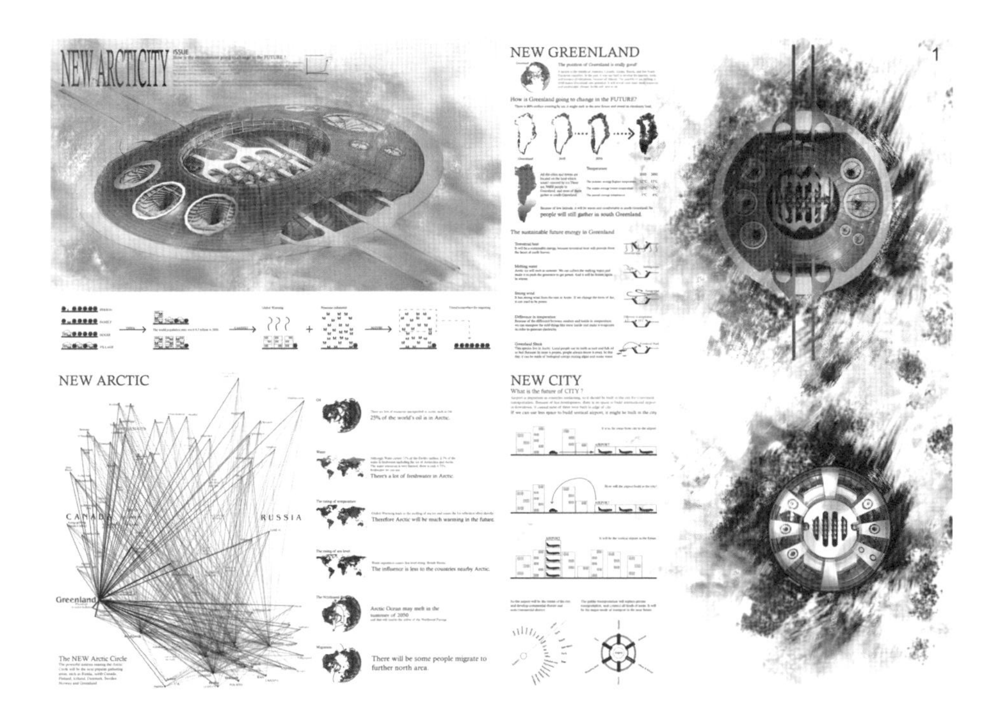

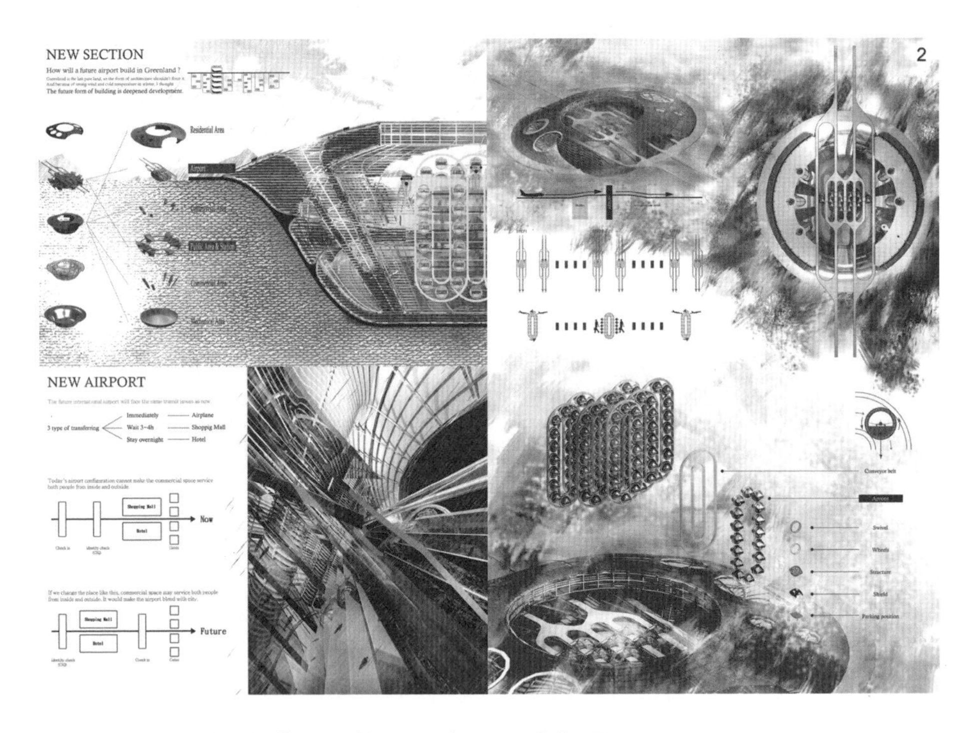

Fentress Global Challenge / 2011 Airport of the Future
http://fentressarchitects.com/firm-profile/fentress-global-challenge/2011-2012
康景堯／前五名／指導老師　李峻霖

作品 02

TENT CAVES

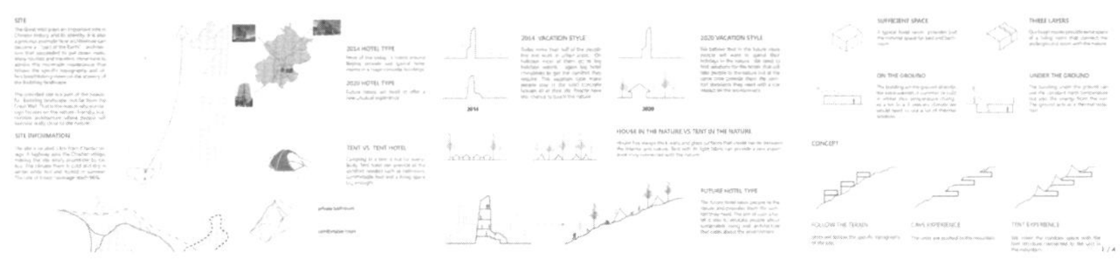

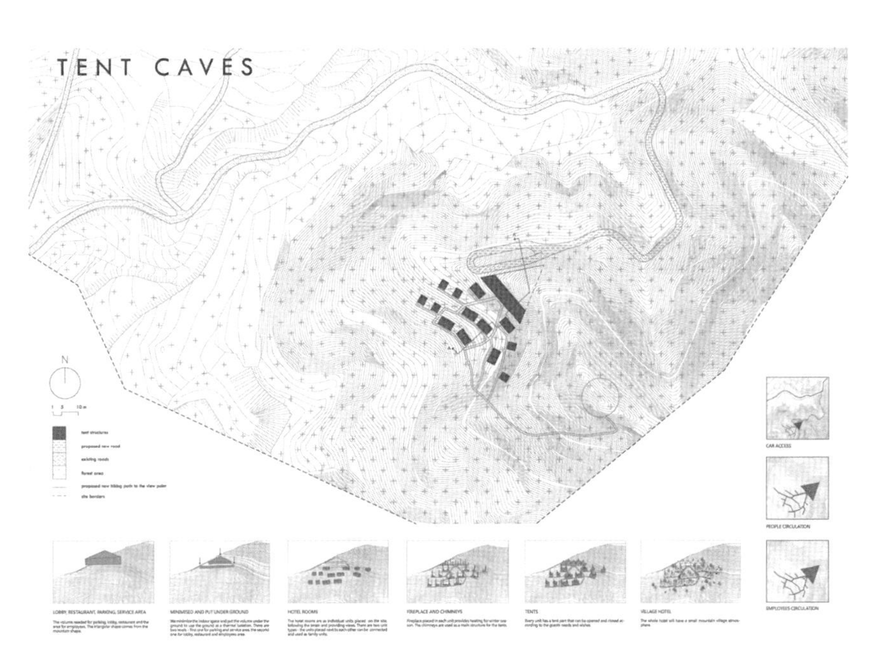
TENT CAVES
N
CAR ACCESS
PEOPLE CIRCULATION
EMPLOYEES CIRCULATION
LOBBY, RESTAURANT, PARKING, SERVICE AREA
MINIMISED AND PUT UNDER GROUND
HOTEL ROOMS
FIREPLACE AND CHIMNEYS
TENTS
VILLAGE HOTEL

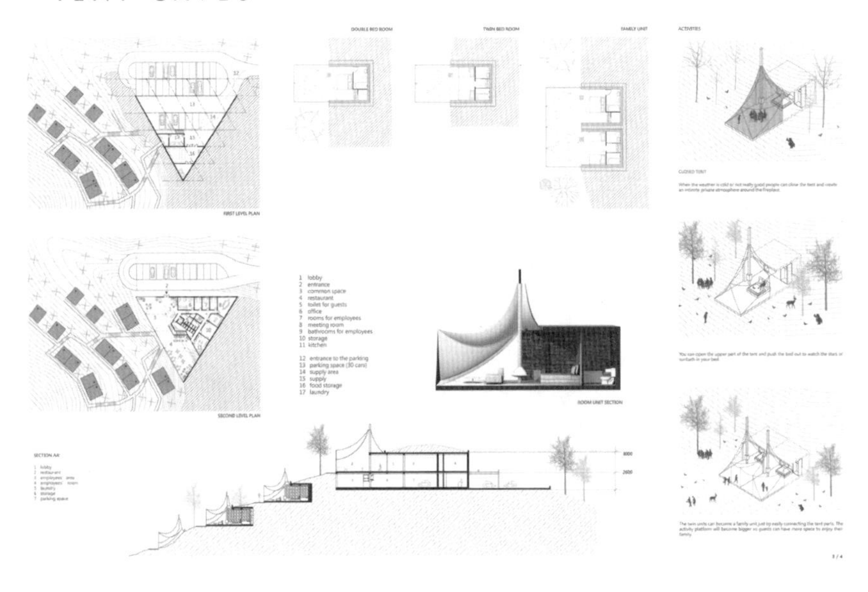

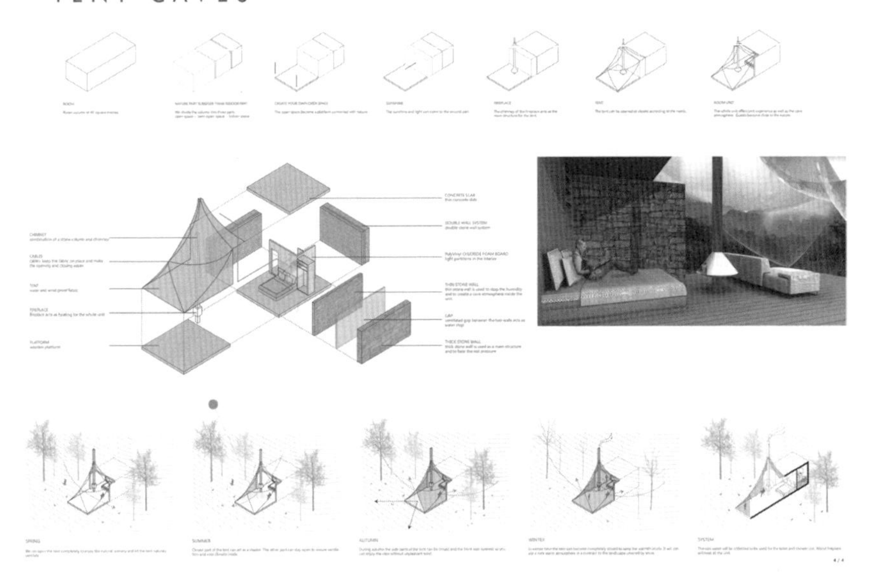

AIM 2014 The Legend of Tent
International Design Competition of Tent Hotel
李昱辰、周航寧、Marta Chaloupková / 第二名 / 指導老師　莊亦婷

作品 03

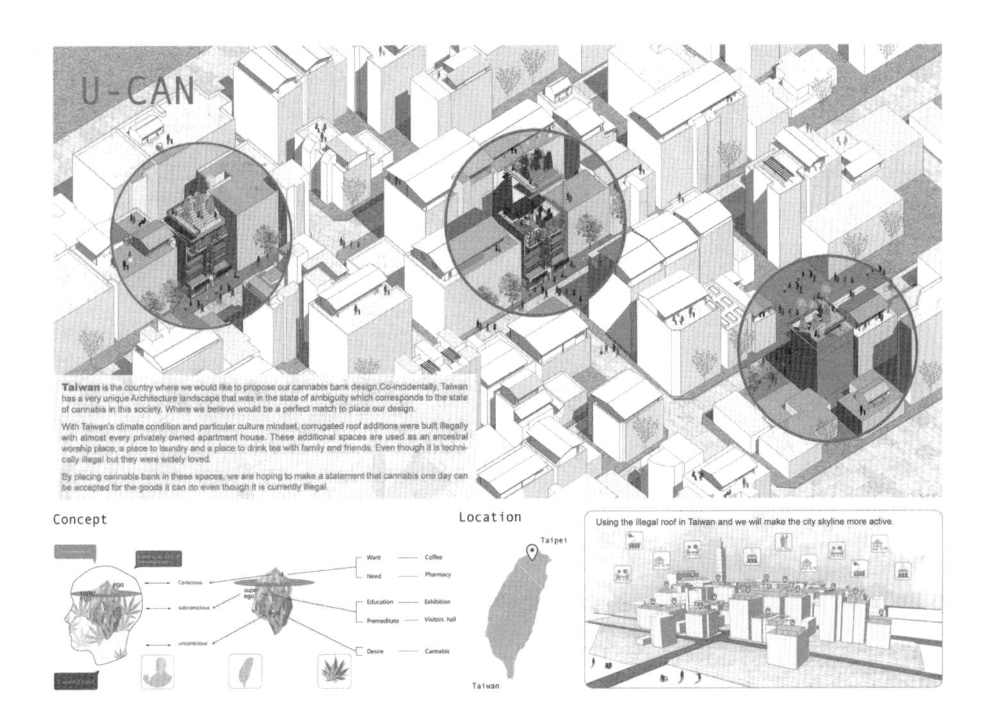
U-CAN
Taiwan is the country where we would like to propose our cannabis bank design.Co-incidentally, Taiwan has a very unique Architecture landscape that was in the state of ambiguity which corresponds to the state of cannabis in this society. Where we believe would be a perfect match to place our design.
With Taiwan's climate condition and particular culture mindset, corrugated roof additions were built illegally with almost every privately owned apartment house. These additional spaces are used as an ancestral worship place, a place to laundry and a place to drink tea with family and friends. Even though it is technically illegal but they were widely loved.
By placing cannabis bank in these spaces, we are hoping to make a statement that cannabis one day can be accepted for the goods it can do even though it is currently illegal.
Concept
ego
super ego
Conscious
subconscious
unconscious
Want
Coffee
Need
Pharmacy
Education
Exhibition
Premeditate
Visitors hall
Desire
Cannabis
Location
Taipei
Taiwan
Using the illegal roof in Taiwan and we will make the city skyline more active.

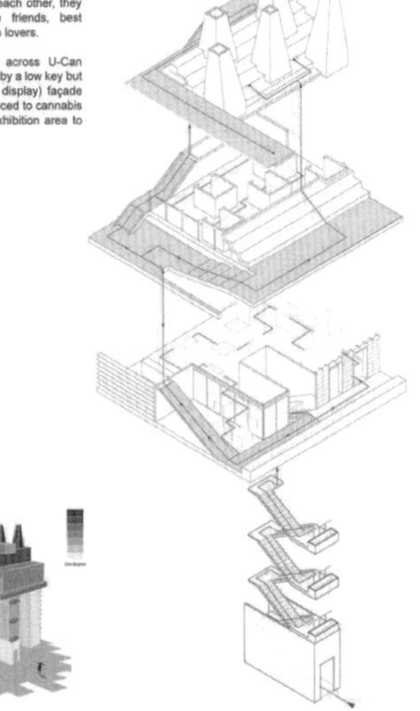

BEE BREEDERS ARCHITECTURE COMPETITION ORGANISERS
2016 Cannabis Bank architecture competition
莊亦婷、林敬堯、Takanori Kodama、吳玉涵／第一名／指導老師　莊亦婷

作品 04

iF DESIGN AWARD 2016

DISCIPLINE PROFESSIONAL CONCEPT

The Second Layer of Land

Roof-farming system

DESIGN
LeChA / Lee & Chuang Architects
Jiun-Lin Lee Architect (Adjunct Assistant Professor, NTUST)
Taipei, Taiwan

MANUFACTURER
LeChA / Lee & Chuang Architects
Taipei, Taiwan

Jury

Serdal Korkut Avci | Olaf Barski | Christoph Böninger | Judith Borowski | Knut Braake | Dave Brown | Tammo F. Bruns | Oliver Cloppenburg | Cinzia Cumini | Claudia Fischer-Appelt | Fritz Frenkler | Torsten Fritze | Fabian Furrer | Niklas Galler | Bernhard Geisen | Morten Georgsen | Oliver Gerstheimer | Isabelle Goller | Norbert Haller | Isabel Hamm | Sam Hecht | Olivia Herms | Josephine Akvama Hoffmeyer | Ronald Ihrig | Daisuke Ishii | Changbao Jin | Ann Kalkschmidt | Tadashi Koike | Markus Kreykenbohm | Annette Lang | Michael Lanz | Hyesun Lee | Michelle Lin | Carl Liu | Marco Lobo | Cecilie Manz | Marc Mark | Ravin Mehta | Achim Nagel | Chang-ho Noh | Pierre-Yves Panis | Thomas Paulen | Wolfram Peters | Bruno Porto | Neil Poulton | Dick Powell | Stefan Rasch | Alexandre Rossier | Susanne Schmidhuber | Anja Scholze | Kilian Stauss | Michael Stefanowski | Martin Topel | Wolfgang Wagner | Yul-Ling Wang | Florian Wecker | Jutta Werner | Eunice Eunsil Yi

309-5-172425

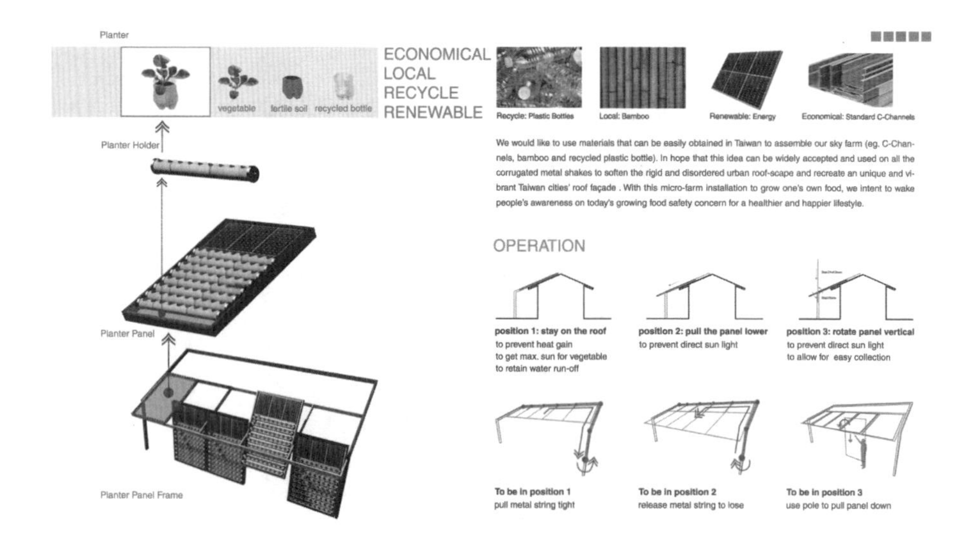

material: *LOCAL、EASY TO FIND、REPLACEABLE*

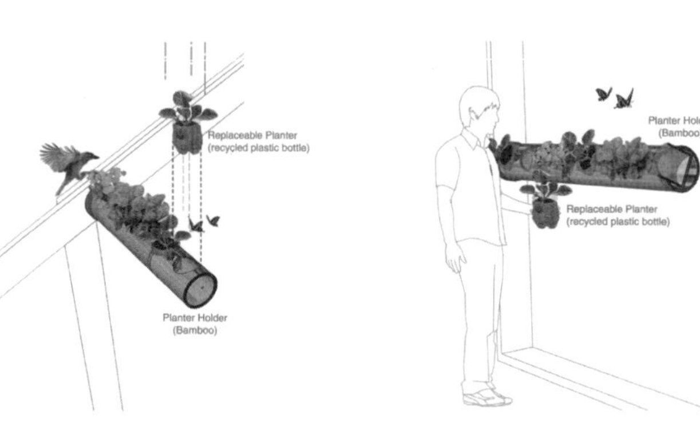

Planter Up-Right

Bamboo Holder will rotate to face upward to allow vegetablesgetting max. direct Sun.

Planter Face-Front

Bamboo Holder will rotate to face front to allow easy access to harvest.

material: *LOCAL、EASY TO FIND、REPLACEABLE*

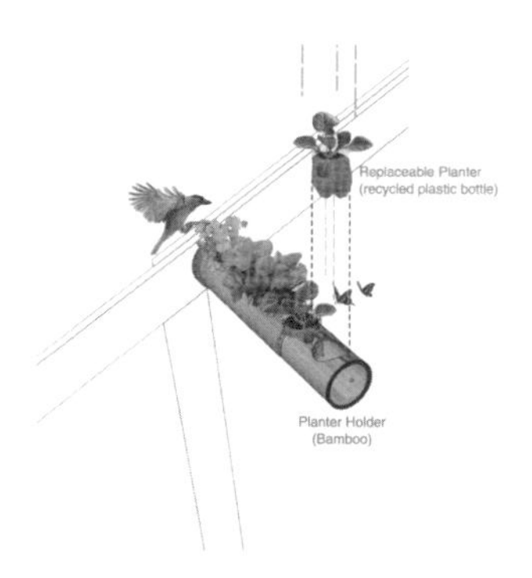

Planter Up-Right

Bamboo Holder will rotate to face upward to allow vegetablesgetting max. direct Sun.

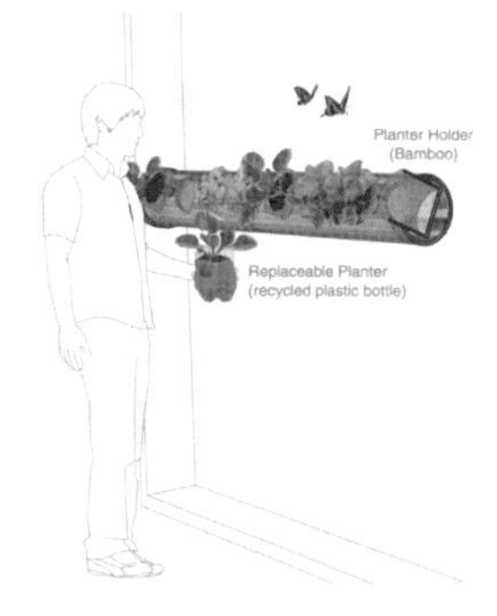

Planter Face-Front

Bamboo Holder will rotate to face front to allow easy access to harvest.

iF DESIGN WARD 2016 / DISCIPLINE PROFESSIONAL CONCEPT
The Second Layer of Land / LeChA, Lee & Chuang Architects
Jiun-Lin Lee & I-Ting Chuang（李峻霖與莊亦婷）

國家圖書館出版品預行編目資料

建築計畫：一個從無到有的設計思考過程與可行之道／李峻霖， 莊亦婷著. -- 三版. -- 臺北市：五南圖書出版股份有限公司，2022.10
面； 公分
ISBN 978-626-343-402-8（平裝）

1.CST：建築工程 2.CST：設計

441.3 111015128

5G39

建築計畫：一個從無到有的設計思考過程與可行之道

作　　者 — 李峻霖（82.7）　莊亦婷
發 行 人 — 楊榮川
總 經 理 — 楊士清
總 編 輯 — 楊秀麗
副總編輯 — 王正華
責任編輯 — 許子萱、張維文
封面設計 — 姚孝慈
出 版 者 — 五南圖書出版股份有限公司
地　　址：106台北市大安區和平東路二段339號4樓
電　　話：(02)2705-5066　傳　　真：(02)2706-6100
網　　址：https://www.wunan.com.tw
電子郵件：wunan@wunan.com.tw
劃撥帳號：01068953
戶　　名：五南圖書出版股份有限公司
法律顧問　林勝安律師事務所　林勝安律師
出版日期　2017年6月初版一刷
　　　　　2018年11月二版一刷
　　　　　2022年10月三版一刷
定　　價　新臺幣600元

經典永恆·名著常在

五十週年的獻禮──經典名著文庫

五南，五十年了，半個世紀，人生旅程的一大半，走過來了。
思索著，邁向百年的未來歷程，能為知識界、文化學術界作些什麼？
在速食文化的生態下，有什麼值得讓人雋永品味的？

歷代經典・當今名著，經過時間的洗禮，千錘百鍊，流傳至今，光芒耀人；
不僅使我們能領悟前人的智慧，同時也增深加廣我們思考的深度與視野。
我們決心投入巨資，有計畫的系統梳選，成立「經典名著文庫」，
希望收入古今中外思想性的、充滿睿智與獨見的經典、名著。
這是一項理想性的、永續性的巨大出版工程。
不在意讀者的眾寡，只考慮它的學術價值，力求完整展現先哲思想的軌跡；
為知識界開啟一片智慧之窗，營造一座百花綻放的世界文明公園，
任君遨遊、取菁吸蜜、嘉惠學子！